전기·전자시스템 신뢰도 예측

[217Plus, MIL-HDBK-217, SR-332를 중심으로]

전 태 보

教友社

이 책은 최근 개발되어 발표된 전기·전자시스템 신뢰도 예측의 217Plus 방법론에 근거하며 그 외 추가적인 내용을 바탕으로 집필되었다. 217Plus 부품 모형과 시스템 모형은 많은 수식과 도표들을 포함한다. 저자는 이들 내용을 RIAC의 허락을 받아 수록하였음을 밝힌다.

머리말

전기·전자 시스템은 우리의 모든 일상생활 제품들로 깊숙이 침투되어 있으며 이와 관련하여 제품들의 신뢰성, 안전성 측면의 제고가 과거 어느 때 보다도 요구되고 있다. 단순한 부품 수준의 신뢰성 보다도 시스템 차원의 신뢰성에 대한 제고가 무엇보다도 중요하며 그에 대한 모형 수립 및 분석이 매우 필요하다.

이 책은 특별히, 전기·전자 시스템의 신뢰도 예측과 관련한 방법론을 주제로 하고 있다. 이 분야의 대표적인 방법론으로서 217-Plus가 RIAC(미국 신뢰성 정보분석센터, Reliability Information Analysis Center)에 의해 새로이 개발·발표되었으며 향후 이 분야에 중요한 기반이 될 전망이다. 이 방법론은 1960년대 초 개발되어 전 세계적으로 가장 널리 활용되어온 MIL-HDBK-217을 공식적으로 대체하는 방법론으로 발표되었음에 의의가 있으며, 그간 저자 자신의 연구 수행을 통하여 방법론의 소개가 필요하다는 판단으로 이 책을 집필하게 되었다. 특히, 이 책의 방법론이 군수분야 뿐 아니라 제조업체에서 TV, 핸드폰, 컴퓨터 등과 같은 시스템의 신뢰도 예측 업무를 수행하고 있는 실무자들, 전기·전자 부품 관련 연구소, 그리고 학교의 연구자들에게 도움이 되리라 기대한다.

이 책은 크게 3부로 구성되어 있다. 제 1부는 신뢰도 예측 방법론인 217-Plus의 전반적인 내용을 수록하였다. 제 2부에서는 실제 사례를 중심으로 217-Plus 방법론을 직접 적용하고, 동시에 217-Plus 소프트웨어를 통한 예측 과정을 소개하였다. 제 3부에서는 RIAC에서 보유하고 있는 필드고장률 데이터베이스(EPRD)와 세계적으로 대표적인 전통적 신뢰도 예측방법론인 MIL-HDBK-217과 Telcordia의 SR-332 방법론에 대하여 설명하였다. 이들을 통하여 217-Plus 부품 모형에 포함되지 않은 부품들이나 217-Plus 모형의 복잡성으로 적용 및 분석이 어려운 부품의 고장률들을 모두 포함할 수 있을 것이다.

217-Plus 부품 및 시스템 모형의 근간이 되는 일부 내용, 방법론의 이해와 관련한 일부 내용, 그리고 217-Plus 및 여타 모형들에 대한 세부 분석 등의 연구적인 내용들은 수록하지 않았으며 이들에 대해서는 직접 저자(tbjeon@kangwon.ac.kr)에게 문의하기 바란다.

이 책의 집필과정에서 217-Plus의 세부 내용 및 부품 모형과 시스템 모형에 대한 활용의 허가를 내어준 미국 신뢰성 정보분석센터 RIAC에 감사하며 RIAC내 업무 책임자인 David Nocholls에게 감사드린다. 끝으로 이 책의 출간에 노고를 베푸신 교우사의 오판근 사장님께 감사를 드린다.

2010년 2월

저자 씀

차 례

part 01

Chapter 01 서 론 3

1.1 217-Plus의 출현 배경 3
1.2 217-Plus의 출현 8
1.3 217-Plus의 개요 및 특징 14

Chapter 02 217-Plus 구조 및 방법론 17

2.1 217-Plus의 특징 17
2.2 217-Plus의 구조 및 적용 절차 20
2.2.1 부품 수준의 고장률 산출_21
2.2.2 시스템 수준의 고장률 산출_21
2.3 결 언 27

Chapter 03 부품 모형(Component Models) 29

3.1 217-Plus 부품 모형의 설정 ---------- 29
3.2 고장률의 단위 ---------- 34
3.3 부품 신뢰도 성장(reliability growth) ---------- 35
3.4 품질수준(quality level) ---------- 37
3.5 부품 고장률 모형 ---------- 37
3.6 부품 고장률 산출의 예 ---------- 42
3.7 결 언 ---------- 46

Chapter 04 시스템 신뢰도 예측 49

4.1 217-Plus 시스템 모형 ---------- 50
4.2 고장요인(failure cause) 및 고장률에의 영향 ---------- 53
4.3 프로세스 등급 평가 ---------- 59
4.4 신뢰도 성장(reliability growth) 팩터 – Π_G ---------- 63
4.5 환경팩터(Environmental Factor) – Π_E ---------- 65
4.6 초기고장(Infant Mortality) 팩터 – Π_{IM} ---------- 69
4.7 소프트웨어 신뢰도 모형 ---------- 71
4.8 경험에 의한 고장률 통합 ---------- 75
4.9 결 언 ---------- 76

part 02

Chapter 05 217-Plus를 이용한 신뢰도 평가 사례 79

5.1 사례 소개 79
5.2 RIACRates에 의한 부품 신뢰도 산출 83
5.3 시스템 고장률 산출 및 프로세스 등급화 88
5.4 결 언 90

Chapter 06 217-Plus S/W에 의한 신뢰도 예측 93

6.1 시스템 생성 93
6.2 부품 및 어셈블리 고장률 산출 99
6.2.1 인버터 회로내 부품 고장률 산출_99
6.2.2 인버터 어셈블리 고장률 산출_102
6.3 비 217-Plus 부품의 고장률 산출 107
6.4 시스템 고장률 산출 111
6.4.1 시스템 고장률 초기평가치 산출_111
6.4.2 시스템 프로세스 평가_114
6.5 결 언 117

part 03

Chapter 07 RIAC 데이터에 의한 고장률 산출 121

7.1 EPRD/NPRD의 개요 121
7.2 데이터 수집 123
7.3 EPRD 문서 구성 및 요약 125
7.4 자료의 해석(Data Interpretation) 135
7.5 결 언 138

Chapter 08 MIL-HDBK-217 및 고장률 산출 139

8.1 MIL-HDBK-217 개요 139
8.2 MIL-HDBK-217의 고장률 모형 141
8.3 MIL-HDBK-217의 주요 팩터 143
8.4 MIL-HDBK-217의 캐패시터 고장률 산출 148
8.5 결 언 155

Chapter 09 SR-332 규격 및 고장률 산출 157

9.1 Telcordia SR-332 개요 157
9.2 SR-332의 고장률 모형 158
9.3 SR-332의 팩터들 160
9.4 SR-332 규격에 의한 고장률 산출 167
9.5 결 언 170

part 04

부록 *A* 욕조곡선 및 전자부품의 고장률 ---------- 173

부록 *B* 217-Plus의 개별 부품 모형들 ---------- 177

B-1 캐패시터(Capacitors) ---------- 178

B-2 다이오드(Diodes) ---------- 183

B-3-1 집적회로(Integrated circuits), Plastic Encapsulated_187

B-3-2 집적회로(Integrated Circuits), Hermetic_191

B-4 인덕터(Inductors) ---------- 195

B-5 트랜스포머(Transformers) ---------- 198

B-6 Optoelectronic Devices ---------- 201

B-7 스위치(Switches) ---------- 205

B-8 릴레이(Relays) ---------- 208

B-9 컨넥터(Connectors) ---------- 211

B-10 저항(Resistors) ---------- 214

B-11 Thyristors ---------- 218

B-12 트랜지스터(Transistors) ---------- 222

부록 *C* 시스템 프로세스 평가 ---------- 227

참고문헌 ---------- 273

찾아보기 ---------- 276

part 01

제1장 서 론
제2장 217-Plus 구조 및 방법론
제3장 부품 모형(Component Models)
제4장 시스템 신뢰도 예측

전기·전자시스템 신뢰도 예측
217Plus, MIL-HDBK-217, SR-332를 중심으로
part 01

chapter 01

서 론

제품 및 시스템의 신뢰성은 안전성 제고 및 고객에 양질의 서비스 제고라는 점에서 근래 중요성이 더해가고 있으며, 이중 전기·전자 시스템에 대한 신뢰성 예측은 이 분야에 있어 중추적인 역할을 해오고 있다. 오랜 기간 전기·전자 시스템 신뢰성 연구를 통하여 많은 모형들이 개발되어 왔으며 대표적으로 MIL-HDBK-217가 이 분야에 가장 오랫동안 핵심 역할을 해왔다. 최근에는 새로운 모형인 217Plus^{TM}(이하 217-Plus로 표기)가 개발되어 보다 개선된 신뢰도 예측 모형으로 자리매김 하고 있으며 향후 이의 활용이 다각도로 진행될 전망이다. 본 장에서는 새로운 신뢰도 예측 방법론으로서 217-Plus의 출현 배경 및 특징에 대하여 간략히 소개한다.

1.1 217-Plus의 출현 배경

신뢰도 예측 방법론으로서 217-Plus의 출현과 관련한 주요 배경은 다음과 같이 요약된다. 217-Plus의 출현 과정에 대한 세부 내용에 대해서는 전태보(2009a)가 자세한 설명을 보이고 있다.

(1) 1995년 이후 예측 모형으로서의 유지·개정 노력 부재

MIL-HDBK-217은 1960년대 초 개발된 이래 30여년간 전기·전자 시스템의 신뢰도 예측의 표준으로 군과 민간 분야의 전기·전자 시스템의 신뢰도 분야에 넓게 적용되어 왔다. 그러나, 1994년 6월 29일 미 국방부장관 William Perry의 memorandum인 MSSR (Military Specifications and Standard Reform)을 통하여 근본적인 변화를 맞게 된다. MSSR은 무기 체계(시스템)의 획득과 변경 방법에 있어 "수행도에 근거한 규격(performance-based specifications)"을 수용함을 선언하였다. 이는 기존의 많은 군 규격과 표준을 취소함을 의미한다. 당시 MIL-HDBK-217 활동을 수행 중이었던 Rome Laboratory는 전면적인 방향 재설정에 부응한 미 공군내의 조직 개편으로 1997년 AFRL(Air Force Research Laboratory)에 편입되어 그의 참모부인 ID(Information Directorate)로 개편되었다. 이로 인해 과거 Rome Laboratory에서 수행했던 신뢰성 연구가 전면 중단되었다. 1998년에는 드디어 모든 규격 및 표준의 유지 등 전통적인 신뢰성 관련 업무들은 정부 내 다른 부서들로 이관되었다. 결과적으로, MIL-HDBK-217의 실제적인 책임 주체가 없어졌으며, 정부내 어느 조직도 예산 지원 없이 핸드북을 유지하려는 노력을 경주하지 않았다. 즉, 1990년대 중반 이후 DoD 핸드북이 새로운 부품의 추가 또는 예측 모형으로서의 유지 및 보완 노력이 없었다. 결과로 MIL-HDBK-217이 구식 규격으로 변하게 되었다.

(2) 특정 분야에 전문적인 방법들의 개발 및 신뢰성 예측 표준 부재

신뢰성 예측을 수행하는 접근법들은 크게 경험중심의(empirically-based) 모형, 고장물리(POF: physics of failure), 그리고 테스트 데이터 등으로 분류되며, 이중 217-Plus, MIL-HDBK-217, Bellcore/Telcordia, British Telecom의 HRD-5, Nippon Telephone & telegraph, 그리고 프랑스의 CNET 기법 등이 경험적 모형에 포함된다. 이들은 범용 신뢰성 소프트웨어로도 이용되나 전기전자, 자동차 등 특정 분야에 전문적으로 적용되도록 설계되었다. 많은 회사들이 새로운 시스템 개발에 사용하기 위한 표준의 개발 및 유지 능력을 가지고 있다. 많은 영역에서 이것이 사실이나, 신뢰도 예측에는 그렇지 못하다. 특히 군용 및 많은 민수용 운용에 있어 예측에 요구되는 모든 환경 및 품질 수준을 명시할 수 있는 표준이 아직 존재하지 않고, 대부분의 예측 방법론들은 특정 산업의 목적에 맞추어 개발되었으며 따라서 해당 분야에 관심 조건에만 맞추어져 있다.

(3) 고장물리 방법의 중요성 대두 및 절충

1990년대 중반 이후 NIST(National Institute of Standards and Technology), Bell Northern Research, the U.S. Army, 보잉, Honeywell, Delco, 포드 등 많은 기관 연구에 의하면 기존의 경험 중심 모형에 수정이 필요하다는 인식이 제기되며, 이의 대안으로 고장물리가 대두되었다. 특별히, MIL-HDBK-217에 모형에 대하여 너무 보수적(pessimistic)인 결과 산출, 예측의 비 정확성, 그리고 신기술 반영의 미비 등이 지적되었다. 세계 여러 전자회사들은 전통적인 신뢰성 예측 방법들 대신 고장 메카니즘, 고장모드, 그리고 고장 유발 스트레스 등에 대한 근원분석에 근거한 신뢰성 평가기법을 사용하였고, 설계, 제조, 제품 동작 등과 관련한 고장의 예방, 감지, 그리고 수정에 있어 효과적임이 증명되었다. 전자제품에 있어 고장물리는 고장 메카니즘이 근원적인 기계, 전기, 온도, 그리고 화공공정에 의해 통제된다. 가능한 고장 메카니즘을 이해함으로써 새로운 또는 기존 기술상의 잠재적 문제들이 발생되기 전 밝혀지고 해결될 수 있다. 미 육군은 기존의 신뢰성 예측에 있어 문제가 많아 MIL-HDBK-217 사용을 취소하며, 대신 Military Acquisition Handbook-179A를 개발하였다. MIL-HDBK-217 유형의 경험적 모형과 신뢰성 물리(reliability physics) 유형의 (고장)상황에 대한 등식 모형은 신뢰성 예측에 대한 양 극단으로서 많은 연구자들로부터 옹호되어 왔다. 불행히도 양자의 그룹들은 신뢰성 업무에서 선(good) 보다는 해(harm)를 끼친다. 전자장치 기술은 정확한 통계적 고장 데이터의 생성이나 신뢰성 모수들에 대한 핸드북의 개정보다 빨리 변하며, 필드 고장 데이터는 구성품의 물리적 성질의 결과가 아닌 고장들에 의해 지배되는 경향이기 때문이다. 이는 고장 메카니즘에 대한 지식 증진 및 "미지(unknown) 현상"에 대한 통계적 모형 양자 모두 중요하다는 의미이다. 다수 연구자들의 시각은 전자 시스템의 고장이 설계문제나 특정요인(special cause)들에 지배적으로 기인한다는 것이다. 즉, 모든 필드상의 교체 가능한 units 중 불과 몇 %가 하드웨어 고장 대부분을 차지하며, 이러한 특성의 고장들은 특정 해결 가능한 요인들에 기인하며 이들 요인들은 설계변경을 통하여 제거할 수 있다는 시각이다. 따라서, 시스템 고장의 주도자(driver)를 명확히 고려함이 가장 적절한 해결책 임을 제시한다.

(4) 시스템 수준의 신뢰성 평가 방법론의 대두

MIL-HDBK-217과 같은 전통적인 신뢰성 예측 모형들의 중요한 가정은 시스템 고장률이 시스템을 구성하는 부품/구성품(components)에 의해 결정난다는 것이다. 이와 관련하여 RIAC는 여러 다른 운영환경과 시나리오를 갖는 군, 산업계, 민간 시스템으로부터

10^{12} 부품시간 이상의 방대한 신뢰성 관련 데이터를 유지하고 있다. <표 1.1>은 217-Plus 모형 개발에 근간이 되는 주요 전자 부품들의 관측 데이터 양을 보여준다. <그림 1.1>은 이에 대한 상세한 분석 내용으로 고장에 기여하는 여러 요인들과 이들의 비율을 보여준다. 그림에서 보듯이, 78%의 전자시스템 고장이 비 부품 요인(non-component cause)들인 설계미비(design deficiencies), 제조결함(manufacturing defects), 부적절한 요구와 같은 효율적이지 못한 시스템 관리기술(system management techniques), 마모(wear-out), 소프트웨어(software), 유도(induced), 그리고 비반복 고장(no defect/cannot duplicate)들로부터 기인됨이 밝혀졌다. 불행히도, 이 요인들이 과거 전통적인 모델에서는 명확히 언급되지 않았다. <표 1.2>는 고장요인(failure cause) 각각에 대한 세부 설명을 도시한다.

〈표 1.1〉 217-Plus Development Data

데이터 베이스	부품 종류	수 량
고장률	집적회로(Microcircuit)	7.5×10^{11} part hours
	반도체(Discrete Semiconductor)	3.6×10^{11} part hours 1.5×10^{10} part miles
	수동소자(Passive Device)	1.5×10^{12} part hours 5.3×10^{11} part miles
	비 전자부품(Nonelectronic)	2.5×10^{12} part hours 2.0×10^{12} part miles
Electrostatic Discharge	다 양	25,550 devices
고장모드/메카니즘		12,140 devices

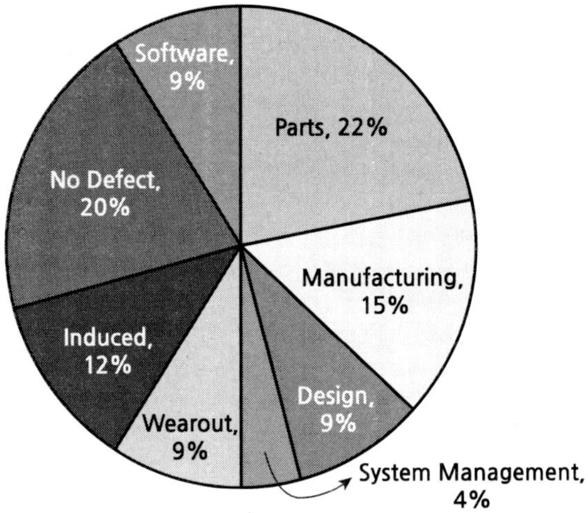

〈그림 1.1〉 전자시스템의 고장요인 (failure cause)

〈표 1.2〉 전자시스템의 고장요인(failure cause)별 설명

고장요인	세 부 내 용
부품(Parts) - 22%	집적회로(microcircuit), 트랜지스터(transistor), 저항(resistor) 등의 부품 고장으로 인한 고장으로 본래의 의도된 기능 수행에 실패
설계(Design) - 9%	부적절한 설계로 인한 고장들 예) tolerance stack-up, 예상치 못한 로직상황, 주어진 환경에 대해 비안정적(non-robust)인 설계 등
제조(Manufacturing) - 15%	납땜 오류 등과 같은 제조 공정상의 결함으로 인한 고장들
시스템 관리(System Management) - 4%	시스템 요구에 대한 잘못 이해로 추적되는 고장이나 신뢰할 만한 시스템을 설계하고 구축함에 요구되는 자원 제공의 실패
마모(Wear-out) - 9%	마모 관련 고장 메카니즘으로 결과되는 고장 예) 캐패시터, 납땜, 튜브, 스위치나 릴레이 접점 등의 마모
유도/파생(Induced) - 12%	외부에 인가된 스트레스로부터 유도/파생되는 고장 예) 전기적 과부하(electrical over stress)나 유지보수로 파생되는 고장
무결점(No defect) - 20%	추가적 테스트로 인해 재 생성시킬 수 없는 잠재 고장 이들은 실제로 고장이거나 아닐 수가 있다.
소프트웨어(Software) - 9%	소프트웨어 결함의 출현으로 시스템이 의도하는 기능 수행을 하지 못하는 고장

1.2 217-Plus의 출현

RIAC(Reliability Information Analysis Center)는 필드상의 시스템 신뢰도를 추정하기 위해 사용될 수 있는 신뢰성 평가 기법에 대한 필요성을 지적하며 바람직한 평가 방법론으로서 요구되는 사항들로 다음을 나열한다.

- MIL-HDBK-217이 수정 보완되지 않았으므로, 수정 보완된 부품/구성품 수준의 신뢰도 예측 모형
- 시스템 신뢰도에 미치는 비 부품 영향을 정량화 할 방법론
- 일반 신뢰성 엔지니어들이 시스템 개발 과정 동안 쉽게 활용 가능한 데이터

1996년 MSSR 자금을 활용하여 RAC(RIAC)의 Denson 및 Performance Technology의 Keene과 "신뢰도 평가를 위한 방법론 개발"을 위한 프로젝트 계약을 체결하였으며, 1998년 이들은 "New System Reliability Assesment Methodology"를 발표하였다. 이는 시스템의 신뢰도 추정에 있어 MIL-HDBK-217 등 부품 중심의 모형과 달리 시스템 수준의 평가 방법론을 채택한 접근이었다. 이 방법론의 주요 특징은 특정요인의 규명에 근거한 시스템 수준의 신뢰성 예측으로 PGF(process grading factor)와 소프트웨어 고장률 등을 포함한다는 점이다. 1998-1999년 새로운 시스템 신뢰성 평가에 대한 연구를 바탕으로 소프트웨어화 하였으며, 2000년 1월 새로운 방법론 도구인 PRISM® (V1.0)로 출시되었다. 이후 2005년까지 RAC는 PRISM® 버전 1.2에서 1.5까지 출시하였으며 이들에 있어 새로운 부품 모형의 추가는 없었고, 캐패시터(capacitor), 다이오드(diode), 집적회로(monolithic only), 저항(resistor), thyristor 등 총 6가지 부품들에 대한 모형을 포함한다.

2005년 6월 RAC가 RIAC로의 명칭 변경과 함께, DoD는 새로운 운영주체인 Wyle Lab. 주도의 팀과 RIAC 운영 계약을 체결한다. 이듬해인 2006년 Wyle 팀의 RIAC는 DoD 자금 지원하에 PRISM®의 차세대 버전이며(V2.0) 공식적으로 MIL-HDBK-217을 대체할 예측 방법론으로 217-Plus 및 소프트웨어를 출시하였다. 217-Plus는 PRISM 모형들에 다소의 수정을 수행함과 동시에 보다 더 포괄적인 12 가지 부품 모형들(기존의 6 종류에 connector, inductor, optoelectric device, switch, relay, transformer 등 새로이 6 종류를 추가하고, IC는 plastic encapsulate와 hermite 등으로 확대)을 포함한다. 또 다른 특징은 PRISM은 특정 사용자 community에 의해 출발했기에 근간이 되는 데이터나 모형

식들의 상세 내용들이 일반에게 제시하지 않았던 태도를 변경 세부 내용들을 공식적으로 공개함으로써 사용자나 분석자들이 세부 모형 식들을 자유스럽게 검토할 수 있도록 하였다는 점이다. 동시에, DoD는 미래 217-Plus 출시나 보완과 관련하여 계획되는 데이터 수집 및 분석, 그리고 모형화 노력 등을 계속 지원함을 약속하였다.

MIL-HDBK-217 등 전통적 모형들은 부품에 대한 고장률 모형을 중심으로 시스템 고장률을 독립 지수분포들에 근거하여 (묵시적으로) 단순 합에 의해 산정한다. 217-Plus에서는 부품 수준의 12개 모형에 추가로 독립적인 시스템 모형이 존재한다. 시스템 모형은 부품들의 고장률을 근거로 고장률을 산출하되 상술한 여러 고장요인들(설계, 제조, 부품, 시스템 관리, 마모, 유도(induced), 전기적 과부하 등)에 대한 프로세스 등급화(process grading) 과정을 거쳐 개선한다. 최종적으로, 과거의 경험이나 필드 데이터를 이용하여 앞서 개선한 고장률에 통합해가는 Bayesian 기법을 포함하는 종합적인 방법론으로 내용 및 적용과정이 전통적 방법론에 대해 훨씬 복잡하다. 이의 세부 내용에 대하여는 217-Plus 핸드북을 참고할 수 있다. 향후 217-Plus에 대한 활용이 예상되며 이 새로운 방법론에 대한 실제 적용 및 모형상의 분석 등이 요구된다.

<그림 1.2>는 주요 신뢰성 관련 DoD 규격이나 방법론 개발 과정을 시대별로 도시한 것이다. 그림에서 보듯이 이전의 RAC가 2005년을 기점으로 RIAC로 명칭 변경되었음을 알 수 있다. 1995년까지 Rome Laboratory에 의해 MIL-HDBK-217이 FN2(버전 F, Notice 2)까지 수정 보완되다 중지되었다. 1996년 이후 새로운 시스템 신뢰성 평가에 대한 연구를 바탕으로 1999년 PRISM® 1.0이 출시되었으며, 2000년 이후 2005년까지 수정된 버전들(V1.2와 1.5)등이 출시되었다. 마지막으로, 2006년 3월 217-Plus의 출시가 도시되었다.

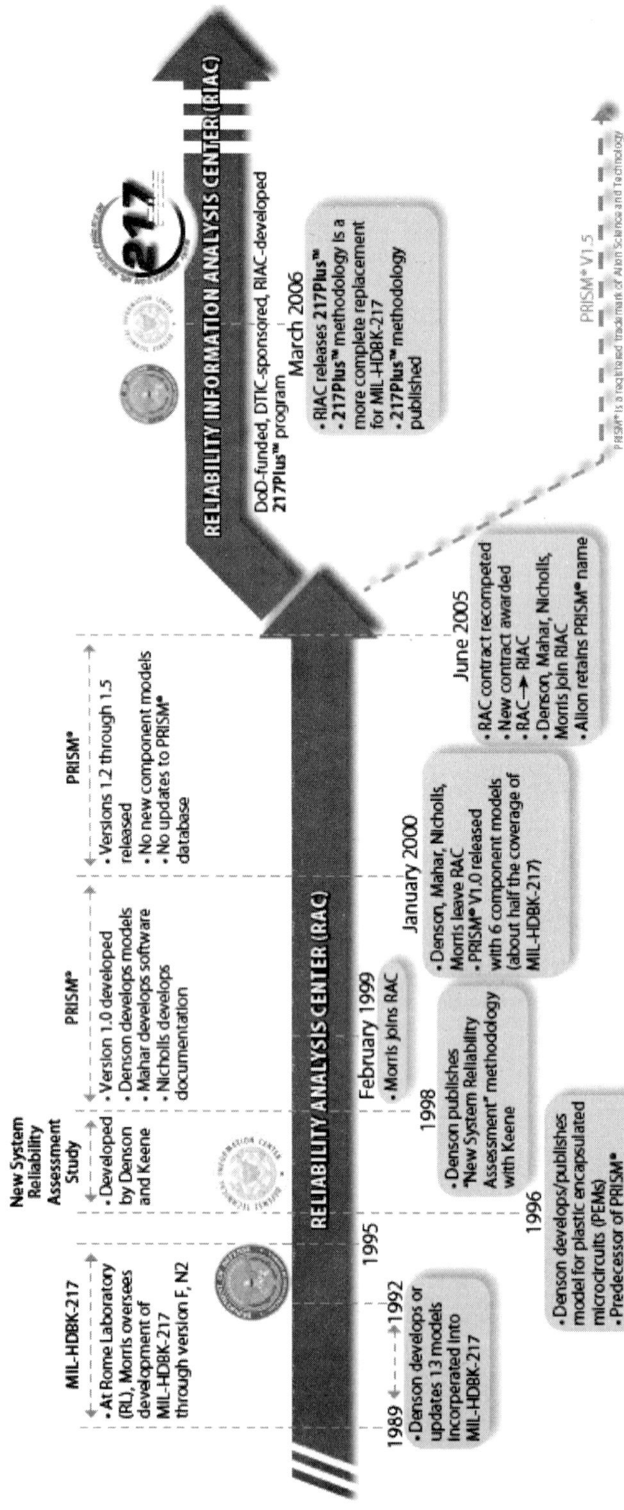

* 출처: Handbook of 217Plus Reliability Prediction Models, RIAC(2006)

〈그림 1.2〉 주요 신뢰성 관련 DoD 규격 및 방법론 변천

Rome Laboratory

Rome Laboratory는 DoD내 전자 부품/시스템 신뢰성 연구의 중심 역할을 수행해 온 조직이다. 2차 대전 중인 1941-1942년 미국 뉴욕 주 Rome에 공군기지가 건설되었고 "Griffiss Air Force Base"로 명명되었다. 1947년 미 공군의 창립과 함께 Griffis 지역에 공군의 전자공학 연구 및 개발 본부 설립을 목적으로 Watson Laboratory 및 기존 펜실바니아 Middletown 공군 조직 등의 통합을 통하여 출발되었다. 1949년 DoD에서는 전자개발센터가 Griffiss 기지에 계획되었으며, 1951년 6월 12일 공식적으로 RADC(Rome Air Development Center)가 지휘부인 ARDC(Air Research and Development Command) 산하 9개 센터들 중 하나로 설립되었다. 1990년 12월 14일 연구개발 시설과 주변 사회 사이의 오랜 유대를 인식하여 미 공군에서는 14개의 laboratory들과 연구센터들을 Phillips, Armstrong, Wright-Patterson, 그리고 Rome 등 4개의 "super" laboratory들로 재정립하며, RADC를 Rome Laboratory로 개명하였다. 1995년 9. 30일 이후 Griffiss 공군기지는 민간과 비전투 목적으로 재건되어 Griffiss Business and Technology Park로 변경되었다. Rome Laboratory에 대해서는 여러 검토를 바탕으로 Rome 지역에 계속 존속시키는 것으로 결정되었다. 1997년 10월 미 공군에서는 공군의 과학 및 기술 프로그램의 계획 및 실행을 총괄하는 AFRL(Air Force Research Laboratory)을 창설하였다. AFRL은 총 본부를 오하이오주 Wright-Patterson 공군기지에 두며 기존의 4 "super" Air Force Research Laboratory들 및 Air Force Office of Science Research를 공고히 하고자 4개의 laboratory들을 통합하고 9개의 Directorate로 개편하였다. 이들 각각은 AFRL내의 추진 참모부(Propulsion Directorate)가 되어 해당 기능 영역내 연구 활동 증진상 지도력과 공동 노력을 연계한다. <그림 1.3>이 이들을 도시하며, 이들 중 Information Directorate, 즉 AFRL/ID가 기존의 Rome Laboratory로서 본부를 Rome에 두고 있다. 요약하여, Rome Laboratory는 DoD의 주된 전자 부품/시스템 관련 신뢰성 연구 및 개발을 위한 조직으로서 출발한 이래 현재는 AFRL/ID로서 정보기술에 관한 포괄적인 연구 및 개발 역할을 수행중이다.

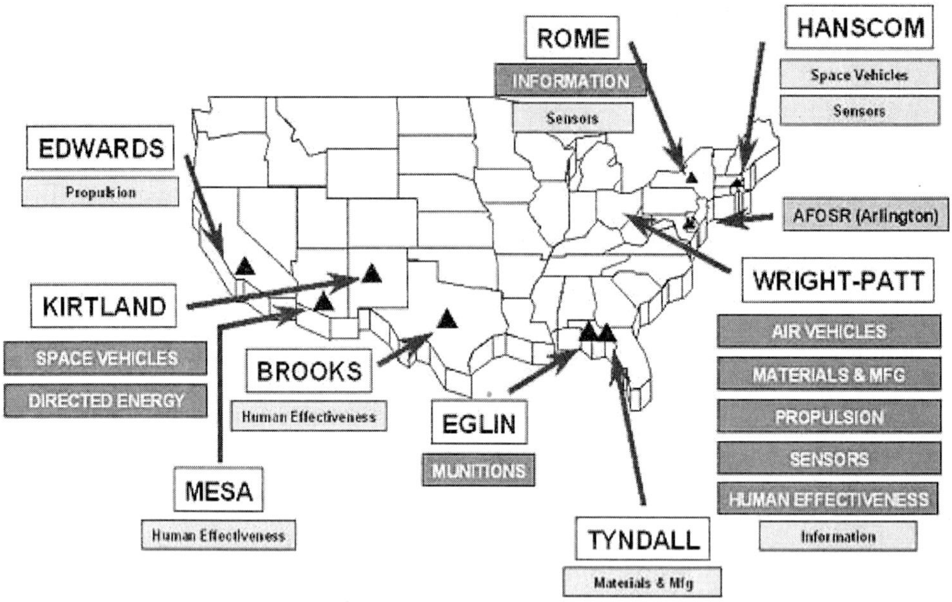

(출처: Wikipedia, the free encyclopedia)

〈그림 1.3〉 AFRL Directorates

RIAC (Reliability Information Analysis Center)

1961년 RADC(Rome Laboratory의 전신)는 전자부품의 신뢰성에 대한 정보의 수집, 분석, 그리고 분배를 위하여 전자 부품 데이터의 저장을 시작하며, 이는 머지않아 DoD의 RAC (신뢰성분석센터: Reliability Analysis Center)로서 자리잡게 된다. 1968년 설립된 RAC는 1971년 DoD의 IAC(Information Analysis Center)들 중 하나가 되었다. IAC란 DoD내 정부나 기업 등에 신뢰성 해답을 제공하기 위해 설립된 정보분석센터로서 정부산하기관과 산업분야에 전기전자 부품 및 시스템, 기계 부품 및 시스템 등의 신뢰성 관련 데이터를 수집 분석하고 이를 재가공하여 효용성 있는 데이터로 제공해 주는 역할을 담당한다.

RAC의 주요 임무는 제품이나 시스템의 수명주기 모든 단계를 통하여 비용-효과적(cost-effective)인 RMQ(reliability, maintainability, and quality)의 운영을 촉진하며, DoD, 다른 정부 기관들, 산업체 등에게 RMQ와 관련한 자원(resources)과 서비스를 제공함이다. 즉, RMQ와 관련하여

1) 장치(device)와 시스템의 신뢰성에 대한 데이터 및 정보의 수집
2) 원(raw) 데이터를 사용 가능한 정보로 정제하기 위한 분석적 서비스 제공
3) 이 정보를 DoD와 산업체에 제공 등의 업무를 수행하며, 추가로 신뢰성 관련 컨설팅과 연구 등도 포함한다.

RAC의 실제적인 프로그램 운영은 군 자체가 아닌 외부 기관에 의뢰하였으며, 계약에 의하여 IITRI(IIT Research Institute)가 운영 주체가 되었다. IITRI는 1936년 설립된 미국 내 가장 큰 비영리 연구 개발원 중 하나로 시카고에 본부를 두었으며 IIT(Illinois Institute of Technology)와 연구를 수행하였다. 이후 1972년 뉴욕의 Griffiss 공군기지로 옮기었고, 1988년에는 Rome내 다른 지역으로 이동하였다.

1998년 8월 미 공군 Material Command는 IITRI와 또다른 분석 센터인 SIDAC(Supportability Investment Decision Analysis Center)의 운영 계약을 체결한다. 이제 RAC는 SIDAC의 업무를 계속 수행하고, SIDAC가 이루어온 성장과 추진력을 계속 유지하는 목적을 소유하게 된다. 이렇게 2년간 SIDAC가 RAC의 일부로서 기능을 수행하던 중 2000년 5월 RAC에 완전히 통합되었고 결과적으로 RAC의 영역이 supportability까지 확대되어 RAC의 주 임무는 1998년 이래 모든 RMQS(reliability, maintainability, quality, and supportability) 영역에 관여하게 되었다.

특별히, RAC의 운영주체와 관련하여 2002년 12월 20일 IITRI의 1,700명 종업원들이 IIT 자산 대부분을 매입하여, 새로운 100% 종업원 소유의 회사인 AST(Alion Science and Technology)를 설립하였다. 이후 AST가 RAC의 주된 프로그램 운영자로서 주기적으로 계약을 갱신하였다. AST는 DoD, 정부, 산업체 고객 등의 고객들에게 계속 기술서비스를 제공하며, 그간 IITRI가 운영하던 RAC 이외의 일부 다른 IAC들도 운영하였다.

2005년 6월 RAC는 DTIC(Defense Technical Information Center)에 의해 지원을 받으며 여타 IAC 프로그램과 더 긴밀성을 갖도록 37년간 유지되던 명칭을 RIAC(Reliability Information Analysis Center)로 변경하였다. 동시에 6월 21일 새로운 RIAC 운영자로서 Wyle Laboratory팀과 계약이 체결되며 이와 더불어 그간 모든 데이터, 정보, 업무 등이 RIAC로 이관된다. RIAC를 새로

이 운영할 팀은 주 계약자인 Wyle Laboratory와 Quanterion Solution, University of Maryland, Pennstate University, 그리고 SUNYIT 등으로 구성된다. DoD는 데이터 수집/분석과 모형화를 위한 자금 지원을 계속할 것임을 약속했다. 명칭에 새로이 추가된 I는 "information"을 의미하나 미래 지향적인 의미의 "innovation"을 뜻하기도 한다. 이제, RIAC는 미 국방부내 11개 IAC들 중 하나로 DoD내에서 RMQSI(reliability, maintainability, quality, supportability, and interoperability)와 관련한 전문적이고 광범위한 경험, 데이터, 그리고 정보 등을 유지하고 있다. 요약하여, RIAC는 R&M 기술 훈련 및 전파를 위해 DoD로부터 지원을 받는 센터로서 프로그램 관리자들에게 기술지원, 컨설팅, 교육 및 훈련, 출판 및 도구, 최근 뉴스와 기술, 주제 전문가, 데이터, 라이브러리 등 다양한 서비스를 제공 등 이 분야의 중추적 역할을 수행해오고 있다. 2007년 11월 14일은 RAC의 창립 40주년 되는 날로서 그간의 업적 및 새로이 RIAC로의 탄생을 축하하기 위해 SUNYIT에서 축하 기념식 및 오찬이 거행되었다. 이 행사는 IAC의 40주년 기념행사도 겸하였다.

1.3 217-Plus의 개요 및 특징

신뢰도(reliability)란 "어느 부품/에셈블리/시스템이 특정 허용된 조건하에서 특정 기간 동안 의도된 기능을 성공적으로 수행할 확률"로 정의된다. 신뢰도 예측(reliability prediction)이란 "신뢰도를 정량적으로 추정하는 과정(process)"이다. 전통적으로 신뢰도 예측은 "시스템에 대한 경험 데이터가 가용하기 전에 필드 시스템 신뢰도를 추정하기 위한 목적으로 수학적인 모형과 데이터를 적용하는 과정"으로 이해되어 왔다. 217-Plus 방법론의 접근은 신뢰도를 추정하는 골격과 함께 경험적인 데이터가 가용해짐에 따라 정량적인 신뢰도 예측을 수행하는 모형을 제공함이다. 초기 제품 개발단계에서 얻어진 고장률 추정치에는 보통 큰 불확실성이 내포된다. 점차 경험적인 데이터가 가용해지고 이것이 초기 신뢰도 추정치와 병합(combine) 됨으로써 추정치의 불확실성이 감소된다. 예측 방법들은 정량적이며 경험적인 데이터가 존재하기 전에 시스템이나 제품 신뢰도를 추정할 수 있어야 한다.

217-Plus에는 2가지 주요 요소로 "부품 신뢰도 예측모형"과 "시스템 수준의 예측모형"이 있다. 각 부품의 고장률을 부품 신뢰도 예측모형을 통하여 추정한 뒤, 이 고장률들은 시스템 수준의 고장률을 추정하기 위해 이용된다. 217-Plus에서는 총 12가지 부품 종류들의 고장률 모형을 포함한다. 추가로, 이들 및 이들 외에 부품 및 어셈블리들에 대한 광범위한 고장률 데이터베이스인 EPRD(Electronic Parts Reliability Data)를 활용할 수 있다. 동시에, 사용자 고유의 고장률 등을 삽입/입력하여 활용할 수 있도록 설계하였다. 이렇게 부품의 고장률 모형, 경험데이터, 또는 사용자 정의 데이터들의 병합으로 부품들에 대한 고장률의 산출이 가능하다. 이는 시스템 수준의 초기 추정치이며, 시스템 수준의 비부품 요인들의 영향을 반영하는 팩터들로 적절히 수정된다. 이는 요인들과 관련되는 시스템 프로세스들의 평가를 통하여 수행된다. 이상의 과정에 추가로 현재 고려중인 새로운 시스템에 있어 충분한 경험적 데이터(필드, 테스트, 또는 양자)가 존재할 경우 Bayesian 접근법으로 데이터를 통합하여 신뢰성 예측의 정도를 더욱 높여간다.

이상에 대한 세부적인 내용은 217-Plus 핸드북에 설명되어 있으며, 사용자들에게 친숙한 형태로 제공한다. 동시에 모든 등식, 팩터, 방법론에 수반된 배경 등 대한 상세 내용을 제공한다. PRISM이 사용자로 하여금 어느 정도의 수용성을 가지나, RIAC는 217-Plus가 사용자의 수용성을 유지함과 동시에 신뢰성 공학에 있어 본래의 목표, 즉 궁극적으로는 MIL-HDBK-217을 대체하는 de-facto 표준이 되는 방법론 역할을 충족시키리라 기대한다. 모형 식들과 이들의 유도 방법론 공개를 통하여 사용자로 하여금 모형을 더 잘 이해하며 동시에 217-Plus에 대한 검증(validity)과 신뢰성(credibility)을 제고하리라 기대된다.

마지막으로, RIAC에서는 217-Plus 방법론을 표준 window 형의 인터페이스를 사용하여 사용자로 하여금 쉽고 빠르게 복잡한 시스템에 적응하며 원하는 시스템의 분석을 수행하도록 소프트웨어화 하였다. 이는 "새로운 시스템 신뢰도 평가 방법(A New System Reliability Assessment Method)" 프로젝트 수행을 통하여 개발된 방법론에 근거한 "시스템 수준의 고장률 평가" 도구이다. 이 소프트웨어는 217-Plus의 모형들 뿐 아니라 RIAC가 유지하고 있는 광범위한 부품 고장률 데이터베이스(EPRD), 사용자 고유 고장률 등을 부품 신뢰성 예측 모형들에 통합할 수 있도록 설계하였다. 따라서, 전통적인 MIL-HDBK-217 "전자장비에 대한 신뢰도 예측(Reliability Prediction of Electronic Equipment)"의 낡음과 관련한 문제들을 극복한다. 217-Plus 소프트웨어에 대해서는 제 6장에서 자세히 설명한다.

본서의 구성은 다음과 같다. 제 2장에서는 217-Plus에 대한 개요로 전체적인 구조 및 방법론에 대하여 고찰한다. 제 3장에서는 시스템을 구성하는 부품들 수준에서의 고장률 산출 모형에 대하여 다룬다. 이에는 12가지 부품들과 소프트웨어의 신뢰성 예측 모형들이 포함된다. 제 4장에서는 시스템 수준의 신뢰도 예측 방법론과 모형을 설명한다. 제 5장에서는 217-Plus를 실제로 적용하는 내용을 다룬다. 특별히, 형광등 안정기 시스템을 중심으로 신뢰도를 도출하는 사례를 고찰한다. 제 6장에서는 217-Plus 고장률 산출 도구인 소프트웨어를 통한 예측에 대하여 고찰한다. 제 7장에서는 RIAC 필드 고장률 데이터 데이터베이스에 대한 내용으로 EPRD에 대하여 고찰한다. 제 8, 9장에서는 전통적인 신뢰성 모형으로 세계적으로 가장 많이 이용되고 있는 MIL-HDBK-217과 Telcordia SR-332에 대하여 설명한다. 이상의 과정을 통하여 전기·전자 시스템 신뢰도 예측에 대한 전반적인 내용의 이해와 실무에의 적용에 대한 기반이 마련되리라 기대한다.

chapter 02

217-Plus 구조 및 방법론

본 장에서는 217-Plus 방법론의 전반적인 개요에 대하여 설명한다. 이에는 217-Plus의 특징, MIL-HDBK-217과의 차이점, 그리고 217-Plus를 통한 시스템 신뢰도 예측 수행 절차 등이 포함된다.

2.1 217-Plus의 특징

217-Plus는 RIAC에 의해 개발된 전기·전자 시스템의 신뢰도 예측방법론이다. 체계적인 방법론으로서 217-Plus는 시스템에 대하여 거의 알려지지 않은 시점인 초기 설계단계에서 시스템 신뢰도를 추정할 수 있게 해준다. 예를 들어, 시스템 개발 초기 일반 부품 리스트에 근거하여(동작 프로파일과 스트레스의 default 값을 활용한) 신뢰도를 추정할 수 있다. 테스트나 필드 데이터 등 추가적인 정보가 가용해 질 경우, 모형은 이 데이터를 통하여 초기 예측치를 보완할 수 있게 해준다.

새로운 예측 방법론으로서 217-Plus의 주요 특징은 다음과 같이 요약된다.

- 관측 고장모드 분포를 기반으로 신뢰도를 모형화
- RIAC의 12가지 부품 신뢰도 모형(RIACRates라 부름)을 통합
- 소프트웨어 신뢰도 통합
- 관측된 기업의 경향에 근거한 부품 신뢰도 성장을 모형화
- 사용자의 고장 경험 데이터에 근거한 노력
- 매우 광범위한 필드 고장 데이터에 근거

217-Plus 모형 개발은 매우 광범위한 필드 고장 데이터를 바탕으로 수행되었다. 10^{12} 이상의 캘린더 시간(calendar hours) 데이터로 이들은 70,000개 이상의 필드 고장률 데이터, 장치들의 고장모드 관련 15,000가지 기록들, 그리고 ESD 민감도와 관련한 30,000개 이상의 기록들로 구성된다. 이 방법론은 궁극적으로 217Plus™으로 불리는 소프트웨어 도구로서 통합화 되었으며 다음들을 포함한다.

- 시스템 수준의 고장률 모형
- 차세대 부품 신뢰성 모형들(RIACRates)
- 4,400가지 이상의 부품 유형들에 대한 데이터를 탐색 가능한 형태로 보유하고 있는 RIAC 신뢰성 데이터베이스
- "부품산점(Parts Count)"에서 포괄적인 분석까지의 완전한 모델링 접근
- 동작(operating) 뿐 아니라 비동작(non-operating) 고장률까지 모두 모형화 가능
- 시스템 개발 프로세스 등급화(Process Grading) 방법론
- (새로운 시스템 고장률 산출에 있어) 기존 시스템(Predecessor System) 데이터의 사용 능력
- 고객화가 가능한 부품 라이브러리 및 입력(import) 기능

이상의 측면에서 217-Plus는 RIAC가 계속적으로 수집하는 데이터 및 정보에 근거하여 정기적으로 개정해 갈 "살아있는 방법론"이 될 것이다. 향후의 개정/보완은 추가적인 부품 유형들에 대한 모형의 개발, 시스템 수준 팩터들에 대한 개선, 모형에 대한 끊임없는 검증, 그리고 전자 시스템과 장비상의 기술 발전을 반영하도록 수정함 등일 것이다.

특별히, 217-Plus는 공식적으로 MIL-HDBK-217을 대체하는 방법론으로 소개되었다. <표 2.1>은 MIL-HDBK-217과 217-Plus 방법론의 주요 특징들을 비교·요약한 것이다.

〈표 2.1〉 MIL-HDBK-217과 217-Plus 방법론의 비교

<table>
<tr><th></th><th>MIL-HDBK-217</th><th>217-Plus</th></tr>
<tr><td rowspan="4">기본 가정</td><td>부품/구성품 기반
- 시스템 고장은 부품에 대한 기술과 인가/적용 스트레스에 의해 결정</td><td>고장은 부품, 시스템 수준의 고장요인들, 그리고 소프트웨어 등에 의존</td></tr>
<tr><td>지수분포 수명 특성</td><td>(묵시적으로) 지수분포 수명 특성</td></tr>
<tr><td>기술 개선/개발로 인한 신뢰도 성장은 고려하지 않음</td><td>신뢰도 성장을 고려함</td></tr>
<tr><td>단위: 백만 동작시간(OH: operating hours)</td><td>단위: 백만 캘린더시간(CH: calendar hours) * OH = CH/DC</td></tr>
<tr><td rowspan="3">부품 모형</td><td>팩터들의 곱셈형태(함수식 단순)
- 부품 유형에 따라 고유한 함수식
- 부품 유형별 기본고장률에 적용환경, 품질, 전기적 스트레스 등 추가적 팩터들을 고려
- 직접 곱하므로 고장률 팩터들(π_Q, π_E 등)에 민감</td><td>곱셈 및 덧셈의 복합형태
- 12가지 부품 모형 존재 복잡하고 고유한 함수형태
- 부품 유형별 기본고장률에 다양한 추가적 팩터들을 고려
- 고장률 팩터들에 덜 민감</td></tr>
<tr><td>고장범주 - 고려하지 않음</td><td>고장 범주들 고려
- 동작중, 비동작중, 사이클링, 납땜, 유도/과부하(IND/EOS) 등</td></tr>
<tr><td>신뢰도 성장은 고려하지 않음</td><td>신뢰도 성장을 고려
- 고장이 시간에 따라 지수적으로 감소
- 1993년을 기준으로 삼음
- 부품 유형별로 고유의 성장률 가짐</td></tr>
<tr><td rowspan="2">시스템 모형</td><td>시스템 모형이 별도로 존재하지 않음
- 시스템 고장률은 부품 고장률들의 단순 합
- 지수분포 특성</td><td>시스템 고장률의 2 모형이 존재
- Logistics 및 Inherent 모형
- 초기평가치 산출(RIACRates, EPRD, 또는 사용자 고유 모형들 이용)
- 초기평가치를 시스템 수준의 프로세스 평가를 통하여 수정/보완</td></tr>
<tr><td>* 부품들의 고장 특성이 독립, 지수분포가 아니더라도 시스템 고장 특성은 지수적임을 가정</td><td>베이지안 개선 메카니즘 적용
- 테스트나 필드 데이터의 평가를 통한 시스템 고장률에의 통합/개선</td></tr>
<tr><td>환경 스트레스와 동작 프로파일</td><td>부품 모형에 통합적인 하나의 팩터(π_E)로 고려
- 동작 프로파일을 별도로 고려하지 않음 (동작 프로파일을 포함)
- 14 종류의 정성적 적용환경 범주로 분류하여 각각 다른 팩터 값을 적용</td><td>환경과 동작 프로파일을 별도로 고려
- 환경적 스트레스
- 37 종류의 적용환경
- 동작온도, 비동작온도, 습도, 진동

동작 프로파일
- 10가지 동작 프로파일
- duty cycle, 사이클률(cycling rate)</td></tr>
</table>

〈표 2.1〉 MIL-HDBK-217과 217-Plus 방법론의 비교 (계속)

	MIL-HDBK-217	217-Plus
부품 품질	부품 모형에 팩터 π_Q로 고려 - 제조 환경과 품질 시스템의 수준을 6-7 등급으로 하여 각각 다른 π_Q 값 적용 - 부품 고장률에 직접적으로 영향	부품보다 시스템 수준의 고장요인으로 간주 - 시스템 수준의 관련 프로세스 평가를 통하여 등급화 값을 팩터 값으로 적용
수정/개선	수정/개선 메카니즘 없음	시스템에 대한 현재까지의 고장률에 경험과 필드 데이터를 통합하여 더 정확한 고장률로 수정/개선

2.2 217-Plus의 구조 및 적용 절차

<그림 2.1>이 217-Plus 방법론의 구조 및 전반적인 적용 절차를 도시한다. 시스템에 대한 최상의 고장률 추정치 산출을 위해 217-Plus에서는 가용한 데이터와 정보를 이용하여 구한 시스템 고장률의 사전분포(prior distribution)에 필드에서의 경험데이터를 추가하여 평가하는 Bayesian 기법이 이용된다.

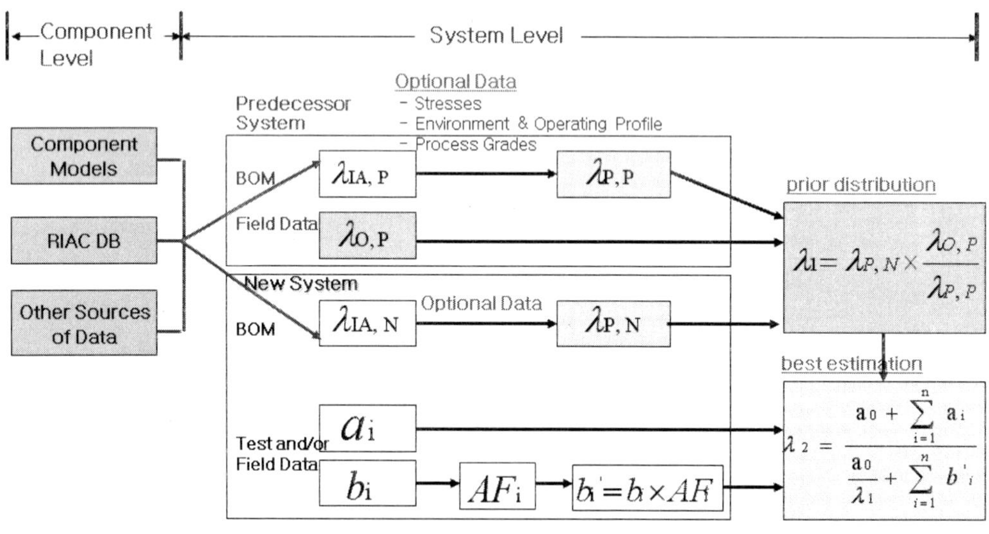

* Optional data를 사용치 않을 경우: $\lambda_{P,P} = \lambda_{IA,P}$ & $\lambda_{P,N} = \lambda_{IA,N}$

〈그림 2.1〉 217-Plus 방법론 개요 및 절차

그림에서 보듯이 전체적으로 좌측의 부품/구성품(component) 부분과 우측의 시스템(system) 부분으로 구분하여 고려한다.

2.2.1 부품 수준의 고장률 산출

첫 단계는 시스템을 구성하는 개별 부품에 대한 고장률을 산출함이다. 이를 위하여 i) 217-Plus에서 제공하는 부품 신뢰도 예측 모형(component models) (RIACRates라 부른다), ii) RIAC 데이터베이스의 경험적인 고장률 데이터, 또는 iii) 기타의 사용자 정의 데이터를 이용한다. 217-Plus에서는 총 12가지 전자 부품들에 대한 고장률과 소프트웨어(software)의 고장률 등 총 13가지 모형들이 제공되며, 이를 통하여 부품들의 고장률을 추정할 수 있다. 포함되는 부품들은 캐패시터(capacitor), 다이오드(diode), 집적회로(integrated circuit), 저항(resistor), thyristor, 트랜지스터(transistor), 컨넥터(connector), 코일(inductor), optoelectric device, 스위치(switch), 릴레이(relay), 그리고 트랜스포머(transformer) 등이다. 이들 외의 부품들에 대해서는 다른 모형이나 방법으로 신뢰도를 산출하여야 한다. 217-Plus 부품 고장률 모형에 대하여는 제 3장에서 자세히 논한다.

또한 RIAC에서는 필드에서의 다양한 신뢰성 데이터를 수집하고 데이터베이스화하여 왔으며 이들을 근거로 경험적인 고장률 데이터를 산출하여 제공한다. 이들 중 전기·전자 부품 관련 고장률 데이터는 EPRD(Electronic Parts Reliability Data), 기계 부품에 대한 경험적인 고장률 데이터는 NPRD(Non-electronic Parts Reliability Data)로 데이터베이스화 하였다. 사용자들은 RIAC에서 제공하는 EPRD/NPRD 데이터를 활용하여 다양한 부품들에 대한 고장률을 산출할 수 있다. 이에 대하여는 제 7장에서 설명한다. 마지막으로, 고려하고자 하는 부품의 신뢰도 산출에 있어 상술한 부품 모형이나 RIAC 데이터베이스가 좋은 기준치를 제공하나 이들을 사용함에 불편할 수 있고 또는 자사의 모형과 경험데이터 등이 있을 때는 이를 사용하여 부품 신뢰도를 산출할 수 있다. 물론, 이에는 MIL-HDBK-217 및 Bellcore/Telcordia 등을 포함한 여타의 신뢰성 모형 등이 이용될 수 있다. 제 8장과 9장에서는 MIL-HDBK-217 및 Telcordia SR-332에 대하여 설명한다.

2.2.2 시스템 수준의 고장률 산출

그림 우측의 시스템 부분은 윗 부분의 기존 시스템(predecessor system)과 아래 부분의 새 시스템(new system)으로 분류된다. 217-Plus에서는 새로운 시스템에 대한 신뢰도 산출을 목적으로 하며 최종적으로 최상(best)의 고장률(λ_2) 산출 과정을 도시한다. 고려중인 시스템이 기존 시스템의 진전된 형태일 경우 모형 및 프로세스 평가를 통한 기존 및 새로운 시스템의 신뢰도 예측치에 추가로 기존 시스템에 대한 필드 경험 데이터 통합으로 새 시스템에 대한 보다 정확한 신뢰도를 산출함에 도움이 될 것이다. 217-Plus에 의하면 기존 시스템(predecessor item)이란 "현재 개발 중이며 신뢰성 예측을 수행하고자 하는 새로운 시스템과 비슷한 기술에 근거하고 비슷한 설계/제조 과정을 거치는 시스템이나 제품"으로 정의된다.

(1) 사전분포(Prior Distribution: λ_1)의 도출

시스템 고장률 예측에서 가장 기본적인 방법은 개별적으로 구한 부품 고장률을 단순히 합하는 것이다. 또는 신뢰성 블록 다이어그램(reliability block diagram)과 같은 기능적 구조도를 통하여 시스템 고장률을 산출할 수 있다. 이 부품 중심의 고장률 예측을 통한 기존 시스템(P: predecessor)의 고장률 "초기 평가치(IA: initial assessment)"는 $\lambda_{IA,P}$로 정의된다. 즉,

$\lambda_{IA,P}$ - 기존 시스템(P) 고장률에 대한 초기 평가치(IA: initial assessment)

상술한 바와 같이, $\lambda_{IA,P}$는 217-Plus 부품 고장률 모형, RIAC 데이터베이스, 또는 기타 출처로부터의 부품데이터를 이용하여 계산된 부품 고장률 예측치들의 합으로 계산된다. 여기서 합이란 개별 부품 고장률의 단순한 합일 수도 있으나 이는 부품들이 각각 지수분포(exponential distribution) 특성을 가지며 동시에 각각 독립(independent)일 때 가능하다. 따라서, 각 부품의 신뢰도 분포 특성, 기능상의 종속/독립성, 그리고 시스템의 구조 형태에 따라 $\lambda_{IA,P}$의 계산은 달라질 수 있을 것이다. 그림에서 BOM(bill of materials)은 이러한 부품들의 (신뢰도 기능상의) 구조를 반영한 표현이다. 참고로, 217-Plus를 비롯한 대부분의 신뢰도 예측 방법론에서는 부품들의 고장특성과 관계없이 (묵시적으로) 시스템 수준의 고장 특성이 지수분포를 따름을 가정한다.

추정된 초기평가치($\lambda_{IA,P}$)는 "선택적 데이터(optional data)"를 통한 분석 과정을 통하여 수정되며, 이렇게 "예측(P: predicted)된 고장률"을 $\lambda_{P,P}$라 정의하자. 즉,

> $\lambda_{P,P}$ - 기존시스템의 고장률 초기평가치에 추가로 "선택적 데이터"를 사용하여 조합(combine)한 후의 예측(predicted) 고장률

"선택적 데이터"란 초기 평가 고장률($\lambda_{IA,P}$)을 프로세스 등급(process grades), 환경스트레스(environmental stresses), 그리고, 동작 프로파일 팩터(operating profile factors) 등과 관련한 상세 데이터를 추가하여 예측치의 질을 높이기 위하여 사용한다. (이들에 대하여는 제 4장에서 자세히 설명한다.) 217-Plus에서는 환경스트레스와 동작 프로파일과 관련한 값을 입력하되 정확한 값을 모를 경우에 적용할 수 있는 default 값들을 제공한다. "프로세스 등급(화)" 역시 선택 사항으로 시스템 개발이나 유지에 이용되는 즉, 제 1장에서 고려한 다양한 비부품 고장요인 관련 프로세스들을 평가하기 위해 이용된다. 일부 프로세스(고장요인)에 대하여 등급을 사용하지 않을 경우는 각 프로세스에 대하여 제공된 default 값을 사용할 수 있다. 그러나, 사용자 자신의 분석이나 측정을 통하여 이들 값에 대한 정보를 가지고 있을 때는 이 값들을 사용함이 좋다. 이렇게 "선택적"이란 때로 이들을 적용하지 못함을 의미한다. 기존 시스템에 선택적 데이터를 사용한 분석을 수행하지 못할 경우 초기 평가치로 대체한다. 즉,

$$\lambda_{P,P} = \lambda_{IA,P} \tag{2.1}$$

를 적용한다. 이상의 고장률 초기 평가치($\lambda_{IA,P}$) 및 수정 고장률($\lambda_{P,P}$)은 필드데이터를 통하지 않은 신뢰도 예측 값을 얻기 위한 최소 수준의 결과이다. 이상의 개념 및 고장률 산출 과정은 제 4장에서 자세히 논한다.

기존 시스템에 대한 그간의 필드 경험을 통한 데이터 등 추가적인 데이터가 수집되어 왔을 경우, 이를통한 "관측 고장률($\lambda_{O,P}$)"은 다음과 같이 정의된다. 즉,

> $\lambda_{O,P}$ - 기존 시스템에 대한 관측(observed) 고장률

$\lambda_{O,P}$ 역시 고장률로 관측 고장수를 누적 동작시간으로 나눈 값으로 계산된다.

새 시스템(N: new system)에 대하여도 기존시스템에 적용한 동일한 방법으로 고장률 ($\lambda_{IA,N}$과 $\lambda_{P,N}$)을 구한다. 즉,

$\boldsymbol{\lambda_{IA,N}}$ - 새 시스템(N) 고장률에 대한 초기 평가치(IA: initial assessment) $\boldsymbol{\lambda_{P,N}}$ - 새 시스템(N)의 고장률 초기 평가치에 추가로 선택적 데이터를 사용하여 조합(combine)한 후의 예측(predicted) 고장률

새 시스템에 선택적 데이터를 사용한 분석을 수행하지 못할 경우 역시

$$\lambda_{P,P} = \lambda_{IA,P} \tag{2.2}$$

이다.

이제까지의 양 시스템에 대한 고장률 예측은 기존시스템에 대한 관측 고장률을 수정하기 위한 비율(rate)의 기초를 형성한다(<그림 2.1> 참조). 이제, 다음과 같이 정의되는 "사전분포(λ_1: prior distribution)"

$\boldsymbol{\lambda_1}$ - 새 시스템 예측고장률($\lambda_{P,N}$)을 기존 시스템의 정보($\lambda_{P,P}$, $\lambda_{O,P}$)와 병합한 후의 (새 시스템에 대한) 고장률 추정치

를 다음 식에 의해 구할 수 있다.

$$\lambda_1 = \lambda_{P,N} \times \frac{\lambda_{O,P}}{\lambda_{P,P}} \tag{2.3}$$

이 식 우측 항의 분모는 앞에서 설명한 대로 부품 신뢰도 예측 모형 및 선택적 데이터를 통한 시스템 평가 절차 통하여 구한다. $\lambda_{O,P}/\lambda_{P,P}$는 기존 시스템의 관측 및 예측 고장률간의 비율로 양자 간의 차이를 반영한다. 이 방법은 묵시적으로 $\lambda_{O,P}$를 위한 충분한 동작시간 및 고장들이 경험되었음을 가정한다. 이 목적에서 고장들의 관측이 고장률 예측을 위해

매우 중요하다.

(2) 새 시스템에 대한 테스트 및 필드 데이터(a_i, b_i') 산출

고려중인 새 시스템에 대한 테스트나 필드 데이터를 통하여 고장수(a)와 동작시간(b)에 대한 정보가 다음과 같다고 하자.

a_i - 새 시스템에 대한 i_{th} 데이터 세트(set)의 고장 수 (i=1,2,...)
b_i - 새 시스템에 대한 i_{th} 데이터 세트의 누적 동작시간 (i=1,2,...)

AF_i - 테스트/필드 데이터의 조건과 예측 고장률을 얻고자 하는 조건 사이의 가속인자(acceleration factor) (i=1,2,...)

AF_i에서 예측 고장률을 얻고자 하는 조건은 실제의 사용조건을 의미한다. 데이터가 예측을 원하는 (사용)환경과 동일한 필드에서 적용되고 얻어졌을 경우 AF=1이다. 그렇지 않을 경우는 별도로 AF 값을 구해야 한다. 새로운 시스템에 적용/인가될 스트레스가 이의 예상 사용 환경보다 높을 경우 AF > 1 이다. 예를들어, 수명시험에서 실제 사용될 조건보다 높은 온도에서 테스트 되었다면 AF는 다음과 같이 주어진다.

$$AF = \frac{\text{테스트 조건에서의 예측 고장률}}{\text{사용 조건에서의 예측 고장률}}$$

주의할 점은 AF는 신뢰도 모형이 가속 테스트 조건을 만족하는 영역내에서만 계산 가능하다는 것이다.

다음으로, 테스트나 필드 데이터의 수행 시간 중 "유효 누적시간(effective cumulative number of hours)", b_i'을 다음과 같이 정의하자.

b_i' - 수행된 테스트 또는 필드 데이터의 유효 누적동작시간 (i=1,2,...)

테스트가 가속조건(accelerated condition)에서 수행 될 경우, 관심 있는 (사용)조건으로 변환시 다음의 관계식을 통하여 대등하게 필요한 시간으로 변환시킨다. 즉,

$$b_i^{'} = b_i \times AF_i \tag{2.4}$$

(3) 최상(best)의 고장률(λ_2) 산출

최종적으로 구하고자 하는 새 시스템에 대한 "최상의 고장률 추정치(best estimator)", λ_2는

λ_2 - 모든 가용 데이터 및 정보를 통한 새 시스템 고장률의 최상추정치(best estimate)

로 모든 가용한 데이터와 정보를 이용하여 구한다. 따라서, 최대한 많은 경험데이터를 사용하여 평가한다. 수학적으로는 λ_1과 경험데이터를 병합하는 Bayesian 기법이 이용되며, 적은 양보다 많은 양의 데이터에 더 큰 가중치를 부여하게 된다. 즉, λ_1은 사전분포가 되며 a_0와 $\frac{a_0}{\lambda 1}$로 구성된다. 고려중인 새 시스템에 경험 (테스트나 필드) 데이터가 가용할 경우, 이 들은 λ_1과 합하여 다음 식과 같이 계산된다. 즉,

$$\lambda_2 = \frac{a_0 + a_1 + a_2 + \ldots + a_n}{b_0 + b_1 + b_2 + \ldots + b_n}$$

또는

$$\lambda_2 = \frac{a_0 + \sum_{i=1}^{n} a_i}{\frac{a_0}{\lambda_1} + \sum_{i=1}^{n} b_i^{'}} \tag{2.5}$$

단, λ_2 - 최상의 고장률 추정치

n - 경험 데이터 소스(population)의 수

$a_1, a_2, \ldots, a_n$ - 각 경험 데이터 소스 i(=1,2,...,n)에서 결과된 고장수

$b_1', b_2', ..., b_n'$- 각 데이터 소스 $i(=1,2,...,n)$에 적용된 누적 동작시간

- 이 값들은 테스트 및 사용 조건 사이의 가속효과를 반영하는 등가 시간으로 변환해야 한다.

a_0 - 예측고장률과 관련한 유효고장수. 모를 경우 $a_0=0.5$를 사용

b_0 - 프로세스 평가 후 신뢰도 예측과 연관된 등가 시간 $(b_0 = \frac{a_0}{\lambda_1})$

a_0는 프로세스 평가 후의 예측 신뢰도(λ_P)에 대응하는, 즉 사전분포의 "등가" 고장수를 의미한다. 충분한 기존 시스템의 예상 및 관측 데이터가 가용할 경우, a_0를 산출할 수 있으나, 알지 못할 경우 $a_0=0.5$를 사용한다. $a_0/\lambda 1$는 λ_1과 관련한 대등한 시간이며, b_0(프로세스 평가 후 신뢰도 예측과 연관된 등가 시간)의 계산치이다.

2.3 결 언

본 장에서는 신뢰도 예측방법론으로서의 217-Plus에 대한 전반적인 내용을 소개하였다. 이해하듯이 217-Plus 방법론이 매우 포괄적이며 이에 의한 시스템 고장률 추정은 계속적인 개선의 과정이 내포되어 있다.

전기·전자시스템 신뢰도 예측
217Plus, MIL-HDBK-217, SR-332를 중심으로
part 01

chapter 03

부품 모형(Component Models)

217-Plus 시스템 신뢰성 예측을 위해서는 이의 종자 값인 고장률의 초기 평가치 ($\lambda_{IA,P}$또는 $\lambda_{IA,N}$)를 구해야 한다. 앞 장에서 설명한 바와 같이 이는 부품 모형, 경험적인 필드 고장률에 대한 RIAC 데이터베이스, 또는 기타 사용자 모형이나 데이터를 바탕으로 한 부품들의 고장률 추정치에 근거한다. 이 장에서는 부품 수준에서의 고장률 예측을 위해 217-Plus에서 제공하는 총 12가지의 전자부품들 고장률 산출 모형 등에 대하여 공부한다. 217-Plus에서 소프트웨어 고장률 모형은 부품 모형에 포함되나 평의상 제 4장의 시스템 모형에서 설명한다. 그리고, 부품 고장률 산출을 위해 대안으로 사용 가능한 RIAC 데이터베이스, MIL-HDBK-217, 그리고 SR-332에 대하여는 제 7,8,9장에서 자세히 논한다.

3.1 217-Plus 부품 모형의 설정

전통적인 신뢰도 예측 모형들은 경험적인 고장 데이터에 대한 통계적 분석을 기반으로 개발되었으며 예측 고장률은 기본고장률, 스트레스를 반영하는 여러 팩터들, 그리고 신뢰성에 영향을 미치는 부품 변수들의 곱(multiplication)으로 정의된다. 참고로, MIL-HDBK-217과 같은 전통적 규격에서는 어느 부품의 고장률이 다음과 같이 정의될 수 있다.

$$\lambda_P = \lambda_b \pi_E \pi_Q \pi_S \pi_T \tag{3.1}$$

단, λ_P - 예측 고장률, 백만 동작시간당 고장 수

λ_b - 기본고장률 (base failure rate)

$\pi_E, \pi_Q, \pi_S, \pi_T$ - 환경, 품질, 스트레스, 온도 팩터

이런 곱셈 모형의 주된 단점은 예측고장률이 극단적인 값의 조건(모든 팩터들이 그들의 최소 또는 최대치를 가질 때)에서 비현실적으로 크거나 작은 값을 갖게 된다는 점이다. 동시에 범주별 고장 메카니즘이 모형에 명확히 고려되지 않는다는 한계를 갖는다.

RIAC에서는 일반적인 범주인 고장 메카니즘 별로 고장률을 예측하는 곱셈 및 덧셈의 복합형태가 단순한 곱셈 형태보다 더 좋다고 믿는다. 이들 각 고장률 항들은 적절한 스트레스(고장 메카니즘: λ)와 부품특성으로 가속화되며(π), 각 부품의 고장 범주별로 적용한다. 일반적인 모형 식은 다음과 같다. 즉,

$$\lambda_p = \lambda_o \pi_o + \lambda_e \pi_e + \lambda_c \pi_c + \lambda_i + \lambda_{sj} \pi_{sj} \tag{3.2}$$

단, λ_P - 예측고장률(predicted failure rate)

λ_o - 동작 스트레스(operational stress)들로부터의 고장률

π_o- 동작 스트레스들로부터의 고장률 승수(multiplier)들 곱

λ_e - 환경 스트레스(environmental stress)들로부터의 고장률

π_e- 환경 스트레스들로부터의 고장률 승수(multiplier)들 곱

λ_c - 전력 및 온도 사이클링 스트레스들로부터의 고장률

π_c- 사이클링 스트레스에 대한 고장률 승수(multiplier)들 곱

λ_i - 유도 스트레스(induced stress)들로부터의 고장률

(전기적 과부하와 ESD(Electro-Static Discharge) 포함)

λ_{sj} - 납땜 접촉부(solder joint)들로부터의 고장률

π_{sj} - 납땜 접촉부 스트레스들에 대한 고장률 승수들의 곱

이 식에서 보듯이 전체 예측 고장률은 동작/가동(operating), 비동작/비가동(non-operating), 사이클링(cycling), 유도(induced) 및 전기적 과부하, 그리고 납땜 접촉부(solder joint) 등 다섯 범주별 고장률로 구성된다.

범주별 고장률은 전기·전자 부품별 운용 및 고장 여건을 고려하며, 각 고장 범주내 관련되는 몇몇 팩터(pi-팩터)들을 곱하여 산출된다. 식의 pi-팩터들이 몇몇 관련 "고장률 승수들의 곱"으로 정의됨에 주지하자. 최종적으로 이들의 덧셈으로 예측 모형이 수립된다. <표 3.1>은 217-Plus의 12종류 부품들에 대한 고장률 모형들을 그룹화하여 도시한 것이다. 보다시피 부품 고장률 공식은 크게 캐패시터, 반도체, 집적회로, 저항, 인덕터(코일) 및 기타(스위치, 릴레이, 컨넥터) 등으로 분류됨을 알 수 있다.

〈표 3.1〉 217-Plus 부품 고장률 모형의 분류

부품/소자	고장률 공식
캐패시터	$\lambda_P = \pi_G \pi_C (\lambda_{OB} \pi_{DCO} \pi_{TO} \pi_S + \lambda_{EB} \pi_{DCN} \pi_{TE} + \lambda_{TCB} \pi_{CR} \pi_{DT}) + \lambda_{SJB} \pi_{SJDT} + \lambda_{EOS}$
다이오드 트랜지스터 Thyristor	$\lambda_P = \pi_G (\lambda_{OB} \pi_{DCO} \pi_{TO} \pi_S + \lambda_{EB} \pi_{DCN} \pi_{TE} + \lambda_{TCB} \pi_{CR} \pi_{DT}) + \lambda_{SJB} \pi_{SJDT} + \lambda_{EOS}$
집적회로, Plastic Encapsulated	$\lambda_P = \pi_G (\lambda_{OB} \pi_{DCO} \pi_{TO} \pi_S + \lambda_{EB} \pi_{DCN} \pi_{RHT} + \lambda_{TCB} \pi_{CR} \pi_{DT}) + \lambda_{SJB} \pi_{SJDT} + \lambda_{EOS}$
집적회로, Hermetic	$\lambda_P = \pi_G (\lambda_{OB} \pi_{DCO} \pi_{TO} \pi_S + \lambda_{EB} \pi_{DCN} \pi_{TE} + \lambda_{TCB} \pi_{CR} \pi_{DT}) + \lambda_{SJB} \pi_{SJDT} + \lambda_{EOS}$
저항	$\lambda_P = \pi_G (\lambda_{OB} \pi_{DCO} \pi_{TO} \pi_P + \lambda_{EB} \pi_{DCN} \pi_{TE} + \lambda_{TCB} \pi_{CR} \pi_{DT}) + \lambda_{SJB} \pi_{SJDT} + \lambda_{IND}$
인덕터 트랜스포머 Optoelectronic Device 스위치 릴레이 컨넥터	$\lambda_P = \pi_G (\lambda_{OB} \pi_{DCO} \pi_{TO} + \lambda_{EB} \pi_{DCN} \pi_{TE} + \lambda_{TCB} \pi_{CR} \pi_{DT}) + \lambda_{IND}$

이들 식에 사용된 기호들은 다음과 같이 정의된다.

λ_P - 예측 고장률(백만 캘린더 시간당 고장 수)
π_G - 신뢰도 성장 고장률 승수(reliability growth failure rate multiplier)
π_C - 캐패시턴스 고장률 승수(capacitance failure rate multiplier)

λ_{OB} - 동작중의 기본 고장률
π_{DCO} - duty cycle에 대한 고장률 승수, 동작중
(failure rate multiplier for duty cycle, operating)
π_{TO} - 동작중 온도에 대한 고장률 승수
(failure rate multiplier for temperature, operating)
π_S - 스트레스에 대한 고장률 승수(failure rate multiplier for stress)
π_{RHT} - 온도-습도에 대한 고장률 상수
(failure rate multiplier, temperature-humidity)
π_P - 저항 정격전력에 대한 고장률 승수
(failure rate multiplier for resistor rated power)

λ_{EB} - 환경과 관련한 기본고장률
π_{DCN} - duty cycle, 비동작중에 대한 고장률 승수
(Failure rate multiplier, duty cycle, nonoperating)
π_{TE} - 온도-환경에 대한 고장률 승수
(Failure rate multiplier for temperature, operating)
λ_{TCB} - 온도 사이클과 관련한 기본고장률
π_{CR} - 사이클 률(cycling rate)에 대한 고장률 승수
π_{DT} - 온도변화(delta temperature)에 대한 고장률 승수

λ_{SJB} - 납땜(solder joint)과 관련한 기본고장률
(base failure rate, solder joint)
π_{SJDT} - 납땜 접촉부 온도변화에 대한 고장률 승수
(failure rate multiplier, solder joint delta temperature)
λ_{EOS} - 전기적 과부하(electrical overstress)에 대한 고장률

위 공식들은 다섯 가지 범주별 고장률의 합으로 구성되며, 각각 몇몇 팩터들의 곱셈 형태로 모형화 되었다. <표 3.1>의 부품별 고장률 중 캐패시터에 대한 내용은 다음과 같다. 이들 식의 λ들은 개별 범주내 기본고장률들이고 pi-팩터들은 해당 범주와 관련한 승수들이다.

동작(operational) 고장률: $\lambda_{OB}\pi_{G}\pi_{C}\pi_{DCO}\pi_{TO}\pi_{S}$ (3.3a)

비 동작(non-operational/environmental) 고장률:

$\lambda_{EB}\pi_{G}\pi_{C}\pi_{DCN}\pi_{TE}$ (3.3b)

사이클링(cycling) 고장률: $\lambda_{TCB}\pi_{G}\pi_{C}\pi_{CR}\pi_{DT}$ (3.3c)

납땜 접촉부 고장률: $\lambda_{SJB}\pi_{SJDT}$ (3.3d)

유도 및 전기적 과부하 고장률: λ_{EOS} (3.3e)

참고로, <표 3.1>과 식 (3-3)에서 사이클링과 관련하여 duty cycle이란 연간 부품이 동작상태에 있는 시간 비율(%)로서 캘린더 시간(calendar hours)으로 계산된다. 사이클 률(cycling rate)이란 년간 시스템의 전원동작(power on) 횟수를 의미한다.

고장률을 범주별로 구분함은 217-Plus의 큰 특징이며, 참고로 217-Plus 소프트웨어에서는 부품들의 고장률 산출에 있어 각 범주별 고장률도 함께 산출하여 제공해 준다. <그림 3.1>은 특정 캐패시터를 예로하여 217-Plus 소프트웨어에서의 부품 고장률을 산출한 것으로, 우측 부분에 범주별 고장률 계산 결과가 함께 제시됨을 볼 수 있다. 추가로, 그림의 맨 윗 부분에 캐패시터의 고장률 모형식, 좌측 부분에는 범주별 기본고장률과 팩터 값들이 도시되었다. 그리고, 아래 부분 왼쪽에는 부품 고장률 산출의 3가지 대안인 217-Plus 부품 모형, 고장률에 대한 RIAC 데이터베이스, 그리고 기타 사용자 정의 모형들 중 217-Plus의 부품 모형을 적용했음을 보이고 있다. 217-Plus 부품 모형식의 pi-팩터들 산출 과정은 복잡하며 이 장 마지막 절의 개별 부품 고장률 모형 부분에서 설명한다.

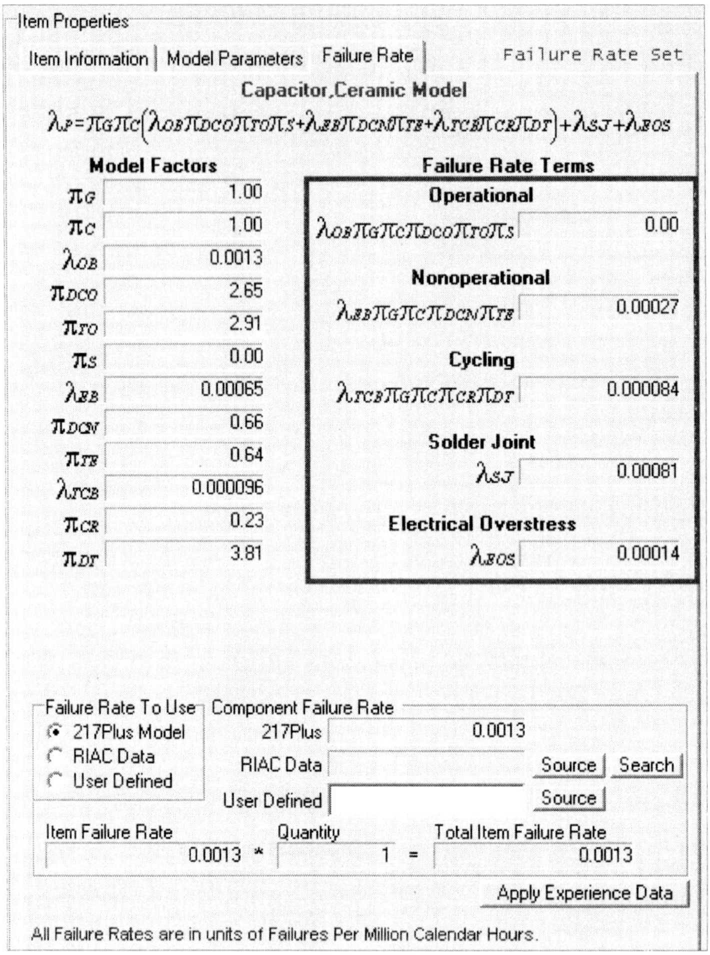

〈그림 3.1〉 217-Plus에 의한 부품 고장률 산출

3.2 고장률의 단위

전통적인 신뢰성 예측모형에서는 고장률을 부품의 동작시간(operating time)에 근거한다. 예를들어, MIL-HDBK-217에서는 백만(10^6) 동작 시간당 고장회수로, Telcordia SR-332에서는 십억(10^9) 동작시간(OH: operating hours) 당 고장회수로 정의한다. 그러나, 217-Plus에서는 부품 모형 및 RIAC 데이터베이스에 수록된 경험데이터 모두 고장률의 단위로 백만 캘린더 시간(CH: calendar hours)을 중심으로 고려한다. MIL-HDBK-217

및 Telcordia SR-332 등과 같이 동작시간을 기본으로 사용하지 않는 이유는, 앞서 설명한 바와같이 217-Plus에서는 동작중, 비동작중, 사이클링, 납땜접촉부, 그리고 유도(induced) 등 고장률에 영향을 미치는 범주별 구간을 모두 고려하기 때문이다. 따라서, 대등한 동작시간 당 고장률(λ_{OP})로 표현하기 위해서는 CH 기준의 고장률(λ_{CH})을 duty cycle(DC)로 나누면 된다. 즉,

$$\lambda_{OP} = \frac{\lambda_{CH}}{DC} \tag{3.4}$$

단, DC - Duty Cycle (연간 부품이 작동상태에 있는 시간 비율(%), calendar hours로 계산)

의 관계가 성립하며, 이 경우 결과치는 인위적으로 증가 될 것이며 비동작과 사이클링 고장 등은 고려되지 않게 된다.

3.3 부품 신뢰도 성장(reliability growth)

신뢰도 예측 모형 수립상 또 다른 문제는 신뢰도 성장의 고려이다. 좋은 모형은 가장 최근의 기술 수준을 반영한다. 그러나, 경험적 모형들은 보통 오랜 기간의 필드데이터 분석을 통하여 개발되며, 이 기간 동안 신뢰도 개선을 이루기도 한다. 집적회로(integrated circuit)와 같은 일부 부품들은 최근 20년간 기술 및 신뢰도 성장이 매우 크게 달성되었다. 반면, 기술 및 신뢰도 성장이 빠를수록 정확한 모형 유도가 어렵다. 217-Plus 부품 모형에서는 이러한 신뢰도 개선을 반영하는 팩터(π_G)를 포함하며 다음 모형 식의 정의에 근거한다.

$$\lambda \propto e^{-\beta(t_1 - t_2)} \tag{3.5}$$

단, λ - 고장률 추정치, 제조 년도(year)의 함수로 표현

β - 성장률(growth rate)

t_1 - 고장률이 추정된 제조 년도

t_2 - 데이터가 수집된 부품의 제조 년도

참고로, 217-Plus 부품 모형에서는 부품의 제조 년도 (t_2)에 있어 공통적으로 1993년을 기준년도로 사용하며, <그림 3.2>가 신뢰도 성장 팩터 (π_G) 함수를 도시한다.

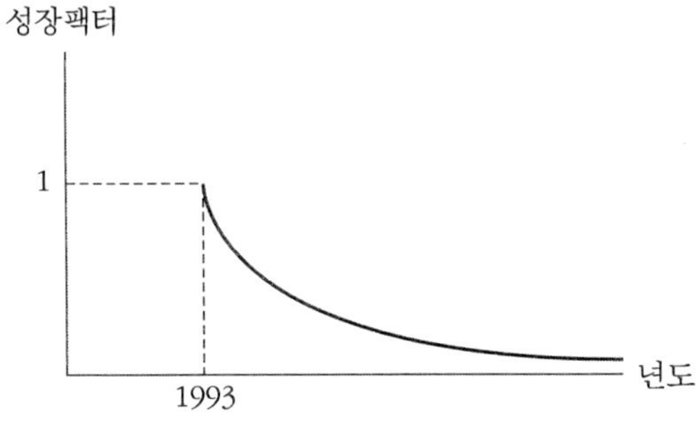

〈그림 3.2〉 부품 신뢰도 성장 함수

<표 3.2>는 위 식에 적용될 부품 종류별 성장률(β)을 도시한다. 이 표에서 보듯이 IC들은 신뢰도 성장이 빠르며 상대적으로 β 값이 큰 반면, 스위치, 인덕터, 그리고 트랜스포머 등은 신뢰도 성장이 (거의) 없음을 알 수 있다.

〈표 3.2〉 부품 분류별 신뢰도 성장률

부품 종류	성장률 (β)
Capacitor, Ceramic	0.0082
Capacitor, Electrolytic	0.229
Capacitor, Tantalum	0.229
Connectors	0.23
Diode, General Purpose	0.223
Diode, Schottky	0.297
Diode, Zener	0.150
IC, Digital, Nonhermetic	0.473
IC, Hermetic (All Types)	0.33
IC, Linear, Nonhermetic	0.293
IC,Memory/Microprocessor, Nonhermetic	0.479
Inductors	0.0
LED	0.34
Optoelectronic Devices	0.087
Relays	0.0
Resistors (All Types)	0.00089
Switches	0.0
Thyristors	0.20
Transformers	0.0
Transistor, Bipolar	0.281
Transistor, FET, N-Channel	0.397
Transistor, Microwave	0.269

3.4 품질수준(quality level)

부품 품질 수준은 부품의 예측 고장률에 영향을 미치는 주된 변수들 중 하나였으며, 보통 군 규격(military specification)에서의 적용 기준에 따라 정의된 품질수준들을 기반으로 범주화되었다. MIL-HDBK-217 모형 수립상 한 가지 문제는 품질과 환경의 영향을 분리해내는 것이었다. 예를 들어, 품질 및 운용환경과 같은 독립변수들의 함수로 모형변수들을 정량화하기 위하여 필드데이터 고장률을 기반으로 한 다중회귀 모형(multiple regression model)을 적용함이 보통이다. 이 경우 기본적인 가정은 이들이 "통계적으로 서로 독립"이라는 것이나, 일반적으로 고품질의 부품이 더 혹독한 환경에서 사용되며 민수용(commercial) 품질의 부품이 "benign(온화한)" 환경에 더 많이 이용되기 때문에 실제로 독립이라 할 수 없다. 이러한 상관관계로 변수의 영향을 개별적으로 규명하기 힘들게 한다. 이러한 측면에서, 자격/인증(qualification), 프로세스 보증(process certification), 선별(screening), 그리고 품질시스템(quality system) 등을 포함한 여러 품질관련 속성들을 하나의 팩터로 통합하기도 한다.

부품 품질의 영향을 정량화하기 위한 217-Plus에서의 접근은 이를 프로세스 등급(process grade)를 결정하기 위한 "고장요인(failure cause)"의 하나로 취급하는 것이다. 이렇게 함으로써 자격, 프로세스 보증, 선별, 그리고 품질시스템들 등의 속성을 개별적으로 규명할 수 있다. 결론적으로, MIL-HDBK-217이나 Telcordia SR-332등의 모형에서 중요한 변수인 품질팩터(π_Q)를 217-Plus에서는 명시적으로 사용하지 않는다는 점으로 부품 보다는 시스템 수준의 프로세스 등급화 과정을 통하여 품질과 관련한 속성들을 고려하게 된다. 이에 대해서는 제 4장에서 설명한다.

3.5 부품 고장률 모형

본 절에서는 217-Plus의 개별 부품 모형들에 대하여 고찰한다. 217-Plus에서는 이들을 RIACRates라 부르며 아래와 같이 12가지 부품들과 소프트웨어 등 총 13가지 고장률 모형들을 포함한다.

- 캐패시터, 다이오드, 집적회로, Optoelectronic Devices, 트랜스포머, 인덕터, 스위치, 릴레이, 컨넥터, 저항, Thyristors, 트랜지스터 소프트웨어(Software)

본 절에서는 캐패시터에 대한 모형을 중심으로 설명하며 기타의 부품들에 대하여는 부록 B에서 자세히 논한다. 비록 이들이 중요한 전자부품 대부분을 포함하기는 하지만 이들 이외의 부품에 대해서는 다른 방법으로 신뢰도를 추정해야 한다. 특별히, 217-Plus에서 소프트웨어(software)는 부품 모형에 포함되나 편의상 다음 장의 시스템 모형에서 논한다.

설명의 편의상 <표 3.1>에 제시되었던 캐패시터에 대한 고장률 공식을 다음과 같이 다시 제시한다.

$$\lambda_P = \pi_G \pi_C (\lambda_{OB} \pi_{DCO} \pi_{TO} \pi_S + \lambda_{EB} \pi_{DCN} \pi_{TE} + \lambda_{TCB} \pi_{CR} \pi_{DT}) + \lambda_{SJB} \pi_{SJDT} + \lambda_{EOS} \quad (3.6)$$

식 (3.6)의 캐패시터 고장률과 관련한 주요 항목은 다음과 같이 계산된다. 이 과정에서 세부 모수들과 관련한 값들은 뒤에 주어진 <표 3.3>을 참조한다.

- 먼저, 신뢰도 성장 고장률 승수 (π_G)의 계산은 다음과 같다.

$$\pi_G = e^{-\beta(y-1993)} \quad (3.7)$$

단, y - 제조년도

β - 성장 상수(growth constant). 캐패시터 유형별 <표 3.3> 값 참조.

- 캐패시턴스 고장률 승수 (π_C)의 계산은 다음과 같다.

$$\pi_C = \left(\frac{C}{C_1}\right)^{CE} \quad (3.8)$$

단, C - Capacitance, μF (micro-farads)

C_1 - 상수 (캐패시터 유형별 <표 3.3> 값 참조)

CE - 상수 (캐패시터 유형별 <표 3.3> 값 참조)

- 동작중의 duty cycle에 대한 고장률 승수 (π_{DCO})의 계산은 다음과 같다.

$$\pi_{DCO} = \frac{DC}{DC_{1op}} \tag{3.9}$$

- 동작중의 온도 고장률 승수(π_{TO})의 계산은 다음과 같다.

$$\pi_{TO} = e^{\left(-\frac{Ea_{op}}{0.00008617}\left(\frac{1}{T_{AO}+273}-\frac{1}{298}\right)\right)} \tag{3.10}$$

단, Ea_{op} - 활성화에너지(activation energy), 동작중, 유형별 <표 3.3>에 제공

T_{AO} - 동작시의 주위온도(°C)

- 스트레스 고장률 승수(π_S)의 계산은 다음과 같다.

$$\pi_S = \left(\frac{S_A}{S_1}\right)^n \tag{3.11}$$

단, S_A - 스트레스 비(ratio), 인가전압스트레스/정격전압 (applied voltage stress/rated voltage)

S_1 - 상수, 유형별 <표 3.3> 값으로 제공

n - 상수, 유형별 <표 3.3> 값으로 제공

- 비동작중의 duty cycle로 인한 고장률 승수 (π_{DCN})의 계산은 다음 식을 따른다.

$$\pi_{DCN} = \frac{1-DC}{DC_{1nonop}} \tag{3.12}$$

- 비동작중의 온도에 대한 고장률 승수 (π_{TE})는 다음과 같이 계산된다.

$$\pi_{TE} = e^{\left(-\frac{Ea_{nonop}}{0.00008617}\left(\frac{1}{T_{AE}+273}-\frac{1}{298}\right)\right)} \quad (3.13)$$

단, Ea_{nonop} - 활성화에너지(activation energy), 비동작중, 유형별 <표 3.3>으로 제공

T_{AE} - 비 작동시의 주위 온도(℃)

- 사이클 률(cycling rate)에 대한 고장률 승수(π_{CR})는 다음과 같다.

$$\pi_{CR} = \frac{CR}{CR_1} \quad (3.14)$$

- 온도변화(delta temperature)에 대한 고장률 승수(π_{DT})는 다음과 같다.

$$\pi_{DT} = \left(\frac{T_{AO} - T_{AE}}{DT_1}\right)^2 \quad (3.15)$$

- 납땜 온도변화에 대한 고장률 승수(π_{SJDT})는 다음과 같다.

$$\pi_{SJDT} = \left(\frac{T_{AO} - T_{AE}}{44}\right)^{2.26} \quad (3.16)$$

상기 공식들에 필요한 캐패시터 유형별 파라메터들은 다음 <표 3.3>에 준한다.

〈표 3.3〉 캐패시터 파라메터들

* 출처: 217-Plus Handbook(2006)

							DC1OP	EaOP	TRdefault	DC1nonop	Eanonop	CR1	DT1	n	C1	S1	CE
Aluminum	0.000465	0.000220	0.000214	0.000768	0.00095	0.2290	0.17	0.5	0	0.83	0.4	1140.35	21	5	7.6	0.6	0.23
Ceramic	0.001292	0.000645	0.000096	0.000140	0.00095	0.0082	0.17	0.3	0	0.83	0.3	1140.35	21	3	0.1	0.6	0.09
General	0.000634	0.000351	0.000083	0.000259	0.00095	0.0330	0.17	0.3	0	0.83	0.3	1140.35	21	7	0.1	0.6	0.09
Mica/Glass	0.000826	0.000997	0.000888	0.000764	0.00095	0.0082	0.17	0.4	0	0.83	0.4	1140.35	21	10	0.1	0.6	0.09
Paper	0.000663	0.000075	0.000882	0.000042	0.00095	0.0082	0.17	0.2	0	0.83	0.2	1140.35	21	5	0.1	0.6	0.09
Plastic	0.000994	0.001462	0.001657	0.002531	0.00095	0.0082	0.17	0.2	0	0.83	0.2	1140.35	21	6	0.1	0.6	0.09
Tantalum	0.000175	0.000049	0.000032	0.000816	0.00095	0.2290	0.17	0.2	0	0.83	0.2	1140.35	21	17	7.6	0.6	0.23
Variable, Air	0.002683	0.005193	0.002066	0.000566	0.00095	0.0082	0.17	0.3	0	0.83	0.3	1140.35	21	6	0.35	0.5	0.09
Variable, Ceramic	0.002683	0.005193	0.002066	0.000566	0.00095	0.0082	0.17	0.3	0	0.83	0.1	1140.35	21	3	0.35	0.5	0.09
Variable, FEP	0.002683	0.005193	0.002066	0.000566	0.00095	0.0082	0.17	0.3	0	0.83	0.2	1140.35	21	6	0.35	0.5	0.09
Varible, General	0.002683	0.005193	0.002066	0.000566	0.00095	0.0082	0.17	0.3	0	0.83	0.2	1140.35	21	6	0.35	0.5	0.09
Variable, Glass	0.002683	0.005193	0.002066	0.000566	0.00095	0.0082	0.17	0.3	0	0.83	0.2	1140.35	21	3	0.35	0.5	0.09
Variable, Mica	0.002683	0.005193	0.002066	0.000566	0.00095	0.0082	0.17	0.3	0	0.83	0.2	1140.35	21	10	0.35	0.5	0.09
Variable, Plastic	0.002683	0.005193	0.002066	0.000566	0.00095	0.0082	0.17	0.3	0	0.83	0.2	1140.35	21	6	0.35	0.5	0.09

3.6 부품 고장률 산출의 예

본 절에서는 부품 모형을 통하여 고장률을 추정하는 과정을 예를 통하여 설명한다. 어느 전자기기에 이용되는 캐패시터와 저항에 대하여 고려한다. 이중 캐패시터는 알루미늄 유형으로 2009년 제조되었으며 이의 용량이 10μF이다. 이의 정격전압은 350V이고 인가전압은 220V이다. 비 동작중의 주위온도는 25℃이고 동작중의 주위온도는 60℃이다. 저항(resistor)은 2008년도 제조되었으며 유형은 fixed, film이다. 정격전력은 default인 0.29watt를 적용된다. 동작중과 비동작중 주위온도는 각각 50℃와 25℃이며 동작중 온도 상승치는 30도로 예상된다. 마지막으로, 이 캐패시터와 저항을 포함하는 전자기기의 년간 사용시간은 캘린더 시간을 기준으로 50% 정도 예상되고 년간 평균 스위치 on/off 회수는 1,000번 정도로 예상된다. 이상의 정보를 바탕으로 캐패시터와 저항의 고장률을 산출하자.

먼저, <표 3.3>과 <표 B.11>에 의해 본 예제의 캐패시터와 저항에 대한 고장 범주별 기본고장률과 주요 파라메터들은 <표 3.4>와 같이 얻어진다.

〈표 3.4〉 기본고장률 및 주요 파라메터 값

설계번호	캐패시터	저항	설계번호	캐패시터	저항
λ_{OB}	0.000465	0.0000499	DC_{1nonop}	0.83	0.77
λ_{EB}	0.00022	0.000452	Ea_{nonop}	0.4	0.2
λ_{TCB}	0.000214	0.0001422	CR_1	1140.35	1140.35
$\lambda_{EOS/IND}$	0.000768	0.0005259	DT_1	21	86
λ_{SJB}	0.00095	0.00089	n	5	-
성장률(β)	0.229	0	C_1	7.6	-
DC_{1op}	0.17	0.23	S_1	0.6	-
Ea_{op}	0.5	0.2	CE	0.23	-

다음으로, 캐패시터의 경우 식 (3.7)~(3.16)을 이용하여 세부 팩터 값들을 계산할 수 있다.

공통팩터 Π_G, Π_C

식 (3.6)의 캐패시터 고장률 공식에서 공통팩터들인 Π_G와 Π_C는 다음과 같이 산출된다. 고려중인 캐패시터의 제조년도는 2009년이고 성장률은 0.229이므로 고장률 승수 (Π_G)는 다음과 같다. 즉,

$$\pi_G = e^{-0.229(2009-1993)}$$
$$= 0.02563$$

또, 캐패시터의 고장률 승수 (π_C)의 계산은 다음과 같다. 이의 용량이 $10\mu F$이고 <표 3.3>으로부터 C_1 = 7.6, CE=0.23이므로 식 (3.8)에 의해

$$\pi_C = \left(\frac{10}{7.6}\right)^{09.23}$$
$$= 1.0652$$

로 주어진다.

동작중 고장률 관련 팩터

고장범주 중 동작중 고장률 승수들은 다음과 같이 산출된다. DC_{1op}=0.17이므로 동작중의 duty cycle에 대한 고장률 승수 (π_{DCO})의 계산은 다음과 같다.

$$\pi_{DCO} = \frac{0.5}{0.17}$$
$$= 2.9412$$

동작중의 온도 고장률 승수(π_{TO})의 계산은 동작시 주위온도 60℃ 및 <표 3.3>의 활성화에너지 0.5로부터 다음과 같이 산출된다.

$$\pi_{TO} = e^{\left(-\frac{0.5}{0.00008617}\left(\frac{1}{60+273}-\frac{1}{298}\right)\right)}$$
$$= 7.7411$$

전기적 스트레스와 관련하여 인가전압 스트레스 대 정격전압의 비인 S_A는 220/350이고, <표 3.3>으로부터 상수 S_1=0.6, n=5으로 주어지므로 스트레스 고장률 승수(π_S)의 계산은 다음과 같다.

$$\pi_S = \left(\frac{220/350}{0.6}\right)^5$$
$$= 1.2619$$

비동작중 고장률 승수

Dyty cycle 0.5와 <표 3.3>의 $DC_{\mathrm{1}nonop}$=0.83으로부터 비동작중의 duty cycle로 인한 고장률 승수 (π_{DCN})는 다음 식을 통하여 계산된다.

$$\pi_{DCN} = \frac{1-0.5}{0.83}$$
$$= 0.6024$$

또, 비 동작중의 주위온도 25℃와 활성화에너지 0.4로부터 비동작중의 온도에 대한 고장률 승수 (π_{TE})는 다음과 같다.

$$\pi_{TE} = e^{\left(-\frac{0.4}{0.00008617}\left(\frac{1}{25+273}-\frac{1}{298}\right)\right)}$$
$$= 1$$

사이클 률(cycling rate) 고장률 승수

사이클 률이 년간 1,000회이고 <표 3.3>으로부터 $CR_1 = 1140.35$이므로, 이들의 비인 사이클 률 고장률 승수(π_{CR})는 다음으로 주어진다.

$$\pi_{CR} = \frac{1000}{1140.35}$$
$$= 0.8769$$

온도변화(delta temperature)에 대한 고장률 승수(π_{DT})는 다음과 같다. 즉, $DT_1 = 21$와 $T_{AO} - T_{AE} = 35$으로부터

$$\pi_{DT} = \left(\frac{35}{21}\right)^2 = 2.78$$

이 결과된다.

납땜 접촉부 고장률 승수: π_{SJDT}

동작중, 비동작중의 온도 변화로부터 납땜 온도변화에 대한 고장률 승수(π_{SJDT})는 다음과 같다.

$$\pi_{SJDT} = \left(\frac{60-25}{44}\right)^{2.26}$$
$$= 0.5962$$

이상의 결과들로부터 식 (3.6)을 통한 캐패시터의 고장률은 캘린더 시간기준으로 다음과 같이 결과된다.

$$\lambda_P = 0.02563 \times 1.0652 \times [(0.000465 \times 2.9412 \times 7.7411 \times 1.2619) + (0.00022 \times 0.6024 \times 1) + (0.000214 \times 0.8769 \times 2.78)] + (0.00095 \times 0.5962) + 0.000768$$
$$= 0.0017 \quad (\text{회/백만시간})$$

특별히, 캐패시터의 범주별 고장률은 다음과 같다.

$$\text{동작중 고장률} = 0.02563 \times 1.0652 \times 0.000465 \times 2.9412 \times 7.7411 \times 1.2619$$
$$= 0.000365 \quad (\text{회/백만시간})$$

$$\text{비동작중 고장률} = 0.02563 \times 1.0652 \times 0.00022 \times 0.6024 \times 1$$
$$= 0.0000036 \quad (\text{회/백만시간})$$

$$\text{사이클 고장률} = 0.02563 \times 1.0652 \times 0.000214 \times 0.8769 \times 2.78$$
$$= 0.000014 (\text{회/백만시간})$$

$$\text{납땜 접촉부 고장률} = 0.00095 \times 0.5962$$
$$= 0.000566 \quad (\text{회/백만시간})$$

유도 고장률 = 0.000768 (회/백만시간)

이상과 같은 방법으로 저항에 대해서도 고장률을 산출할 수 있다. 여기서는 산출 세부 과정은 생략하며 <표 3.5>가 캐패시터 및 저항의 고장률 산출과 관련한 세부 내용을 도시한다. 표의 윗 부분에 각종 팩터 값들이 도시되었고, 중간부분에는 범주별로 산출된 고장률이 도시되었다. 표의 마지막 부분은 각 부품의 총 고장률로 캘린더시간(CH)과 동작시간(OH) 기준으로 구분하여 도시하였다. 동작시간 기준의 고장률은 식 (3.4)에 의해 산출된다.

〈표 3.5〉 저항의 파라메터 및 고장률 산출

	구분	저항
팩터	Π_G	1.0
	Π_P	1.0
	Π_{DCO}	2.17
	Π_{TO}	4.03
	Π_{DCN}	0.65
	Π_{TE}	1
	Π_{CR}	0.88
	Π_{DT}	0.57
	Π_{SJDT}	1.66
범주별 고장률	동작중	0.00044
	비동작중	0.00029
	Cycle	0.000071
	Solder	0.0021
	EOS/IN	0.00053
총 고장률	고장률 (CH)	0.0035
	고장률 (OH)	0.0070

3.7 결 언

본 장에서는 217-Plus의 부품 모형에 대한 전반적인 개념과 12가지 세부 부품 고장률 모형들에 대하여 고찰하였다. 모형들이 비록 복잡하나 특별히, 캐패시터와 저항의 예를 통하여 고장률을 산출하는 세부 과정을 이해하였다. 217-Plus의 방법으로 부품들의 고장률을 모형화 함에 대한 장점들은 다음과 같다.

- 고장률 데이터가 RIAC 데이터베이스에 입력됨으로써 모형이 끊임없이 수정 될 수 있도록, 기존의 RIAC 데이터 수집 기반구조를 이용한다.
- 동작 프로파일(duty cycle과 cycling rate)에 따라 가중치가 부여되는 곱셈 및 덧셈모형으로, 동작, 비동작, 그리고 사이클링 관련 고장률들을 규명할 수 있다. π-팩터들은 해당되는 고장률 항만 수정함으로써 전통적 곱셈형태 모형에서의 많은 극단적인 값 문제들을 없앤다.
- 실제 부품 고장요인들이 경험적으로 모형화 될 수 있도록 관측 고장모드 분포에 근거한다.
- 사용자로 하여금 최근 제조된 부품의 신뢰도를 추정할 수 있도록 부품 신뢰도성장(reliability growth)을 모형화한다.
- 정성적인 환경 범주들 보다는 정량적인 스트레스 값에 근거하며, 환경의 함수로서 평균 스트레스 조건들로 기본화(default) 한다.
- 특정 회사에 무관하게 최상의 산업 현장을 대표하는 평균고장률을 예측한다.
- 테스트나 필드-사용 데이터가 존재시 이들로 조정할/맞출 수 있다.

전기·전자시스템 신뢰도 예측
217Plus, MIL-HDBK-217, SR-332를 중심으로
part 01

chapter 04

시스템 신뢰도 예측

제 2장에서 우리는 217-Plus의 전체적인 개요, 특별히, <그림 2.1>의 시스템 수준의 신뢰도 산출 과정에 대하여 고찰하였다. 이의 과정은 다소 복잡하며 편의상 <그림 4.1>과 같이 간략화 할 수 있다. 기존 시스템과 새 시스템을 구분하지 않고 단지 한 시스템에 대하여 부품 수준 및 시스템 수준의 고장률 산출 과정으로 나누어 도시한 것이다.

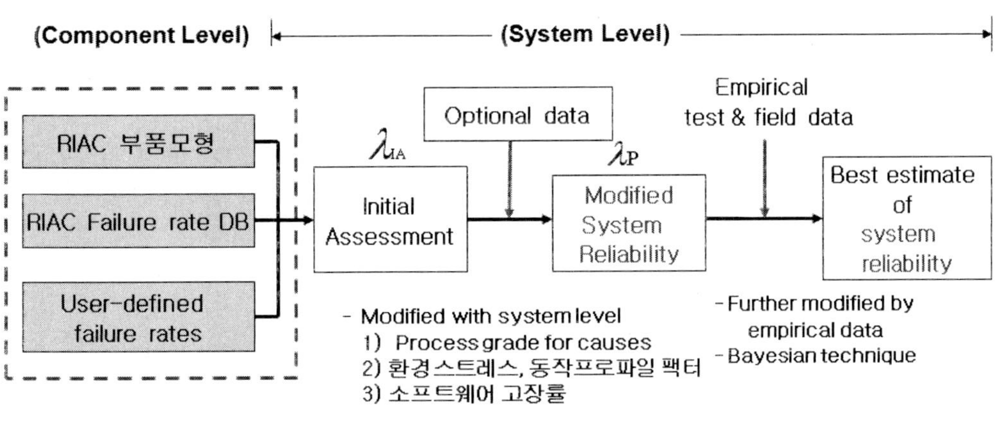

〈그림 4.1〉 시스템 고장률 산출 과정

도시와 같이 시스템 고장률 산출은 그림의 우측 부분과 관련되며 고장률 초기평가치, 평가치 수정을 통한 예측, 그리고 필드와 경험 데이터를 통합하는 Bayesian 접근법이 포함된다.

본 장에서는 시스템 수준에서의 신뢰도 예측의 세부적인 내용을 고찰한다.

4.1 217-Plus 시스템 모형

시스템에 대한 217-Plus의 기본적인 고장률 모형은 다음 식과 같다.

$$\lambda_P = \lambda_{IA}(\Pi_P + \Pi_D + \Pi_M + \Pi_S + \Pi_I + \Pi_N + \Pi_W) + \lambda_{SW} \tag{4.1}$$

단, λ_P - 시스템에 대한 예측 고장률, 고장수/백만 캘린더 시간
λ_{IA} - 시스템 고장률의 초기 평가치(initial assessment)

Π_P - 부품 프로세스 승수(parts process multiplier)
Π_D - 설계 프로세스 승수(design process multiplier)
Π_M - 제조 프로세스 승수(manufacturing process multiplier)
Π_S - 시스템관리 프로세스 승수(system management process multiplier)

Π_I - 유도 프로세스 승수(induced process multiplier)
Π_N - 무결점 프로세스 승수(no-defect process multiplier)
Π_W - 마모 프로세스 승수(wear-out process multiplier)

λ_{SW} - 소프트웨어 고장률 예측치(software failure rate prediction)

제 3장에서 고찰한 바와 같이 일차로 부품/구성품 수준에서의 개별 부품 고장률을 산출한다. 이를 위하여 부품 신뢰도 예측 모형인 RIAC 부품 모형들, RIAC 고장률 DB, 또는 사용자 정의 모형 및 경험 데이터를 이용한다.

시스템 고장률 산출의 첫 단계는 시스템 고장률의 초기 예측치 산출로 이미 구한 모든 부품들에 대한 고장률을 바탕으로 산출한다. 이에 대해서 원칙적으로는 신뢰성 블록 다이어그램(reliability block diagram)과 같은 기능적 구조도를 통하여 시스템 고장률을 산출한다. 즉, 각 부품의 신뢰도 분포 특성, 기능상의 종속/독립성, 그리고 시스템의 구조 형태에 따라 시스템 고장률의 계산은 달라진다. 217-Plus에서는 (묵시적으로) 시스템 수명이 지수분포 특성을 가짐을 가정하며 개별 부품들의 고장률을 합하여 구한다. 이렇게 부품 중

심의 고장률을 바탕으로 산출한 것이 시스템의 고장률 "초기평가치(IA: initial assessment)" (λ_{IA})이다.

다음으로, 고장률의 초기평가치(λ_{IA})는 "선택적 데이터(optional data)"를 통한 분석 과정을 통하여 수정한 "예측(P: predicted) 고장률" (λ_P)을 구한다. 즉, 고장률의 초기평가치는 시스템 설계, 개발, 그리고 유지와 관련한 여러 프로세스(process)들을 반영하는 Π-승수/팩터(multiplier/ factor)들에 의해 수정된다. 프로세스 평가를 통한 등급화는 선택사항으로 시스템 개발이나 유지에 이용되는 즉, 제 1장에서 고려한 다양한 비부품 고장요인 (제품, 설계, 제조, 시스템관리, 유도, 비반복, 그리고 마모) 관련 프로세스들을 대상으로 이루어진다. 식 (4.1) 괄호 속의 Π-승수들이 이를 나타내며 편의상 부품 경우와 구별하여 대문자를 사용하기로 한다. 이상의 프로세스들에 추가로 i) 환경(environment), ii) 초기고장(infant mortality), 그리고 iii) 신뢰도 성장(reliability growth)등의 효과들을 반영하는 승수들을 포함한다. 이들은 위 식의 모든 승수들에 공통적으로 영향을 미치지는 않으며, 일부 승수들에 선택적으로 적용된다. 예를 들어, 환경 스트레스는 특히 부품 결함(Π_P) 및 제조 결함(Π_M) 등을 가속화하여 고장에 이르게 한다.

이러한 고려 하에 217-Plus의 최종적인 시스템 고장률 모형은 다음과 같이 설정된다.

Logistics Model

$$\lambda_P = \lambda_{IA}(\Pi_P\Pi_{IM}\Pi_E + \Pi_D\Pi_G + \Pi_M\Pi_{IM}\Pi_E\Pi_G + \Pi_S\Pi_G + \Pi_I + \Pi_N + \Pi_W) + \lambda_{SW} \tag{4.2a}$$

Inherent Model

$$\lambda_P = \lambda_{IA}(\Pi_P\Pi_{IM}\Pi_E + \Pi_D\Pi_G + \Pi_M\Pi_{IM}\Pi_E\Pi_G + \Pi_S\Pi_G + \Pi_W) + \lambda_{SW} \tag{4.2b}$$

단, Π_{IM} - 초기고장 팩터(infant mortality factor)

Π_E - 환경 팩터(environmental factor)

Π_G - 신뢰도 성장 팩터(reliability growth factor)

식 (4.2a)는 "logistics model"이라 불리우며 시스템의 "총 고장률"을 나타낸다. 식 (4.2b)는 총 고장률에서 "유도/파생(induced)"과 "무결점 발견(no defect found)" 등 동작 및 비 내재적 고장요인들을 제외한 나머지 승수들 Π_I와 Π_N 승수들이 0으로 간주된, 시스템의 내재적 고장률을 나타내며 "inherent model"이라 한다. 이들 식과 같이 시스템 고장률은 부품들의 고장률을 바탕으로 계산된 초기평가치(λ_{IA})에 7가지 프로세스 등급 팩터(process grading factors)들, 환경 스트레스, 초기고장 특성, 그리고 신뢰도 성장 특성 등에 의해 수정된다. 추가로, 마지막 항의 소프트웨어 고장률을 포함함으로 최종 시스템 고장률이 산출된다.

모형의 모든 파라메터들은 최악의 경우가 아닌 평균치를 기본 값(default)으로 하고 있다. 이들의 전체 합은 신뢰성 관련 프로세스들의 총 영향을 반영한다. 즉, 신뢰성 관련 여러 프로세스들의 수준에 따라 고장률이 보정되도록 설계되었으며, 실제 산업체 평균 수준의 프로세스 경우 1이 되도록 정규화(normalized) 되었다. 프로세스들의 수준이 낮은 경우 1보다 큰 값, 수준이 높은 경우 1보다 작은 값을 갖게 된다. 세가지 추가적인 팩터들 역시 평균적인 조건의 경우 1이 되도록 정규화되었다. 즉, 정규화 조건과 정규화 프로세스하에서는 괄호속의 총 합이 1이다. 참고로, 217-Plus에서 정규화란 산업체 평균 수준을 기준으로 이에 맞도록 조정했음을 의미한다. 사용자는 시스템에 대한 지식 수준과 평가상 가용한 시간이나 자원의 양에 따라 임의의 일부 또는 모든 승수/팩터 값들을 적용할 수 있다. 일부 프로세스(고장요인)에 대하여 프로세스 등급을 사용하지 않을 경우는 각 프로세스에 대하여 제공된 default 값을 사용할 수 있다. 그러나, 사용자 자신의 분석이나 측정을 통하여 이들 값에 대한 정보를 가지고 있을 때는 이 값들을 사용함이 좋다. 이렇게 "선택적"이란 때로 이들을 적용하지 못함을 의미한다. 기존 시스템에 선택적 데이터를 사용한 분석을 수행하지 못할 경우 초기 평가치로 대체한다. 결론적으로, 부품 수준의 고장률을 근간으로 시스템 신뢰성 예측을 수행할 수 있고, 추가적인 데이터와 정보가 가용할수록 시스템 수준 팩터들을 포함하도록 분석을 확장 할 수 있다.

217-Plus 소프트웨어에서는 2가지 시스템 모형중 사용자가 원하는 모형을 선택하여 고장률을 산출할 수 있도록 설계되었다. <그림 4.2>는 logistics model과 inherent model 선택 및 각각에 의해 산출되는 시스템 고장률 결과의 예를 도시한다. 모형 선택에 따라 그림 상부에 해당 모형식(λ_P)이 다르게 나타남을 알 수 있다. 그 아래에 총 시스템 고장률 그리고 중앙부에 각 팩터 값들이 나타난다. (실제 평가를 수행하지 않은 관계로 그림에는

임의 값들로 나타나 있다.) 이들의 산출 과정에 대해서는 다음 절에서 논한다. 특별히, 217-Plus 소프트웨어를 통한 고장률 산출에 대해서는 제 6장에서 설명한다.

4.2 고장요인(failure cause) 및 고장률에의 영향

제 1장에서 우리는 시스템 고장률에 영향을 미치는 여러 비부품 요인들에 대하여 고찰하였다. 이 절에서는 217-Plus 시스템 모형에서의 변동성 및 고장요인별 고장률 산출에 대한 세부 고찰을 수행한다. 특별히, 다음의 8가지 고장요인들과 관련한 변동성과 프로세스 평가에 대하여 설명한다.

설계, 부품, 제조, 시스템관리, 유도, 무결점 발견, 마모, 신뢰도 성장

217-Plus의 목표는 시스템 신뢰도에 주도적인 영향을 미치는 인자를 모형화하는 것이다. MIL-HDBK-217과 같은 전통적 모형의 주된 가정은 고장률이 시스템 구성 부품의 기술(technology)과 인가 스트레스(applicable stress)에 의해 결정된다는 것이다. 이는 부품의 고장률이 높고 과거의 시스템이 복잡하지 않을 때는 적절한 가정이다. 오늘날과 같이 시스템의 복잡성이 증가되고 부품의 품질이 향상된 경우는 “고장요인(failure cause)”이 (시스템 요구를 포함하여) 시스템 수준과 인터페이스 및 소프트웨어 쪽으로 향하고 있다. 제 1장에서 고찰한 바와 같이 많은 고장들이 또한 설계 및 제조상의 결함과 같은 비 부품 요인에서 유래한다. 이들 인자들은 그동안의 예측방법에서 명확히 고려되지 않았다. 217-Plus의 방법론에서는 “부품기반”의 전통적 접근을 통한 예측에서의 불확실성을 정량화하고, 이 불확실성에 기여하는 인자(factor)들을 명확히 모형화한다. 부품들의 예측 및 관측 MTBF(mean time between failures) 데이터 분석을 통하여 전통적 기법들을 이용한 고장률 추정에는 매우 큰 불확실성이 내재된, 즉, MIL-HDBK -217과 같이 전통적인 신뢰성 모형에서 근간으로 삼는 부품 기반의 신뢰성 모형의 한계를 반영하는 결과를 얻었다. 흥미로운 현상은 개별 구성품의 불확실성을 묘사하는 분포들을 합칠 때 나타난다. 즉, 개별 부품수준에서 보다 시스템 수준에서 불확실성이 낮다. 이는 중심극한정리(central

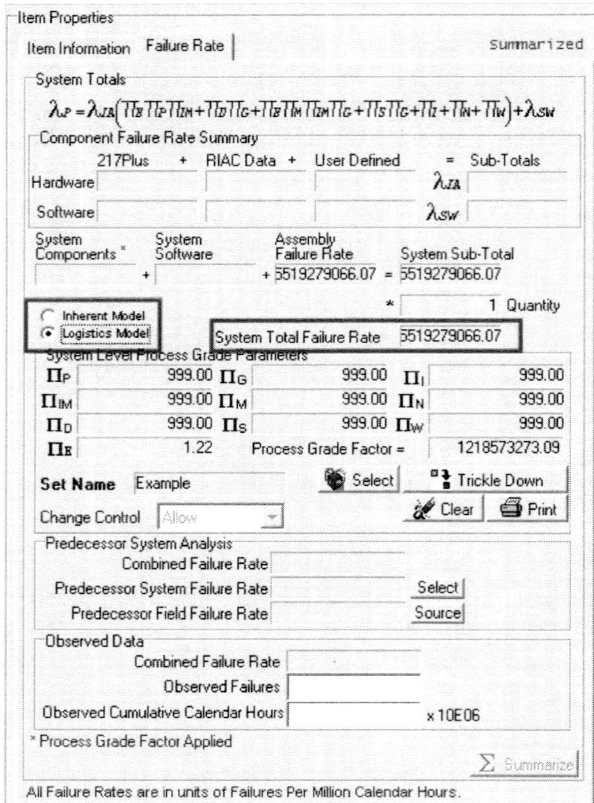

a) Logistics model

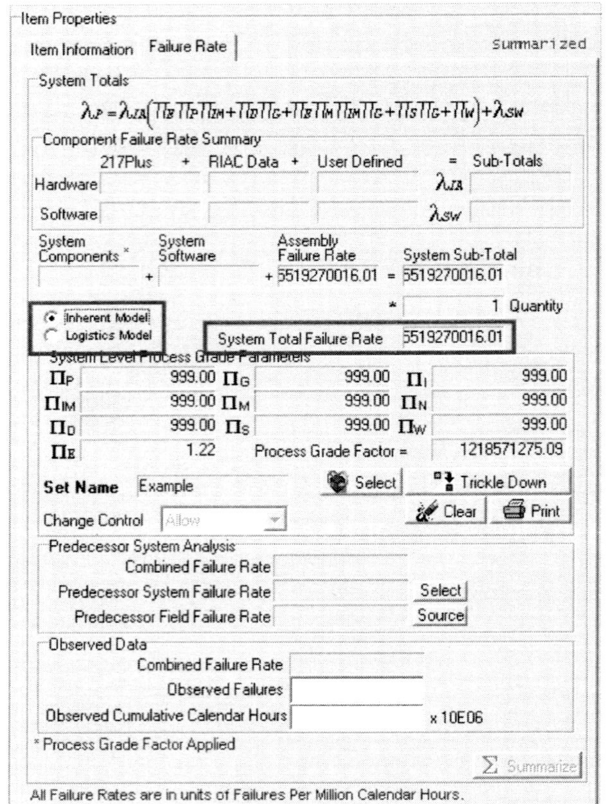

b) Inherent model

〈그림 4.2〉 a) Logistics model과 b) Inherent model에 의한 시스템 고장률

limit theorem)로 설명되며 부품기반의 추정치에서는 고려되지 않는 불확실성에 기여하는 시스템 수준의 영향이 존재함을 의미한다. 결론적으로, 부품보다 시스템 수준의 평가가 더 좋을 수 있음을 반영한다.

217-Plus 방법론의 가정은 시스템 수준의 지배적인 고장요인들에 기인하는 고장률을 계산할 수 있다는 것이다. 고장률 예측상 고장요인들 분포에 추가적인 변동성이 존재한다. 이 목적을 위하여 여러 출처별 데이터로 주된 고장요인들 각각에 기인하는 고장들의 비율(%)을 구하였다. 동시에 개별 고장요인의 데이터를 기준으로 Weibull 분석을 수행하였다. 이 결과로 <표 4.1>의 결과를 얻었다. 이 표의 특성비율(characteristic percentage) β 값은 해당 고장요인의 퍼센트(%)를 0과 1사이의 비율 값으로 변경하여 적용한 뒤 얻은 결과이다. 즉, 각 고장요인과 관련한 프로세스 평가를 통하여 등급(R)이 결정된다. 이 등급이 0.5일 경우 해당 요인의 수준이 기업체 평균인 셈이며, 이보다 작을 경우와 클 경우 각각 산업체 평균보다 낮거나(열악) 또는 높다는(양호) 의미이다. 이 등급은 해당 요인의 통계적 분포 특성인 Weibull(α, β) 분포에 입각하여 팩터 값(Π)으로 변환된다. 예를 들어, 제조 고장요인 관련 프로세스 평가를 통하여 얻은 등급(grade)이 R이라 할 때 이에 대응하는 승수(팩터) 값이 Π_M이다. 표의 마지막 열은 등급 값 R을 모를 때 적용할 default 값이다. 이들은 R=0.5를 적용할 때의 값을 조정(scale)하여 구하였으며 이들의 합이 1임을 주지하자. (구체적인 등급화 (R 계산) 과정에 대해서는 다음 절에서 논한다.)

〈표 4.1〉 프로세스 등급 팩터들에 대한 파라메터 값

팩터 (Π_i)	팩터 이름	α (형상모수)	β (특성비율)	R을 모를 경우 default 값
Π_D	설계 프로세스 팩터	1.29	0.12	0.094
Π_M	제조 프로세스 팩터	0.96	0.21	0.142
Π_P	부품 프로세스 팩터	1.62	0.30	0.243
Π_S	시스템관리 프로세스 팩터	0.64	0.06	0.036
Π_N	무결점 프로세스 팩터	1.92	0.29	0.237
Π_I	유도 프로세스 팩터	1.58	0.18	0.141
Π_W	마모 프로세스 팩터	1.68	0.13	0.106
			합계	1

이 표의 팩터 값 산출 과정은 다음과 같다. 먼저, 특정 고장요인 관련 프로세스 평가는 특정 수식보다는 일련의 질문들에 대한 답변을 통하여 이루어진다. 각 질문은 특정 가중치(W)를 가지고 있고 질문별 분석자의 답변(평가)에 따라 각 해당 항목(질문)의 등급(G)이 결정된다. 특정 고장요인의 등급 값 R_i은 다음 식에 준하며 0과 1 사이의 값을 갖는다.

$$R_i = \frac{\sum_{j=1}^{n_i} G_{ij} W_{ij}}{\sum_{j=1}^{n_i} W_{ij}}, \qquad \text{i=D,M,P,...,W} \tag{4.3}$$

단, n_i - 고장요인 i(=D,M,P,...,W)의 항목(질문) 수

G_{ij} - 고장요인 i의 j번째 항목에 대한 등급,

0(worst)과 1(best) 사이의 값 (j=1,2,...,n_i)

W_{ij} - 고장요인 i의 j번째 항목에 대한 가중치

다음으로, 팩터 값들을 구하기 위한 수식은 다음과 같다.

$$\Pi_i = \beta_i \times (-\ln R_i)^{\frac{1}{\alpha_i}} \tag{4.4}$$

단, Π_i - 고장요인 i(=D,M,P,...,W) 의 승수/팩터

R_i - 고장요인 i의 등급 (grade)

α_i - 고장요인 i의 형상모수(shape parameter)

β_i - 고장요인 i의 특성비율 (characteristic percentage)

위 식의 Π_i는 부품, 제조, 디자인 등 고장요인에 대한 고장률 승수 값으로 특정 등급에 이르기까지의 비율(또는 %)을 나타낸다. <표 4.2>는 요인별 승수 값을 프로세스 등급의 함수로 도시한 내용으로 식 (4.4)의 대안으로 사용될 수 있다. 즉, 첫째 열의 등급 값(R_i)에 대한 Π_i 값을 도시한 것으로 위 식을 통하여 산출한 것이다. 이 과정에서 <표 4.1>에 주어진 프로세스 등급 팩터에 대한 Weibull 모수 값들 중 특성비율(β_i)은 각 등급이 0.5일 경우 승수들의 합이 1이 되도록 스케일(scale) 1.11로 조정되었다. 모형이 평균 프로세스에 맞추어 정규화되었으므로 등급 0.5란 "평균" 프로세스를 의미하고, 이 조건에서 초기 평가 고장률의 총 승수는 1이다. 사용자는 이 표를 활용하여 팩터 값을 구할 수 있다.

〈표 4.2〉 프로세스 등급 함수로서의 승수 값

누적 퍼센트 (등급)	부품	제조	설계	시스템 관리	마모	유도	비반복/무결점
0.01	0.725	0.948	0.378	0.643	0.304	0.433	0.588
0.02	0.655	0.800	0.333	0.498	0.276	0.391	0.540
0.03	0.612	0.714	0.306	0.420	0.258	0.365	0.511
0.04	0.581	0.653	0.286	0.367	0.245	0.346	0.488
0.05	0.556	0.606	0.271	0.328	0.235	0.330	0.470
0.06	0.535	0.567	0.258	0.298	0.227	0.317	0.455
0.07	0.516	0.535	0.247	0.273	0.219	0.306	0.442
0.08	0.500	0.507	0.237	0.251	0.212	0.296	0.430
0.09	0.486	0.482	0.229	0.233	0.207	0.288	0.420
0.10	0.472	0.461	0.221	0.218	0.201	0.279	0.410
0.11	0.460	0.441	0.214	0.204	0.196	0.272	0.401
0.12	0.449	0.423	0.207	0.191	0.191	0.265	0.393
0.13	0.438	0.406	0.201	0.180	0.187	0.259	0.385
0.14	0.428	0.391	0.195	0.170	0.183	0.253	0.378
0.15	0.419	0.376	0.190	0.161	0.179	0.247	0.371
0.16	0.410	0.363	0.185	0.152	0.176	0.242	0.364
0.17	0.402	0.351	0.180	0.145	0.172	0.237	0.358
0.18	0.394	0.339	0.176	0.137	0.169	0.232	0.352
0.19	0.386	0.328	0.171	0.131	0.166	0.227	0.346
0.20	0.379	0.317	0.167	0.124	0.162	0.223	0.340
0.21	0.372	0.307	0.163	0.119	0.160	0.219	0.335
0.22	0.365	0.298	0.160	0.113	0.157	0.214	0.330
0.23	0.358	0.288	0.156	0.108	0.154	0.210	0.325
0.24	0.352	0.280	0.152	0.103	0.151	0.206	0.320
0.25	0.345	0.271	0.149	0.098	0.149	0.203	0.315
0.26	0.339	0.263	0.146	0.094	0.146	0.199	0.310
0.27	0.333	0.256	0.143	0.090	0.144	0.196	0.306
0.28	0.328	0.248	0.140	0.086	0.141	0.192	0.301
0.29	0.322	0.241	0.137	0.083	0.139	0.189	0.297
0.30	0.317	0.234	0.134	0.079	0.137	0.185	0.293
0.31	0.311	0.228	0.131	0.076	0.134	0.182	0.288
0.32	0.306	0.221	0.128	0.072	0.132	0.179	0.284
0.33	0.301	0.215	0.125	0.069	0.130	0.176	0.280
0.34	0.296	0.209	0.123	0.067	0.128	0.173	0.276
0.35	0.291	0.203	0.120	0.064	0.126	0.170	0.272
0.36	0.286	0.198	0.118	0.061	0.124	0.167	0.269
0.37	0.281	0.192	0.115	0.059	0.122	0.164	0.265
0.38	0.277	0.187	0.113	0.056	0.120	0.161	0.261
0.39	0.272	0.181	0.110	0.054	0.118	0.159	0.257
0.40	0.267	0.176	0.108	0.052	0.116	0.156	0.254

〈표 4.2〉 프로세스 등급 함수로서의 승수 값 (계속)

누적 퍼센트 (등급)	부품	제조	설계	시스템 관리	마모	유도	비반복/무결점
0.41	0.263	0.171	0.106	0.049	0.114	0.153	0.250
0.42	0.259	0.167	0.104	0.047	0.112	0.151	0.247
0.43	0.254	0.162	0.101	0.045	0.111	0.148	0.243
0.44	0.250	0.157	0.099	0.043	0.109	0.146	0.240
0.45	0.246	0.153	0.097	0.042	0.107	0.143	0.236
0.46	0.241	0.148	0.095	0.040	0.105	0.140	0.233
0.47	0.237	0.144	0.093	0.038	0.104	0.138	0.229
0.48	0.233	0.140	0.091	0.036	0.102	0.136	0.226
0.49	0.229	0.136	0.089	0.035	0.100	0.133	0.223
0.50	0.225	0.132	0.087	0.033	0.098	0.131	0.219
0.51	0.221	0.128	0.085	0.032	0.097	0.128	0.216
0.52	0.217	0.124	0.083	0.030	0.095	0.126	0.213
0.53	0.213	0.120	0.081	0.029	0.093	0.124	0.210
0.54	0.209	0.117	0.080	0.028	0.092	0.121	0.206
0.55	0.205	0.113	0.078	0.026	0.090	0.119	0.203
0.56	0.202	0.109	0.076	0.025	0.088	0.117	0.200
0.57	0.198	0.106	0.074	0.024	0.087	0.114	0.197
0.58	0.194	0.103	0.072	0.023	0.085	0.112	0.194
0.59	0.190	0.099	0.071	0.022	0.084	0.110	0.190
0.60	0.186	0.096	0.069	0.021	0.082	0.108	0.187
0.61	0.183	0.093	0.067	0.020	0.080	0.106	0.184
0.62	0.179	0.090	0.065	0.019	0.079	0.103	0.181
0.63	0.175	0.086	0.064	0.018	0.077	0.101	0.178
0.64	0.172	0.083	0.062	0.017	0.076	0.099	0.174
0.65	0.168	0.080	0.060	0.016	0.074	0.097	0.171
0.66	0.164	0.077	0.059	10.15	0.073	0.095	0.168
0.67	0.160	0.074	0.057	0.014	0.071	0.092	0.165
0.68	0.157	0.072	0.055	0.013	0.069	0.090	0.162
0.69	0.153	0.069	0.054	0.013	0.068	0.088	0.158
0.70	0.149	0.066	0.052	0.012	0.066	0.086	0.155
0.71	0.146	0.063	0.050	0.011	0.065	0.084	0.152
0.72	0.142	0.061	0.049	0.010	0.063	0.081	0.149
0.73	0.138	0.058	0.047	0.010	0.062	0.079	0.145
0.74	0.135	0.055	0.046	0.009	0.060	0.077	0.142
0.75	0.131	0.053	0.044	0.008	0.058	0.075	0.139
0.76	0.127	0.050	0.042	0.008	0.057	0.073	0.135
0.77	0.123	0.048	0.041	0.007	0.055	0.071	0.132
0.78	0.119	0.045	0.039	0.007	0.053	0.068	0.129
0.79	0.116	0.043	0.038	0.006	0.052	0.066	0.125
0.80	0.112	0.040	0.036	0.006	0.050	0.064	0.122
0.81	0.108	0.038	0.035	0.005	0.048	0.062	0.118
0.82	0.104	0.036	0.033	0.005	0.047	0.059	0.114
0.83	0.100	0.034	0.031	0.004	0.045	0.057	0.111

〈표 4.2〉 프로세스 등급 함수로서의 승수 값 (계속)

누적 퍼센트 (등급)	부품	제조	설계	시스템 관리	마모	유도	비반복/ 무결점
0.84	0.096	0.031	0.030	0.004	0.043	0.055	0.107
0.85	0.092	0.029	0.028	0.003	0.042	0.052	0.103
0.86	0.088	0.027	0.027	0.003	0.040	0.050	0.099
0.87	0.084	0.025	0.025	0.003	0.038	0.047	0.095
0.88	0.079	0.023	0.023	0.002	0.036	0.045	0.091
0.89	0.075	0.021	0.022	0.002	0.034	0.042	0.087
0.90	0.070	0.019	0.020	0.002	0.032	0.040	0.082
0.91	0.066	0.017	0.019	0.001	0.030	0.037	0.078
0.92	0.061	0.015	0.017	0.001	0.028	0.034	0.073
0.93	0.056	0.013	0.015	0.001	0.026	0.031	0.068
0.94	0.051	0.011	0.013	0.001	0.023	0.028	0.062
0.95	0.045	0.009	0.012	0.001	0.021	0.025	0.057
0.96	0.039	0.007	0.010	0.000	0.018	0.022	0.050
0.97	0.033	0.005	0.008	0.000	0.015	0.018	0.043
0.98	0.025	0.003	0.006	0.000	0.012	0.014	0.035
0.99	0.016	0.002	0.003	0.000	0.008	0.009	0.024

4.3 프로세스 등급 평가

이제 앞 절의 고장요인 각각에 대한 프로세스의 평가(등급화) 수행에 대하여 고찰하자. 각 고장요인에 대한 등급결과는 “그간 조직(organization)이 해당 요인의 고장 발생을 경감시키고자 취해온 조치의 수준”과 일치한다. 등급화는 해당 요인별 최소수의 질문에 답함으로써 평가함으로써 수행된다. 요인별 질문들은 “필수(required)”와 ”일반(general)‘ 질문들로 구성되며 필수질문들에 대하여는 반드시 답하도록 되어있다. 사용자는 이 이상의 추가적인 기준들을 정하여 평가 및 등급화 할 수도 있다. 특정 질문에 대한 답을 모를 때 해당 기준은 무시된다. 또한 사용자가 특정 요인을 평가하지 않고자 할 때, 이 고장요인에 대해서는 기본(default) “평균” 값이 적용된다. 프로세스의 등급화는 다음 팩터들의 값을 산출하기 위해 적용된다.

설계(Π_D), 부품(Π_P), 제조(Π_M), 시스템관리(Π_S), 유도(Π_I), 무결점 발견(Π_N), 마모(Π_W), 신뢰도 성장(Π_G)

상기 8개 고장요인들 프로세스 등급화를 위한 질문들은 총 460가지이며 이들 중 107가지는 필수 질문들로 반드시 답을 제공하여야 한다. 각 요인에 대한 질문들은 그룹들로 분류되었으며, 이들에 대해서는 <표 4.3>이 전체적인 내용을 도시한다. (이 중 신뢰도 성장 부분은 다음 절에서 설명한다.) 이 표에서 범주별 필수질문수와 전체 질문수가 둘째 열에 주어졌으며, 마지막 열은 질문들의 주요 분류 및 질문수가 주어졌다. 분석자는 자신의 주관대로 질문에 답(평가)하되 잘 모르는 경우 질문에 대한 답을 생략할 수 있으며 이 경우 default 값이 자동 적용된다. 각 질문에의 응답은 각각에 적용될 가중치에 의해 산점되며 범주별로 합산된다. 합산된 등급은 해당 요인에 대한 팩터 값으로 변환되며, 이는 앞 절의 식 (4.4) 또는 <표 4.2>를 따른다.

〈표 4.3〉 프로세스 등급을 위한 질문들의 구성

고장요인범주	필수/총 질문수	주요 분류(질문수)
설계 (Design)	43/145	Engineering Skill (11) Technology Maturity (6) Design Margin and Optimization (26) Design for Manufacturability (10) Development Process (26) Development Process Metrics (7) Development Documentation (14) System Complexity (17) Product Testing(22) Engineering Design Automation(EDA) Tools(6)
제조 (Manufacturing)	13/90	Design for Manufacturability (DFM) (18) Personnel Characteristics (17) Data and Analysis (15) Manufacturing Leadership (12) Manufacturing Process (12) Testability (8) Technology (8)

〈표 4.3〉 프로세스 등급을 위한 질문들의 구성 (계속)

고장요인범주	필수/총 질문수	주요 분류 (질문수)
부품 (Parts)	9/55	(OEM) Developer' Parts (13) Parts Suppliers (11) (OEM) Custom Parts Support (17) (OEM) Critical/Custom Parts Support (14)
시스템관리 (System Management)	22/99	Requirements Management (16) Requirements Extensibility (7) Product Vision (11) Requirements Traceability & Verification (9) Interface Management (24) Operations Management (8) Change Management (11) Risk Management (7) R&M Program Management (6)
비반복 (CND)	6/25	Design Considerations (7) Analysis and Process Considerations (9) Field Considerations (9)
유도 (Induced)	3/16	ESD/EOS Considerations (5) Mechanical Considerations (11)
마모 (Wearout)	4/23	Design Considerations (11) Analysis and Process Considerations (6) Field Considerations (6)
신뢰도 성장 (Reliability Growth)	7/7	Reliability Growth Contribution Factor (7)
합계	107/460	

프로세스 등급화는 각 고장 요인별로 적용하며 모든 요인들에 대해 평균 등급 적용시 괄호 속 Π-팩터들 합은 1이 될 것이며 적용할 프로세스가 "평균 이하" 또는 "평균 이상" 등급일 경우 팩터 값은 1보다 크거나 작을 것이다. <표 4.4>는 "설계(design) 요인" 관련 프로세스 평가용 질문들 일부를 도시한다. 분석자는 표의 각 질문에 대하여 가능한 "범위(range)" 내에서 "평가(rating)" 부분에 답하므로 질문별 주어진 "가중치(weight)"에 따라 "점수(score)"로 환산된다. 답변 가능한 모든 질문들에 대하여 평가를 완료한 뒤 앞 절의 식 (4.3)을 통하여 등급을 결정한다. 등급이 결정되면 해당 요인의 팩터 (Π_i) 계산 공식을 이용하여 팩터 값을 산출한다. 구체적인 산출 예는 다음 절에서 보인다. 전체 요인들의 세부적인 평가와 관련한 질문은 방대하며 이들에 대한 세부 내용은 부록 C에 보이고 있다.

〈표 4.4〉 Design Failure Contribution to Reliability

질 문	평가 (rating)	범위 (range)	가중치 (weight)	점수 (score)
What is the % of lead design engineering people with cross training experience in manufacturing or field operations (thresholds at 10, 20%)?	?	0-100	5	0.0
What is the % of team members having relevant product experience (thresholds at 25, 50%)?	?	0-100	5	0.0
What is the % of team members having relevant process experience, i.e., they have previously developed a product under the current development process (thresholds at 20, 40%)?	?	0-100	5	0.0
What is the % of development team that have 4-year technical degrees (thresholds at 20, 40%)?	?	0-100	5	0.0
What is the % of engineering team having advanced technical degrees (thresholds at 10, 20%)?	?	0-100	5	0.0
What is the % of engineering team members involved in professional activities in the past year; hold patents; authored/presented papers; are registered professional engineers, or professional society offices at the National level (thresholds at 10, 20%)?	?	0-100	5	0.0
Are resource people identified for program technology support across key technology and specialty areas such as Ada design, opto-electronics, servo control, ASIC design, etc. to provide program guidance and support as needed?	?	Y,N	7	0.0
Are resource people identified, for program tools support, to provide guidance and assistance with CAD, simulation, etc.?	?	Y,N	6	0.0
How many (0, 1, 2, 3) of the program objectives of cost, schedule and reliability did the manager successfully meet for the last program that he/she was responsible?	?	0,1,2,3	10	0.0
Is this development program organized as ï°cross functional development teamsï± (CFDT) involving: design, manufacturing, test, procurement, etc.?	?	Y,N	8	0.0
What is the % of engineering team members who have taken engineering courses in the past year (thresholds at 10, 20%)?	?	0-100	5	0.0

4.4 신뢰도 성장(reliability growth) 팩터 – Π_G

신뢰도 성장이란 "제품 설계나 제조 공정상의 변화를 통하여 신뢰도 파라메터가 시간에 따른 양의 개선을 보이는 것"라 해석될 수 있다. 신뢰도 성장관리란 "시간과 자원의 함수로서 신뢰도를 달성하기 위한 체계적인 계획(planning)과 계획되고 평가되는 신뢰도 값들 사이의 비교를 바탕으로 자원의 재할당을 통하여 진행되고 있는 달성율의 관리"로 해석된다.

217-Plus 모형에서는 부품 뿐 아니라 시스템 신뢰도 성장 특성을 평가하는 팩터를 포함하며 하드웨어와 비슷하게 신뢰도 성장의 잠재성을 시간의 함수로 모형화한다. 이 팩터에 대한 가정은 필드에서 시스템 신뢰도 성장에 기여하는 프로세스들이 있을 수도 또 없을 수도 있다는 것이다. 있는 경우, 다음 공식으로 주어지는 Duane 모형을 통하여 측정한다. <그림 4.3>은 여러 α 값들에 대한 팩터 값을 시간의 함수로 도시한 것이다.

$$\Pi_G = \frac{1.12(t+2)^{-\alpha}}{2^{-\alpha}} \tag{4.5}$$

단, α - 성장률(growth rate).

신뢰도 성장 프로세스에 대한 등급과 동일 ($\alpha = R$)

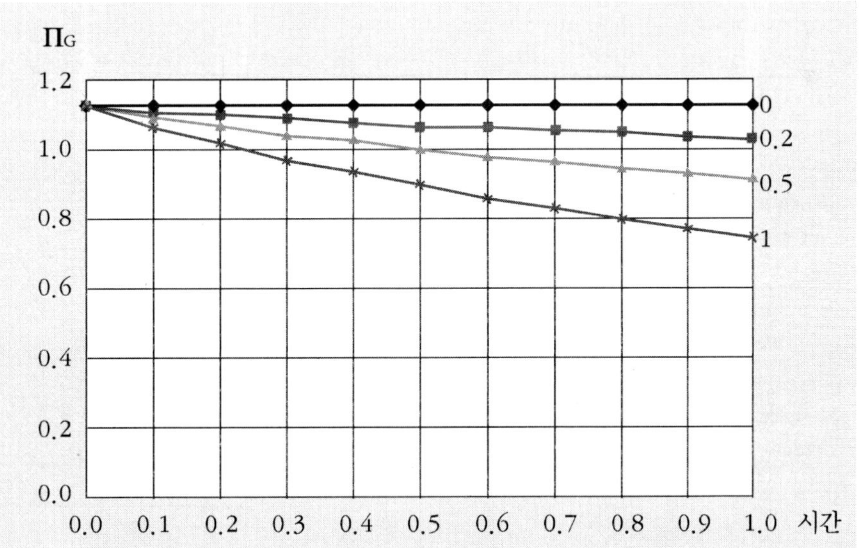

〈그림 4.3〉 성장률(α) 값에 따른 시스템 신뢰도성장

이 식의 상수 1.12는 시스템의 필드 배치시점의 등급/팩터 값를 반영하며 성장률(α)의 크기와는 무관하다. 성장률 α 는 잠재적 성장 정도를 의미하며, 앞 절의 고장요인들에 대한 프로세스 등급화와 같은 방법으로 부록 <표 C.8.1>의 신뢰도 성장에 기여하는 프로세스 질문들을 평가하여 얻은/추정되는 등급(R)과 팩터로의 변환 과정을 통하여 구한다. <표 4.5>는 시스템 신뢰도 성장 관련 프로세스를 등급화하기 위한 총 7가지 질문들과 결과의 예를 도시한다. 이 예에서 평가부분은 분석자가 범위의 영역내에서 답변한 결과이며 점수는 가중치와 범위를 중심으로 분석자의 평가치를 환산한 결과이다. 이들 결과로부터 최종 성장률 등급 값은 다음과 같이 계산된다.

$$\alpha = R = \frac{8+7.68+0+0+4+10+5}{8+8+6+6+4+10+5} \times 100(\%)$$

$$= \frac{34.68}{47} \times 100$$

$$= 73.8(\%)$$

〈표 4.5〉 신뢰도 성장(Reliability Growth) 프로세스 평가의 예

신뢰도 성장 기여 요인	평가	범위	가중치	점수
Is there an effective FRACAS system in place for the fielded system?	y	Y,N	8	8
What is the percentage of field failures for which the root cause is determined?	?	0-100%	8	7.68
Is analysis performed to determine if the failure is recurring?	n	Y,N	6	0.0
Are design, manufacturing, or system management related potential corrective actions identified?	n	Y,N	6	0.0
Are the original designers or manufacturing personnel consulted regarding the potential corrective action?	5	Y,N	4	4
Is there a field support infrastructure in place that can affect the necessary changes?	5	Y,N	10	10
Are systems adequately tested to insure that the changes were made properly without inducing other defects or damage?	5	Y,N	5	5
		합계	47	34.68

4.5 환경팩터(Environmental Factor) – Π_E

스트레스 선별강도(SS: Screening Strength)란 "(선별에 민감한 잠재 결점이 존재한다는 전제하에) 특정 선별과정이 잠재적인 결점을 고장으로 응결시키고(precipitate) 테스트를 통해 이를 감지/검출할 확률"(MIL-HDBK-344)이다. 즉, 선별강도는 응결효율(PE: precipitation efficiency)과 감지/검출효율(DE: detection efficiency)의 곱으로 정의되며, 미리 선별된 크기 N의 모집단으로부터 선별을 통해 제거되는 결점수(N_D)의 비율(%)과 동일하다.

$$SS = 응결효율 \times 감지효율 \tag{4.6a}$$

또는

$$SS = \frac{N_D}{N} \tag{4.6b}$$

단, N - 미리 선별된 모집단의 크기
N_D - 선별을 통해 제거된 결점수

온도 사이클링(TC: temperature cycling)과 랜덤/임의 진동(RV: random vibration) 부분 모두를 고려한 후의 총 선별강도는 다음 식으로 주어진다.

$$SS_{total} = P_{TC} \cdot SS(TC) + P_{RV} \cdot SS(RV) \tag{4.7}$$

단, P_{TC} - 온도 사이클링 스트레스로부터 결과되는 고장 비율(%)
P_{RV} - 랜덤 진동 스트레스로부터 결과되는 고장 비율(%)
$SS(TC)$ - 온도 사이클링에 적용될 선별강도
$SS(RV)$ - 임의진동에 적용될 선별강도

217-Plus에서는 "ground benign environment(G_b)을 기준으로 고려하며, 따라서 환경으로 인한 고장률 승수(팩터)는 실제 적용환경의 SS 값과 G_b에서의 SS값의 비율로 다음과 같이 주어진다.

$$\Pi_E = \frac{P_{TC} \cdot SS(TC_{use}) + P_{RV} \cdot SS(RV_{use})}{P_{TC} \cdot SS(TC_{G_b}) + P_{RV} \cdot SS(RV_{G_b})} \quad (4.8)$$

단, use, G_b - 사용환경, ground benign environment

이 식의 변수 값을 모를 경우, default 값으로 $P_{TC} = 0.80, P_{RV} = 0.20$을 사용한다. 선별강도(SS)는 MIL-HDBK-344로부터 도출되었으며, 이는 결점의 응결효율과 응결의 검출확률에 대한 추정치로 다음과 같이 주어진다.

$$SS(TC) = 1 - e^{-k_{TC}t} \quad (4.9a)$$

$$SS(RV) = 1 - e^{-k_{RV}t}, \quad (4.9b)$$

단, $k_{TC} = 0.0017(\Delta T + 0.6)^{0.6} \cdot [\ln(RATE + 2.718)]^3$

$k_{RV} = 0.0046 G^{1.71}$

$\Delta T = |T_{max} - T_{min}|$, (℃)

RATE - ℃/분

t - 사이클 수

G - 진동 스트레스의 크기 (Grms)

SS 값 계산시 운용환경을 위해, 가능하면 온도의 변화 ΔT와 진동(Grms)의 실제 값들을 사용되어야 한다. 실제 값들을 모를 때는 <표 4.6>과 <표 4.7>의 $\Delta T (= T_{AO} - T_{AE})$ 및 진동에 대한 default 값을 사용할 수 있다. 이 식의 RATE와 시간에 대한 가정 값은 각각 2 ℃/분과 10시간이다. 또한 모형 개발에 사용되는 데이터를 대표하는 평균온도 사이클링 및 임의/랜덤진동 조건들하에서 분모는 0.205이다. 이 값은 시스템이나 제품이 평균스트레스 수준에 한정될 때 환경팩터가 1이 되도록하는 정규화 상수이다. 기타 상수 k에 대한 고려 등을 포함하여 최종적인 217-Plus의 환경팩터는 다음으로 정의된다.

$$\Pi_E = \frac{0.855 \times [0.8(1-e^{-0.065(\Delta T+0.6)^{0.6}}) + 0.2(1-e^{-0.046G^{1.71}})]}{0.205} \qquad (4.10)$$

단, ΔT - 동작과 비동작 기간에서의 온도차 $(T_{AO} - T_{AE})$

G - 동작시의 진동 스트레스의 크기 (G_{RMS})

217-Plus에서 고려하는 운용환경들의 목록과 환경관련 스트레스들인 동작온도(T_{AO}), 비동작온도(T_{AE}), 상대습도(relative humidity), 진동(vibration), 그리고 시스템이 적용될 장비명과 각각에 대한 동작 프로파일(duty cycle 및 사이클 률) 등에 대해서는 설명을 생략한다. <표 4.6>은 217-Plus에서 정의하는 운용환경들과 이들의 default 값들으로 도시한다. <표 4.7>은 217-Plus에서 적용하는 총 10가지의 사용 장비를 대상으로 한 동작 프로파일로 장비별 duty cycle과 사이클 률의 default값을 제공한다.

〈표 4.6〉 환경 스트레스 Default 값

환 경	T_{AO}	T_{AE}	습도	진동 (G_S)
Airborne	55	14	40	9
Airborne, Fixed Wing	55	14	40	9
Airborne, Fixed Wing, Inhabited	55	14	40	9
Airborne, Fixed Wing, Uninhabited	71	14	50	9
Airborne, Missile	55	14	40	10
Airborne, Missile, Flight	55	14	40	1.3
Airborne, Missile, Launch	55	14	40	16
Airborne, Rotary Wing	55	14	40	3.3
Airborne, Rotary Wing, Inhabited	55	14	40	3.3
Airborne, Rotary Wing, Uninhabited	71	14	50	3.3
Airborne, Space	55	14	40	0
Ground	35	17	40	0
Ground, Man Pack	55	14	40	1
Ground, Mobile	55	14	40	10
Ground, Mobile, Heavy Wheeled	55	14	40	10
Ground, Mobile, Heavy Wheeled, Chassis Mounted	55	14	40	10
Ground, Mobile, Heavy Wheeled, Engine Compartment	55	14	40	10
Ground, Mobile, Heavy Wheeled, Engine Mounted	55	14	40	10

환 경	T_{AO}	T_{AE}	습도	진동 (G_S)
Ground, Mobile, Heavy Wheeled, Instrument Panel Closed	55	14	40	10
Ground, Mobile, Heavy Wheeled, Instrument Panel Open	55	14	40	10
Ground, Mobile, Heavy Wheeled, Trunk	55	14	40	10
Ground, Mobile, Light Wheeled	55	14	40	4
Ground, Mobile, Light Wheeled, Chassis Mounted	34	14	40	4
Ground, Mobile, Light Wheeled Engine Compartment	40	14	40	4
Ground, Mobile, Light Wheeled Engine Mounted	58	14	40	4
Ground, Mobile, Light Wheeled Instrument Panel Closed	31	14	40	4
Ground, Mobile, Light Wheeled Instrument Panel Open	24	14	40	4
Ground, Mobile, Light Wheeled, Trunk	17	14	40	4
Ground, Mobile, Tracked	55	14	40	2
Ground, Stationary	35	19	40	0
Ground, Stationary, Indoors	30	23	40	0
Ground, Stationary, Outdoors	40	14	50	0
Naval	55	14	80	0.7
Naval, Shipboard	55	14	80	0.7
Naval, Shipboard, Sheltered	40	20	70	0.7
Naval, Shipboard, Unsheltered	60	14	90	0.7
Naval, Submarine	55	23	50	1

〈표 4.7〉 동작프로파일(Operating Profile)

장비유형	동작 프로파일	
	DC	CR(사이클/년)
Automotive	5	1000
Commercial Aircraft	25	2982
Computer	80	1491
Consumer	30	368
Emergency Power	10	50
Industrial	80	184
Military Aircraft	25	1008
Military Ground	45	263
Naval	80	50
Telecommunication	80	368

4.6 초기고장(Infant Mortality) 팩터 – Π_{IM}

초기고장과 관련한 가정은 고장은 시스템을 필드에 적용시키는 시점에서 주로 시스템에 내재/잠재된 결함들에 기인한다는 것이다. 이는 제조과정에서 부품 또는 시스템 수준의 결함으로부터 발생할 수 있으며, 그 결과 수명 초기에 결함형태로 고장이 발생한다. 이러한 측면에서 시스템 수준에서 모형에 초기고장 팩터를 고려한다. 본래 이 팩터는 부품수준의 필드 고장률 데이터에 와이블 분석을 통하여 유도되었다. 참고로, 와이블 모수들은 스크리닝 강도나 응결효율(precipitation efficiency) 등과 관계가 없으며 초기고장과 관련한 특성 정보만을 제공한다.

초기고장 팩터는 ESS(Environmental Stress Screening) 적용 수준의 함수로 다음 식으로 정의된다. <그림 4.4>에서 보듯이 초기고장 팩터는 시간에 따라 점차 감소하는 형태를 가진다.

$$\Pi_{IM} = \frac{t^{-0.62}}{1.77} \cdot (1 - SS_{ESS}) \tag{4.11}$$

단, t - 시간(year)

SS_{ESS} - 선별을 적용할 경우의 강도(screening strength)

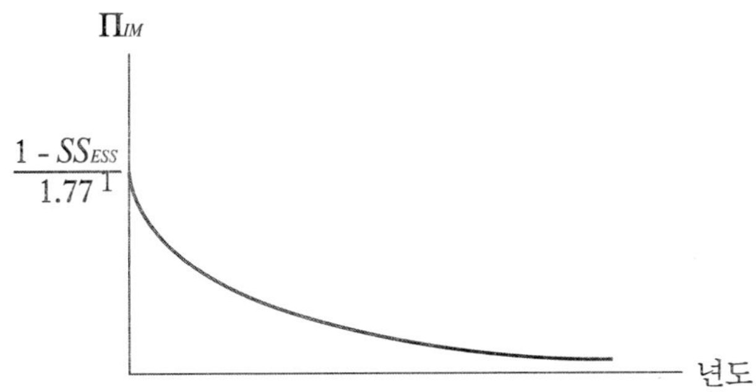

〈그림 4.4〉 초기고장(Infant Mortality) 팩터

이 식의 SS 값은 환경팩터 부분에서 설명한 선별강도(SS) 공식으로부터 구할 수 있다. 참고로, 이 식은 순간고장률과 관련되며, 한 시점이 아닌 특정 기간의 평균고장률이 고려된다면 해당 구간 동안 적분한 뒤 시간으로 나누어 사용한다.

217-Plus의 프로세스 등급화에 있어 초기고장률은 시스템이 고객에게 인도되기 전 수

행되는 온도선별(temperature screening)과 진동선별(vibration screening)과 관계된다. 따라서, 이들과 관련한 정보들인 1) 온도 및 진동 선별 테스트의 유형, 2) 테스트 조건(스트레스), 3) 테스트의 검출 효율(detection efficiency), 4) 각 선별 테스트 옵션에 대한 온도 사이클링과 진동으로부터 결과되는 잠재 초기고장률 추정 비(%) , 그리고 5) 모든 초기고장들이 제거된 시점의 순간 고장 시간 (월) 등의 정보를 입력하여 계산한다. 세부적인 파라메터 값들은 <표 4.8>과 같다. 분석자는 일차 온도 및 진동 유형을 선정하며, 선정된 유형별 관계되는 파라메터 값들을 입력한다.

〈표 4.8〉 초기고장 관련 온도 및 진동 파라메터들

	온 도	진 동
테스트 유형 (test type)	- 온도 스크리닝 없음 - 온도 사이클링 - 접촉 온도	- 진동 스크리닝 없음 - 임의진동 - Swept sine 진동 - Fixed sine 진동
테스트 조건 (test stresses)	최소온도, 최대온도, 변화율, 테스트 기간(cycle)	진동력(Gms) Axis Sensitivity Factor(%) 테스트기간
검출효율 (detection efficiency)	테스크 유형, 효율 환경조건, 효율 분리능력	좌동
잠재적 초기고장의 비율	(80)%	(20)%
순간고장시간 기점(월)	(5) months	(5) months

* ( ) 속의 값들은 default 임.

<그림 4.5>는 실제로 217-Plus 소프트웨어를 이용하여 초기고장 팩터를 산출하기 위해 필요한 파라메터 값들을 입력한 내용을 도시한 것이다. 그림의 좌우측에 각각 온도 및 진동과 관련한 세부 파라메터 값들을 입력하도록 설계되었다. 즉, 온도 및 진동과 관련한 테스트 유형, 테스트 조건, 감지효율, 그리고 고장비율 등이 그림의 도시와 같이 주어졌다. 예를 들어, 온도는 사이클링 형태로 주어지며, 진동의 경우 사인형태의 유형이나 일정한 상수형태의 유형이 아닌 임의진동 형태로 주어짐으로 정의되었다. 주어진 스트레스에 입각하여 $\Pi_{IM} = 0.7617$로 주어짐을 나타낸다.

217-Plus 소프트웨어에 대해서는 제6장에서 설명한다.

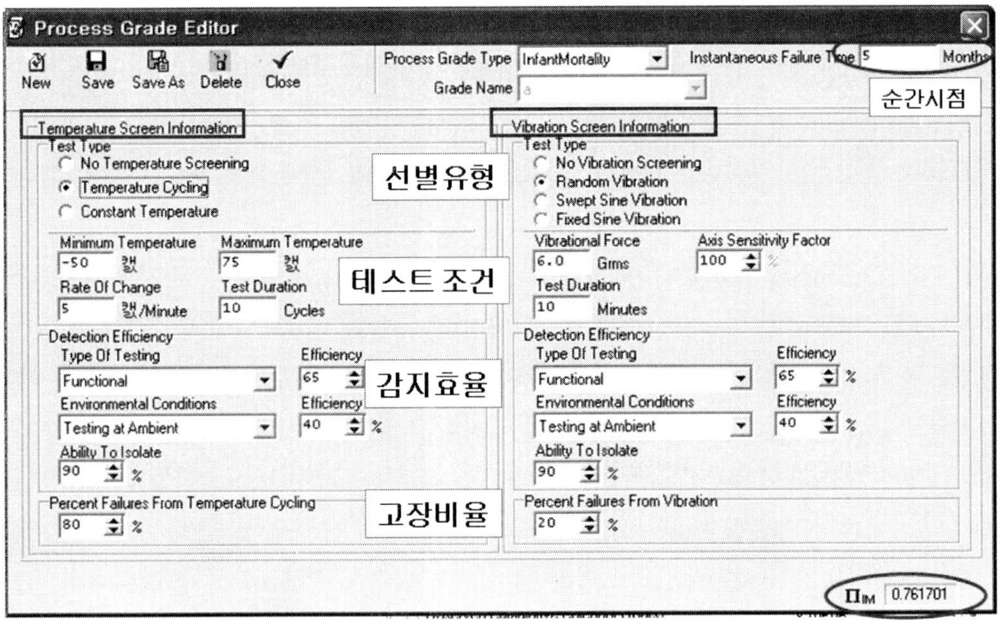

〈그림 4.5〉 초기고장 관련 온도 및 진동 파라메터 입력

4.7 소프트웨어 신뢰도 모형

근래의 전자시스템은 매우 많은 양의 소프트웨어를 포함한다. 따라서, 완전한 신뢰성 도구가 되기 위해서는 소프트웨어 신뢰도 추정 모형(Software Reliability Model)을 제공해야 한다. 기존의 많은 소프트웨어 신뢰도 모형들은 경험적인 테스트 데이터를 수반하는 예측 모형들이다. 불행히도 많은 경우, 시스템의 신뢰도 예측이 필요한 시점에서 가용하지 못하다. 따라서, 경험적인 데이터를 수반하지 않는 예측모형이 필요하다. 소프트웨어 고장률 모형은 제 3장에서 설명한 바와 같이 부품 모형에 포함되나 편의상 본 절에서 고찰함을 주지하자.

하드웨어 부품 모형 등에서와 같이 소프트웨어 모형에서의 가정은 소프트웨어의 내재 오류밀도(fault density) (코드 1000줄당 오류 수)는 개발 프로세스들의 함수일 수 있다는 것이다. 그러나 소프트웨어 모형에 있어 별도의 프로세스 평가 기준(grading criteria)을 적용하지는 않는다. 반면, SEI(Software Engineering Institute)의 CMM(Capability

Maturity Model) 방법에 기반을 두고 있다. 즉, 내재오류밀도를 CMM 수준으로 추정한 뒤, 정의된 소프트웨어 동작 프로파일에 의거하여 고장률로 변형한다. <표 4.9>가 CMM 수준과 관련한 내용을 도시한다.

사용자는 코드를 개발중인 프로세스에 대한 SEI CMM 수준을 평가한다. (개발 시설에 대한) SEI 평가가 부족하거나 가용하지 않은 경우, 개발 중인 소프트웨어가 만족하기 위한 안전수준(safety level)이나 ISO 9000 등급을 이용할 수 있다. 이들이 모두 존재하지 않을 경우, SEI CMM 수준 요구사항들을 검토하여 가장 적절한 CMM 수준을 결정한다. 결점 안정화 수준(DSL: Defect Stabilization Level)은 특정 CMM 수준의 소프트웨어가 초기 예측된 오류밀도(FD: fault density)로부터 시작을 가정할 때, 안정적이라 판단되는 수준으로 FD의 비를 의미한다. 그러나, DSL 값은 소프트웨어를 유지 보수하는 조직이 결점 발견 후 코드의 신뢰도를 향상시키는 프로세스를 실시 중일 경우만 사용해야 한다. 그러한 성장(growth) 프로세스가 실시되지 않는 경우, 적용해야 할 "안정화 수준"은 100%이다. 또 결점 안정화 수준을 결정하기 위한 CMM 수준은 (개발 조직과 다를 수 있는) 유지보수 조직 측면의 수준이어야 한다.

〈표 4.9〉 CMM 수준별 오류밀도와 결점 안정화 수준

SEI의 CMM 수준	초기 오류밀도(FD) (1000줄 당 오류수)	결점 안정화 수준 (DSL)
5	0.5	0.01
4	1.0	0.03
3	2.0	0.05
2	3.0	0.07
1	5.0	0.10
평가 안함	6.0	추정 안함

소프트웨어 신뢰도 성장 특성은 하드웨어 경우와 비슷하게 모형화된다. 즉, 소프트웨어 신뢰도 성장에 대한 잠재력이 평가되며 개략적인 고장률은 시간의 함수로 추정된다. 이 목적에서 성장률(growth rate)과 안정화 기간(stabilization time)을 추정한다. 제품들이 성숙 단계에 이르는 기본(default) 시간과 안정화에 이르는 시간은 전형적으로 초기 출시 이후 48개월이다. 새로운 소프트웨어 버전과 같은 이후의 제품 출시는 전형적으로 안정화에 24개월을 가정한다. 소프트웨어 신뢰도는 코드상의 오류가 나타나고 제거되는 관계로, 오류 수는 <그림 4.6>의 도시와 같이 시간에 따라 지수적으로 감소하며 다음의 함수 식으로

주어진다.

$$F(t) = F_0 \cdot e^{-kt} \quad (4.12)$$

단, $F(t)$ - 캘린더 시간 t후 현재 코드상에 남아있는 오류 수

F_0 - 처음 인도(delivery)시 오류 수

k - 신뢰도 성장 상수

t - 캘린더 시간 (月)

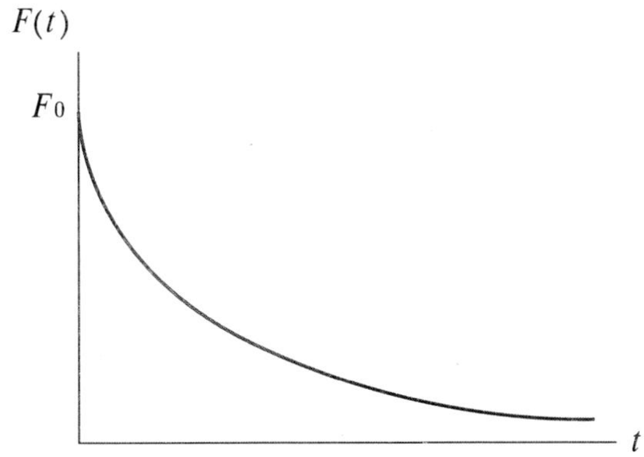

〈그림 4.6〉 시간에 따른 소프트웨어 오류 수

이 식의 상수 k는, 일정 시간 후, 잠재 오류의 정도가 일정 안정화 수준 또는 초기 오류에 대한 특정 안정적 비율로 떨어짐으로 계산된다. 예를 들어, CMM 수준 1 코드의 경우, 상수 k는 F(t)가 t=48개월 후 F_0의 10% 수준으로 떨어지는 것으로부터 구한다. 즉, 위 식의 양변에 자연 대수를 취하고 k에 대하여 정리하면 다음 식으로 표현된다.

$$k = \frac{1}{t} \cdot \ln\left[\frac{F_0}{F(t)}\right] \quad (4.13)$$

이로부터 k는 다음과 같이 구해진다.

$$k = \frac{1}{48} \cdot \ln\left[\frac{10}{1}\right] = 0.048/\text{월}$$

F(t)의 식에 의해 특정 기간 발견되어 제거된 오류의 수를 통하여 소프트웨어의 고장률을 반영할 수 있다. 즉, 소프트웨어 고장률(λ)은 이 기간 동안 발견(수정)되는 오류의 수와

관계되며 다음과 같이 표현 가능하다.

$$\lambda(t) = \frac{F(t_1) - F(t_2)}{t_2 - t_1}$$

최종적으로, 217-Plus의 소프트웨어 고장률 모형은 위 관계식에 적절한 비례 상수를 곱하여 다음과 같이 정의된다.

$$\lambda_{SW} = [\frac{F_{t_{i-1}} - F_{t_i}}{730}] \cdot (DC \times FL \times FA \times AS) \times 10^6 \quad (4.14)$$

단, λ_{SW} - 시점 t_i에서의 소프트웨어 예측 고장률(백만 캘린더 시간당 고장수)

t_i - 배치(deployment) 후의 시간

$F_{t_{i-1}}$ - 시점 t_{i-1}에 남아있는 오류의 수

F_{t_i} - 시점 t_i에 남아있는 오류의 수

DC - Duty cycle(캘린더 시간에 대한 소프트웨어 가동 비율(%))
(동작 프로파일로부터 유도)

730 - 월간 평균시간

$$F(t_i) = F_0 \cdot e^{-kt_i}, \qquad F(t_{i-1}) = F_0 \cdot e^{-kt_{i-1}},$$

$$F_0 = KSLOC \times FD, \qquad k = \frac{\ln[\frac{1}{DSL}]}{t_s}.$$

<표 4.10>에 소프트웨어 고장률 산출과 관련한 파라메터, 기호, 설명, 그리고 default 값들이 요약되었다. 이 식의 $[\frac{F_{t_{i-1}} - F_{t_i}}{730}] \cdot (DC) \times 10^6$ 부분은 100만 캘린더 시간중 실제로 소프트웨어가 동작하는 시간(월)을 의미하며, FL*FA*AS 부분은 총 발생 오류들 중 치명적일 비율을 의미하며, FER(오류확산비율: fault expansion ratio)이라 불리운다.

〈표 4.10〉 소프트웨어 고장률 모형의 파라메터

4기호	이름	내용	Default
KSLOC	소스코드 라인 수(Source Code Lines) (단위: 1000줄)	소스코드 줄 수(단위: 1000줄) 단, 코멘트 불포함	없음
FD	오류밀도 (Fault Density)	초기 품질수준으로 처음 선적시의 오류밀도	<표 4.9>
FL	잠재오류 (Fault Latency)	해당 오류가 수정되기 전 고장이 다시 출현할 평균회수	2.0
FA	오류활성화율 (Fault Activation)	오류 활성화 모집단의 비율	1.0 (100%)
AS	평균심각도 (Average Severity)	오류가 고객입장에서 파괴적이거나 치명적일 비율	0.5 (50%)
t_S	안정화에 이르는 시간 (time to stabilization)	-	최초: 48개월 이후: 24개월
DSL	결점/결함 안정화수준 (Defect Stabilization Level)	소프트웨어 고장률이 안정화되기 위한 수준 (F_0의 비율)	<표 4.9>
DC	Duty Cycle	소프트웨어 가동 시간 비율 (캘린더 시간 기준)	동작 프로파일 상의 duty cycle

4.8 경험에 의한 고장률 통합

이제까지는 한 시스템을 대상으로 신뢰성 분석 내용을 고찰하였다. 이는 기존 및 새 시스템 양자 모두 동일하게 적용된다. 기존 시스템 뿐 아니라 새 시스템에 대한 충분한 필드 또는/그리고 테스트의 경험 데이터가 가용할 경우 새 시스템에 대한 최상의 고장률 추정을 이해 통합할 수 있다. 현실적으로, 새 시스템은 기존 시스템에 대한 혁신적인 첨단기술을 수반하기 보다는 개선적인(evolutionary) 기술과 관련하는 경우가 많으므로, 기존 시스템의 필드 고장률 경험이 도움이 된다. 이 모형의 사용자는 가능한 경험데이터들을 많이 수집하고 이를 217-Plus 신뢰성 평가에 이용함이 권장된다. 이는 수학적으로 (초기평가와 프로세스 평가를 통하여) 얻은 초기 평가치를 경험 데이터와 병합함으로써 가능하다. 즉, (프로세스 평가와 함께) 초기 평가로부터 얻은 최상의 "사전 설정(pre-build)" 고장률 추정치를 경험 데이터로부터 얻은 평가치(metrics)들과 합하여 구한다. 이 목적에서 Bayesian 기법을 적용한다. Bayesian 기법은 새 시스템에 대한 데이터베이스를 유지할 경우 적합하며, 적은 양의 데이터 보다 많은 양의 데이터에 더 큰 가중치를 부여함으로 정량화한다. 이상의 과정을 통하여 최상의 추정치를 산출하게 된다. Bayesian 기법에 의한 고장률 추정 절차는 제 2장에서 설명하였으며 여기서는 생략한다.

4.9 결 언

본 장에서는 시스템 수준에서의 고장률 산출을 고찰하였다. 217-Plus의 시스템 수준의 고장률 산출 모형은 그간의 전통적인 모형에서는 고려하지 않던 개념으로 최근의 경향을 반영하는 셈이다. 불행히도 명시적인 수식에 의한 팩터 값 산출보다는 정성적인 평가에 의존하며 평가 과정이 여의치 못한 경우가 많을 수 있다. 그럼에도 불구하고 217-Plus의 비부품 요인에 의한 고장의 개념을 중심으로 시스템에 대한 평가와 신뢰성 제고라는 측면에서 유용하다.

part 02

제5장 217-Plus를 이용한 신뢰도 평가 사례
제6장 217-Plus S/W에 의한 신뢰도 예측

전기·전자시스템 신뢰도 예측
217Plus, MIL-HDBK-217, SR-332를 중심으로

part 02

chapter 05

217-Plus를 이용한 신뢰도 평가 사례

전기·전자 시스템 신뢰도 예측 방법론인 217-Plus에 대한 이제까지의 설명을 바탕으로 실제 시스템을 대상으로 신뢰도 산출 과정을 이해하자. 본 장에서는 특별히 저출력 형광등(fluorescent lamp) 안정기를 대상으로 217-Plus를 이용하여 신뢰도 예측을 수행하고자 한다. 먼저, 형광등용 전자식 안정기에 대한 내용을 간단히 고찰한다. 이를 바탕으로 전자식 안정기 회로를 구성하는 부품 및 시스템에 대한 신뢰도 예측을 수행한다.

5.1 사례 소개

저출력(low wattage) 형광등은 일반 가정과 사무실에서 그 용도가 매우 넓게 사용되는 방전램프이다. 기간 활용되어온 형광등으로서 품질 및 성능상의 정착이 이루어졌다고 생각되나 특별히, 에너지 절감, 효율성 증대, 수명보장 등의 차원에서 한 단계 성숙된 기술의 정착이 요구되고 있다. 안정기(ballast)는 조명기기를 구성하는 핵심요소로서, 부품 개선 및 다양한 회로 설계상의 노력을 통하여 성능상의 큰 진전을 이루고 있다. 이에 반해, 신뢰성 측면의 연구 결과는 거의 발표되지 않고 있는 실정이다. 이의 이유는 여러 가지가 있겠으나, 수반되는 전기·전자 소자의 수가 많고, 각 소자의 전기적 또는 수명 특성 규명이 어렵

고, 소자들이 복합적이고 종속적이며, 구조상의 복잡성 등으로 모형 설정이 매우 어렵다는 점을 들 수 있다.

안정기는 크게 자기식 안정기(magnetic ballast)와 전자식 안정기(electronic ballast)로 분류된다. 자기식 안정기는 전류를 제한하는 안정기의 역할을 위해 L 즉, 철심에 동선을 권선한 철심 초크 또는 변압기 형태로 역률개선 또는 잡음방지 등을 위한 콘덴서와 같이 사용하여 램프를 적절하게 점화시키는데 사용되는 것을 말한다. 반면, 전자식 안정기는 코일 대신 반도체 부품과 수동전자 부품으로 구성된 전자회로를 사용하여 교류 50㎐/60㎐의 전원을 주파수 변환회로를 이용하여 고주파(20㎑~100㎑)로 변환 후 램프전원으로 사용, 램프를 점화시킨다. 전자식 안정기는 자기식 안정기에 비해 발광효율이 좋으며, 반도체 소자를 사용하므로 초크 코일에서의 자체 발열로 인한 손실을 줄일 수 있어 큰 절전효과를 얻을 수 있다.

선정한 안정기 회로도는 <그림 5.1>과 같다. 이 전자식 안정기에 의한 램프점화 동작 프로세스는 다음과 같다. 그림의 왼쪽 부분은 교류 전원(AC 60Hz)이 입력되는 부분으로 퓨즈(fuse)가 연결되어 있다. TNR(transient non-linear resistance)은 전원라인의 과전압(surge voltage)이나 유도전파에 의한 급격한 펄스를 막는 부품이다. 다음은 라인필터(EMI filter) 회로(코일, C1) 부분으로, 발생하는 전자파 장해(EMI: electromagnetic interference)를 억제하여 EMI 규정에 위배되지 않고 다른 전자기기에 미치는 영향을 최소화한다. 노이즈(noise)가 제거된 교류전압(220V 60Hz)은 정류(rectify) 회로(D1-D4)를 거쳐 직류전압으로 변환된다. 이 경우 역률 보상(PFC: power factor correction) 회로(C2,C3,D7-D9)가 추가되며 이는 전원장치에 전력효율을 향상시키기 위하여 절전 회로를 추가한 것으로 순간적인 누출이 우려되는 전력을 조절하여 다른 부품들에게 안정적인 전류 공급을 하는 역할을 한다. PFC는 수동형과 능동형이 있으며, 수동형은 수동소자와 다이오드(diode)만 사용하고, 능동형은 스위칭을 이용한 승압형(boost type)의 IC(integrated circuit)를 이용한다. 일반적인 전자식 안정기의 경우 역률(power factor)이 95%이상이다. 다음은, 공진 인버터(inverter)를 사용하여 DC를 다시 AC로 바꾼다. 인버터란 직류전압을 캐패시터(C)와 코일(L)을 가지고 전하가 충전과 방전을 되풀이하게 만들어 공진하게 해 교류전압으로 바꾸어주는 것을 말하며, 앞의 경우와 달리 이 인버터의 동작 주파수가 바로 램프에 인가되는 AC 전원의 주파수로 20-60KHz가 된다. (편의상 이하 모든 회로를 인버터로 칭한다.) 이때 동작주파수인 20KHz 이상의 주파수를 만들어 내는 방식에서 자려식(self-oscillation)과 타려식(external oscillation)이 있다. 자려식은 트랜스포머(transformer)

를 사용하는데 그림에서와 같이 3개의 권선(L1-L3)을 하나의 코어에 감아서 1차측, 2차측, 3차측으로 만든다. 그리고는 램프로 흐르는 전류를 1차측에 흘리고 이로인해 2, 3차측에 인가되는 전압 및 그로 인해 흐르는 전류를 이용해서 스스로 20KHz 이상으로 스위칭(Q1,Q2)한다.

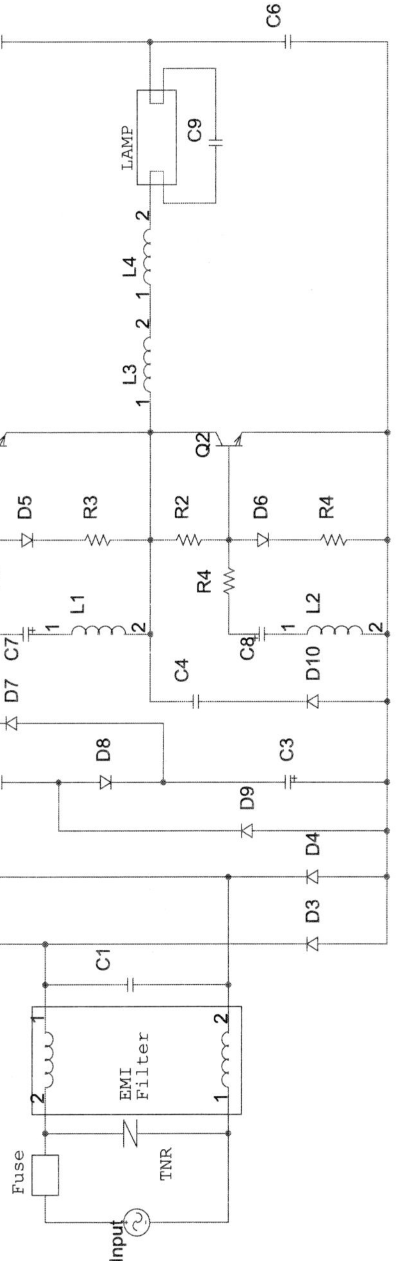

〈그림 5.1〉 전자식 안정기회로

신뢰도 산출을 위한 고려

신뢰성 있는 안정기 차원에서 처음 설계 및 개발 단계부터 신뢰성 제고를 위한 체계적인 접근이 필요할 것이다. 첫 단계로 고려되는 내용은 신뢰성 척도의 정의이며 대표적으로 안정기의 수명, 역률, 보호회로 기능 등이 고려된다. 이들의 목표치로는 절대적이지는 않지만 10초간의 스위치 on과 50초간의 스위치 off 테스트 15,000회, 역률 0.95 이상, 회로의 오결선 및 전기의 과부하시 보호회로 동작 여부 등이다. 다음 단계는 안정기 고장의 정의이며 이에는 램프가 정상적인 경우의 안정기 미동작, 램프의 밝기(조도) 30% 이하, 그리고 입력 전원 이상이 없을 시의 역률 저하(예, 0.95) 등이다. 이후 고장 모드와 이에 따른 영향 분석과 신뢰성 블록 다이어그램을 통한 신뢰성 고찰이 수행되며, 이들은 수행된 설계 회로와 선정 부품들의 전기적 특성에 따라 좌우된다. 최종 설계된 시스템을 중심으로 부품들의 고장률 및 시스템의 신뢰도를 예측한다. 이의 결과에 따라 보완을 위해 이전의 단계로 되돌아가거나 다음의 제품 생산단계로 간다. 본 연구에서는 설계를 완료한 단계에서의 안정기 미작동과 관련한 부품들 고장률과 시스템 신뢰도를 예측하는 부분이 직접 관련된다.

안정기의 동작환경은 가정, 사무실, 공장, 가로등 등 다양하며 그에 따라 결과 또한 매우 다르게 예측된다. 본 사례의 안정기 사용환경은 기본적으로 어느 정도 쾌적하고 안정된 경우를 가정한다. 그러나 형광등은 방전램프로서 방전에 필요한 열전자를 방출하기 위하여 초기에 높은 전압이 필요하며, 방전 후 램프전류가 커지면 형광등에 인가된 전압은 반대로 감소하는 부성저항(negative resistance) 특성을 갖고 있다. 이 부성저항 특성으로 인해 점화가 불안정해지거나 그 자체로 램프가 파손될 수 있다. 즉, 램프 점화시 순간적인 필라멘트의 예열과정과 점화시의 매우 높은 부하가 수반되며 이후 정상상태로 지속되다 소등시 다시 높은 전기적인 부하가 수반된다. 여기서 램프는 명시적으로 고려하지 않으며, 이 경우 고정된 저항으로 간주할 수 있다. 그러나, 램프는 독립적으로 신뢰성을 연구해야 할 정도로 전기적 특성 규명과정이 복잡하여 단순한 저항으로 취급함에는 문제가 있다. 대신 이에 대한 다른 부품에의 영향을 고려함이 필요하다. 램프의 변동성이 부품들에 미치는 영향은 안정기 후반부로 갈수록 심해진다. 동시에 조용한 사무실의 경우에도 일반 생활상의 진동(vibration)이 불규칙하게 작용하며 이의 영향이 안정기의 수명에 큰 영향을 미치는 것으로 인식되는 추세이다.

5.2 RIACRates에 의한 부품 신뢰도 산출

이제 217-Plus에 의해 실제로 신뢰도를 산출한다. 이를 위해 실제적인 안정기 운용과정에서 부품들에 인가되는 조건들의 이해가 필요하며, <표 5.1>은 각 부품별 운용조건을 요약 도시한다. 표의 첫 3줄은 회로별 부품과 그의 사용 기호를 도시하고, 다음은 부품의 유형 및 세부유형들이 도시되었으며, 이하 제조년도와 사용상 인가되는 전기적 부하들이 도시되었다. 예를 들어, EMI 필터의 인덕터 코일은 유형이 choke이고 세부 유형은 없다. 2004년 제조되었으며 duty cycle은 0.33이고, 동작중과 비 동작중의 주위온도는 각각 40℃와 25℃이다. 년간 사이클 률은 1500회이다. 또한 정류회로의 다이오드들(D1-D4)은 유형이 low frequency이며 세부유형은 rectifier이다. 역시 2004년 제조되었고 정격전압 700V에 110V가 인가되며 이로부터 전압비율(V_S)은 0.1571 (=110/700)이다. 동작중 주위온도와 비동작중의 주위온도는 각각 50℃과 25℃이며, 동작중의 온도상승은 60℃로 예상하였다. 기타 부품들도 같은 방법으로 설명된다. 본 사례에서는 각 부품들의 납품업체가 다른 관계로 제조년도를 추정할 수 없으며 공통적으로 2004년을 가정하였고, duty cycle은 0.33, 비 동작중의 주위온도 25℃, 그리고 년간 사이클 률은 1500회로 각각 가정하였다.

시스템 신뢰도를 도출하기 위한 첫 단계는 부품들의 고장률 산출이며 이는 부록 B의 공식들과 <표 B.1>~<표 B.13>을 이용하여 구한다. <표 5.2>는 <표 5.1>의 적용 조건들을 기준으로 부록 B의 표들로부터 구한 범주별 기본고장률과 파라메터들을 정리한 것이다. 예를 들어, 트랜지스터(Q1,Q2)의 경우 <표 B.13>의 3번째 항목 Bipolar, Low Frequency로부터 기본고장률과 파라메터 값들을 구할 수 있다. <표 5.3>은 부록 B의 부품들에 대한 세부 공식들로부터 구한 부품별 여러 팩터 값, 범주별 고장률, 그리고 총 고장률 산출 결과를 도시한다. 표의 파라메터들에 대해서는 제 3장에서 설명되었으므로 생략하며, 이들의 세부 산출과정 역시 제 3장에서 설명한 캐패시터와 저항 고장률의 예와 같다.

〈표 5.1〉 부품별 운용 조건 및 전기적 부하

회로	퓨즈	EMI 필터		정류 회로	PFC 회로		인버터 회로									
설계기호	Fuse	코일(coil)	C1	D1-D4	C2,C3	D7-D9	C4	D10	C7,C8	D5,D6	R1-R6	Transformer	C5,C6	Q1,Q2	L4(coil)	C9
부품	Fuse	인덕터	캐패시터	다이오드	캐패시터	다이오드	캐패시터	다이오드	캐패시터	다이오드	저항	트랜스포머	캐패시터	트랜지스터	인덕터	캐패시터
Type	-	choke	Plastic	Low Frequency	Aluminum	Low Frequency	Plastic	Low Frequency	Aluminum	Low Frequency	Low Frequency	Pulse	Plastic	Low Frequency	Choke	Plastic
Sub-type	-	-	-	Rectifier	-	General Purpose	-	General Purpose	-	General Purpose	General	-	-	Bipolar	-	-
제조년도	2004	2004	2004	2004	2004	2004	2004	2004	2004	2004	2004	2004	2004	2004	2004	2004
C(용량(uF))	-	-	0.1	-	10	-	0.0022	-	1	-	-	-	0.1	-	-	0.1
정격전압	-	-	275	700	350	700	630	700	50	700	0.25	-	630	400	-	400
인가전압	-	-	220	110	110	220	220	110	10	110	0.1	-	110	220	-	130
S(A), V(s)	-	-	0.8000	0.1571	0.3143	0.3143	0.3492	0.1571	0.2000	0.1571	0.4000	-	0.1746	0.5500	-	0.3250
DC	-	0.33	0.33	0.33	0.33	0.33	0.33	0.33	0.33	0.33	0.33	0.33	0.33	0.33	0.33	0.33
T_{AO}	-	40	40	50	55	50	40	40	50	40	50	60	70	85	80	60
T_{AE}	-	25	25	25	25	25	25	25	25	25	25	25	25	25	25	25
T_R	-	-	-	60	-	60	-	60	-	60	30	10	-	60	-	-
CR	-	1500	1500	1500	1500	1500	1500	1500	1500	1500	1500	1500	1500	1500	1500	1500

〈표 5.2〉 부품 범주별 기본고장률 및 주요 파라메터

설계기호	Fuse	코일(coil)	C1	D1-D4	C2,C3	D7-D9	C4	D10	C7,C8	D5,D6	R1-R6	Transformer	C5,C6	Q1,Q2	L4	C9
λ_{OB}	-	0.0000766	0.000994	0.0000457	0.000465	0.0000616	0.000994	0.0000616	0.000465	0.0000616	0.0000499	0.000247	0.000994	0.000235	0.0000766	0.000994
λ_{EB}	-	0.0000819	0.001462	0.000481	0.00022	0.0000308	0.001462	0.0000308	0.00022	0.0000308	0.000452	0.0009463	0.001462	0.0001657	0.0000819	0.001462
λ_{TCB}	-	0.0000328	0.001657	0.000049	0.000214	0.000098	0.001657	0.000098	0.000214	0.000098	0.0001422	0.0001335	0.001657	0.00016	0.0000328	0.001657
λ_{EOS}	-	0.0000148	0.002531	0.00079	0.000768	0.00036	0.002531	0.00036	0.000768	0.00036	0.0005259	0.000051	0.002531	0.008899	0.0000148	0.002531
λ_{SJB}	-	-	0.00095	0.00021	0.00095	0.00021	0.00095	0.00021	0.00095	0.00021	0.00089	-	0.00095	0.0015	-	0.00095
성장률(β)	-	0	0.0082	0.297	0.229	0.223	0.0082	0.223	0.229	0.223	0	0	0.0082	0.281	0	0.0082
DC_{1op}	-	0.4	0.17	0.23	0.17	0.23	0.17	0.23	0.17	0.23	0.23	0.38	0.17	0.23	0.4	0.17
Ea_{op}	-	0.47	0.2	0.3	0.5	0.3	0.2	0.3	0.5	0.3	0.2	0.24	0.2	0.2	0.47	0.2
DC_{1nonop}	-	0.6	0.83	0.77	0.83	0.77	0.83	0.77	0.83	0.77	0.77	0.62	0.83	0.77	0.6	0.83
Ea_{nonop}	-	0.08	0.2	0.4	0.4	0.4	0.2	0.4	0.4	0.4	0.2	0.24	0.2	0.3	0.08	0.2
CR_1	-	413	1140.35	736.84	1140.35	736.84	1140.35	736.84	1140.35	736.84	1140.35	312	1140.35	754.38	413	1140.35
DT_1	-	13.23	21	80	21	80	21	80	21	80	86	29.66	21	80	13.23	21
n	-	-	6	-	5	-	6	-	5	-	-	-	6	-	-	6
C_1	-	-	0.1	-	7.6	-	0.1	-	7.6	-	-	-	0.1	-	-	0.1
S_1	-	-	0.6	-	0.6	-	0.6	-	0.6	-	-	-	0.6	-	-	0.6
CE	-	-	0.09	-	0.23	-	0.09	-	0.23	-	-	-	0.09	-	-	0.09

〈표 5.3〉 부품별 패터, 범주별 고장률, 그리고 총 고장률 산출

설계기호	Fuse	코일(coil)	C1	D1-D4	C2,C3	D7-D9	C4	D10	C7,C8	D5,D6	R1-R6	Transformer	C5,C6	Q1,Q2	L4	C9
Π_G	-	1	0.91374842	0.03812062	0.08054011	0.08603509	0.91374842	0.08603509	0.08054011	0.08603509	1	1	0.91374842	0.04545648	1	0.91374842
Π_C	-	-	1	-	1.06515516	-	0.70928053	-	0.62720986	-	-	-	1	-	-	1
Π_{DCO}	-	0.825	1.94117647	1.43478261	1.94117647	1.43478261	1.94117647	1.43478261	1.94117647	1.43478261	1.43478261	0.86842105	1.94117647	1.43478261	0.825	1.94117647
Π_{TO}	-	2.40403141	1.45245333	13.3671498	5.93533015	13.3671498	1.45245333	10.476127	4.51351365	10.476127	3.36529735	3.40821472	2.77825725	9.35539005	17.3182933	2.26736486
Π_S	-	-	5.61865569	0.06023158	0.03943365	0.32458403	0.03886738	0.06023158	0.00411523	0.06023158	0.58322221	-	0.0006073	0.24903851	-	0.02525763
Π_{DCN}	-	1.11666667	0.80722892	0.87012987	0.80722892	0.87012987	0.80722892	0.87012987	0.80722892	0.87012987	0.87012987	1.08064516	0.80722892	0.87012987	1.11666667	0.80722892
Π_{TE}	-	1	1	1	1	1	1	1	1	1	1	1	1	1	1	1
Π_{CR}	-	3.63196126	1.31538563	2.0357201	1.31538563	2.0357201	1.31538563	2.0357201	1.31538563	2.0357201	1.31538563	4.80769231	1.31538563	1.98838782	3.63196126	1.31538563
Π_{DT}	-	1.28547262	0.51020408	1.12890625	2.04081633	1.12890625	0.51020408	0.87890625	1.41723356	0.87890625	0.40900487	2.30188029	4.59183673	2.25	17.2824652	2.77777778
Π_{SJDT}	-	-	0.08785434	4.42877608	0.42081478	4.42877608	0.08785434	3.3376086	0.27870282	3.3376086	1.65583337	-	1.05210051	9.65487304	-	0.5961983
동작중	-	0.00015192	0.0143884	2.0125E-06	1.8124E-05	3.2992E-05	7.0597E-05	4.7981E-06	8.4694E-07	4.7981E-06	0.00014052	0.00073106	2.9748E-06	3.5709E-05	0.00109443	0.00010097
비동작중	-	9.1455E-05	0.00107838	1.5955E-05	1.5235E-05	2.3057E-06	0.00076487	2.3057E-06	8.9711E-06	2.3057E-06	0.0003933	0.00102261	0.00107838	6.5539E-06	9.1455E-05	0.00107838
Cycle	-	0.00015314	0.00101612	4.2927E-06	4.9283E-05	1.9377E-05	0.00072072	1.5086E-05	2.0153E-05	1.5086E-05	7.6503E-05	0.00147741	0.0091451	3.2539E-05	0.00205883	0.00553222
Solder	-	-	8.3462E-05	0.00093004	0.00039977	0.00093004	8.3462E-05	0.0007009	0.00026477	0.0007009	0.00147369	-	0.0009995	0.01448231	-	0.00056639
EOS/IND	-	0.0000148	0.002531	0.00079	0.000768	0.00036	0.002531	0.00036	0.000768	0.00036	0.0005259	0.000051	0.002531	0.008899	0.0000148	0.002531
고장률	-	0.00041131	0.01909737	0.0017423	0.00125042	0.00134472	0.00417065	0.00108309	0.00106274	0.00108309	0.00260992	0.00328209	0.01375695	0.0235	0.00325952	0.00980896

<표 5.3>에서 주목할 점은 217-Plus의 부품 모형에 퓨즈는 포함되지 않으며, 따라서 다른 모형이나 방법에 의해 고장률을 추정해야 한다. 이에 대한 대안은 제조업체 자신의 데이터나 다른 모형을 적용함이다. 여기서는 다음 식으로 주어지는 MIL-HDBK-217의 퓨즈 고장률 공식을 통하여 산출하였다. MIL-HDBK-217의 세부적인 내용은 제 8장에서 설명한다.

$$\lambda_p = \lambda_b \Pi_E$$

단, λ_P - 예측 고장률, 백만 동작시간당 고장 수

λ_b - 기본고장률

Π_E - 환경팩터

퓨즈의 기본 고장률은 0.010이며 환경팩터는 0.02로 주어진다. 따라서, 퓨즈의 고장률은 다음과 같다.

$$\lambda_{Fuse} = 0.010 \times 2.0$$

$$= 0.02 \quad (\text{회/백만 동작시간})$$

이는 동작시간 기준의 값이며 이를 대등한 캘린더 시간 단위의 고장수로 변환하면 다음과 같다.

$$\lambda_{Fuse} = \frac{0.02}{0.33}$$

$$= 0.0606 \quad (\text{회/백만 캘린더시간})$$

이상으로, 모든 부품들의 고장률이 계산되었으며 <표 5.4>는 RIACRates를 이용하여 산출한 부품별 고장률을 회로별로 분류하여 정리한 결과이다.

〈표 5.4〉 부품별 고장률 산출

회로	설계기호	고장률 (CH)	수량	총 고장률 (CH)
퓨즈	Fuse	-	1	0.0606
EMI	코일	0.00041	2	0.00082
	C1	0.019	1	0.019
정류	D1-D4	0.00174	4	0.0070
PFC	C2-C3	0.00125	2	0.0025
	D7-D9	0.0013	3	0.0040
인버터	C4	0.0042	1	0.0042
	D5,D6,D10	0.0011	3	0.0033
	C7,C8	0.0011	2	0.0022
	R1-R6	0.0026	6	0.0157
	Transformer	0.0033	1	0.0033
	C5,C6	0.0138	2	0.0275
	Q1,Q2	0.0235	2	0.0470
	L4	0.0033	1	0.0033
	C9	0.0098	1	0.0098
			합계	0.2102

5.3 시스템 고장률 산출 및 프로세스 등급화

이상의 과정을 통하여 구한 부품 수준에서의 고장률을 모두 합한 결과 시스템 고장률의 초기 평가치는 다음과 같다. 즉

$$\lambda_{IA} = 0.2102\ (failures/10^6\ CH) \tag{5.1}$$

λ_{IA}를 바탕으로 시스템 차원의 선택적 데이터를 통한 수정된 고장률 예측을 위해 설계, 부품, 제조, 시스템관리, 마모, 전기적과부하, 그리고 유도 등과 관련한 프로세스들의 평가를 수행하였다. 217-Plus에서 제공하는 부록 C의 질문들 중 필수(required) 질문들만을 대상으로 하였으며, 안정기 제조업체 현장의 설계 및 개발 담당자와 인터뷰를 통하여 모든 질문들을 확인하였다. <그림 5.2>는 217-Plus 소프트웨어를 통하여 평가한 제조(manufacturing) 프로세스 등급화와 관련의 일부 질문들과 답변 결과를 도시한다. (소프

트웨를 통한 프로세스 평가 방법에 대해서는 제 6장에서 설명한다.) 그림과 같이 분석자는 각 질문에 대하여 아래 부분에 답을 하면 해당 문제의 가중치에 의해 산점된다. 모든 질문에 답을 한 후 그림의 최 하단에 제조 프로세스에 대한 등급(R=55.8%)을 얻었다. 이는 본 사례의 대상 업체가 산업체 평균보다 약간 높은 제조시스템 수준을 가지고 있음을 의미한다.

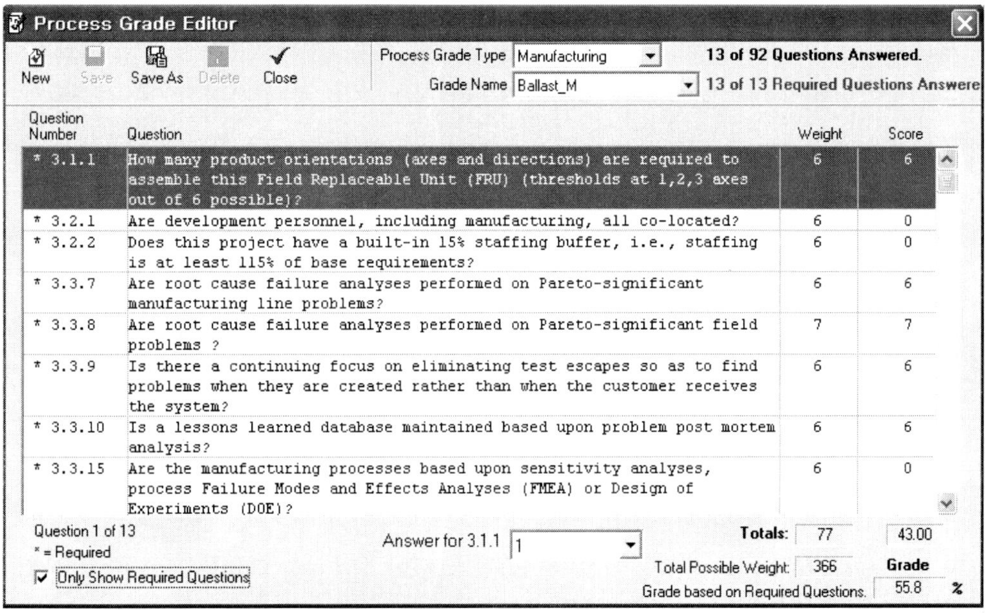

〈그림 5.2〉 프로세스 등급화 - 제조(manufacturing) 관련 질문의 일부

이제, 등급은 식 (4.4)에 의해 최종적인 팩터 값 (Π_M)으로 환산된다. 이러한 과정을 모든 요인들에 대하여 계속하며, <표 5.5>가 요인별 최종 평가 결과를 도시한다. 이 표의 등급 값들은 해당 요인의 필수 질문들의 답변과 식 (4.3)을 통하여 계산한 프로세스 평가결과들이다. 참고로, 신뢰도 성장에 대한 필수 질문들은 없으며 $\Pi_G = 1$을 적용하였다. 이 표의 결과로 미루어 설계, 부품, 제조, 그리고 시스템 관리 등의 프로세스는 기업체 평균보다 다소 높은 수준이나 마모, CND, 그리고 유도 부분의 등급은 평균 이하라 할 수 있다. 추가로, 초기고장의 경우 진동에 대한 선별과정은 없으며 온도 사이클에 대한 선별만을 적용하였고 팩터 값 $\Pi_{IM} = 0.74$, 환경에 대해서는 $\Pi_E = 0.94$를 얻었다. <표 5.5>의 결과를 통하여 본 사례의 회사가 안정기 신뢰도 향상을 위한 노력을 수행할 분야로는 특별히 마모, 비반복, 그리고 유도 관련 프로세스 개선이 지적될 수 있다.

〈표 5.5〉 프로세스별 평가 - 등급 및 팩터 값

요인 / 평가	설계	부품	제조	시스템 관리	마모	CND	유도
R	0.605	0.566	0.558	0.536	0.25	0.33	0.333
Π	0.073	0.22	0.12	0.031	0.16	0.30	0.19

안정기 고장률 산출을 위한 마지막 단계는 이상의 결과로 식 (4.2)의 시스템 고장률 λ_P 를 예측함이다. 이 과정에서 소프트웨어는 본 사례의 안정기에는 포함되지 않는 관계로 고려하지 않았으며, 식 (4.2a)의 logistics 모형에서 괄호 속의 총 합은 1.0으로 결과되었다. 이는 우연한 결과이며 본 사례에서의 회사가 관련 기업체들 중 평균 수준의 시스템 프로세스를 가짐을 의미한다. 이제, 산출한 최종 예측치는 다음과 같다.

$$\lambda_P = 0.2102\,(failures/10^6\ CH) \tag{5.2a}$$

또는

$$\lambda_P = 0.2102/0.33 = 0.637\,(failures/10^6\ OH) \tag{5.2b}$$

이 고장률을 근간으로 안정기 수명이 지수분포를 따른다는 가정 하에 확률밀도함수, 평균수명, 그리고 시간에 따른 신뢰도 함수 등의 도출이 가능하며. 이 외에도 특정 신뢰도에 대한 임무시간, 잔여수명 등 다양한 분석 및 예측 등이 가능하다. 여기서는 단지 217-Plus에 의한 시스템 신뢰도 예측 과정만 보일 뿐 얻어진 결과에 대한 분석은 생략한다.

5.4 결 언

본 장에서는 특별히 사례를 통한 217-Plus의 적용과정을 고찰하였다. 부품 모형을 통하여 구한 부품 수준에서의 고장률을 모두 합한 결과에 대한 정확성 및 여타 규격들과의 비교는 평가하기 힘들다. 이에 대한 이유는 여러 가지가 있겠으나 특별히 램프를 고려하지 않음을 들 수 있다. 앞서 설명한대로 램프는 전기적 특성이 매우 복잡하며 이의 명시적인 고려를 통하여 보다 현실적인 결과를 예측할 수 있을 것이다. 전원의 on/off시 부과되는 높은 전압 역시 소자들의 수명에 큰 영향을 미치며 이에 대한 고려 역시 중요하다. 기타 추가적인 내용에 대해서는 전태보(2007)를 참고할 수 있다. 궁극적으로, 보다 완전한 신뢰도 산출은 이러한 규격을 통한 결과를 실 제품의 warranty나 경험적인 필드 데이터 결과와의 비교, 분석을 통하여 계속 통합, 보완해 감이며, 이를 통하여 자사 고유의 신뢰도 모형 도출 또한 가능할 것이다. 본 사례에서는 새로운 규격을 통하여 시스템 신뢰도를 산출하는 과정을 통한 217-Plus의 이해와 향후의 적용 가능성을 위주로 고찰하였다. 현재까지의 결과를 중심으로 217-Plus의 적용이 충분히 가능하다는 판단이며 향후 회사의 중심적인 신뢰성 방법론으로서 정착을 위한 노력을 진행할 수 있을 것이다.

전기·전자시스템 신뢰도 예측
217Plus, MIL-HDBK-217, SR-332를 중심으로

part 02

chapter 06

217-Plus S/W에 의한 신뢰도 예측

앞에서 언급한 바와 같이 RIAC에서는 217-Plus 방법론에 의거하여 시스템 신뢰도 예측을 수행하기 위한 소프트웨어를 함께 출시하였으며 여기서는 이의 개괄적인 내용을 고찰한다. 앞 장의 안정기 사례를 중심으로 중요한 부분만 설명하며, 보다 세부적인 내용에 대하여는 시스템 매뉴얼을 참고할 수 있다. 참고로, 본 소프트웨어가 가용하지 않는 독자들은 다음 장으로 건너뛰어도 무방하며 또는 상업용 소프트웨어를 통한 시스템 신뢰도 산출도 가능하다.

6.1 시스템 생성

<그림 6.1>은 217-Plus 소프트웨어(217Plus™)를 실행할 경우의 초기화면이다. 그림의 윗 부분에 다양한 메뉴들이 위치하며, 왼쪽 부분에 열려있는 창은 기존에 생성했던 시스템들의 목록으로 새로운 사례를 생성할 경우 추가된다. 이는 자동으로 생성되는 경로인 C:/Program Files내의 특정 폴더에 저장되나 분석자 자신의 경로를 통하여 파일을 저장할 수도 있다.

217-Plus 소프트웨어를 이용한 분석에 있어서는 대상물을 시스템, 어셈블리, 그리고 부품의 3 단계로 계층화하여 모형화한다. 본 사례의 경우 시스템은 안정기, 어셈블리는 여러

회로들, 그리고 구성품은 특정한 회로를 구성하는 부품들로 이해될 수 있다.

고장률 추정을 위한 첫 단계는 이들에 대한 생성이다. 한 방법은 먼저 시스템, 어셈블리, 그리고 어셈블리내의 특정 부품을 생성한 뒤 이 부품의 세부 정보 및 운용조건들을 정의하고 고장률을 산출하며, 계속하여 어셈블리내의 다음 부품을 같은 방법으로 생성 및 정의해 가는 방법이다. 한 어셈블리내 모든 부품들의 정의 및 고장률 산출 후는 해당 어셈블리에 대한 정의를 수행하고 고장률을 산출한다. 이 과정을 모든 어셈블리에 대하여 반복한 뒤 시스템에 대한 고장률을 산출한다. 또 다른 방법은 먼저 관련 구성품들을 BOM(bill of materials)과 같은 계층적 구조도를 통하여 모두 생성한 뒤 하나씩 세부 정의를 수행하는 방법이다. 고장률의 산출은 생성과 반대로 정의된 구조도를 바탕으로 한 어셈블리내의 부품들부터 고장률을 산출하고 해당 어셈블리의 고장률을 산출한 뒤, 같은 방법으로 다른 어셈블리들에 대해서도 고장률을 산출한다. 최종적으로 시스템의 고장률을 산출한다. 본 사례의 안정기 시스템에 대한 구성품 및 이들의 구조는 <표 6.1>과 같다.

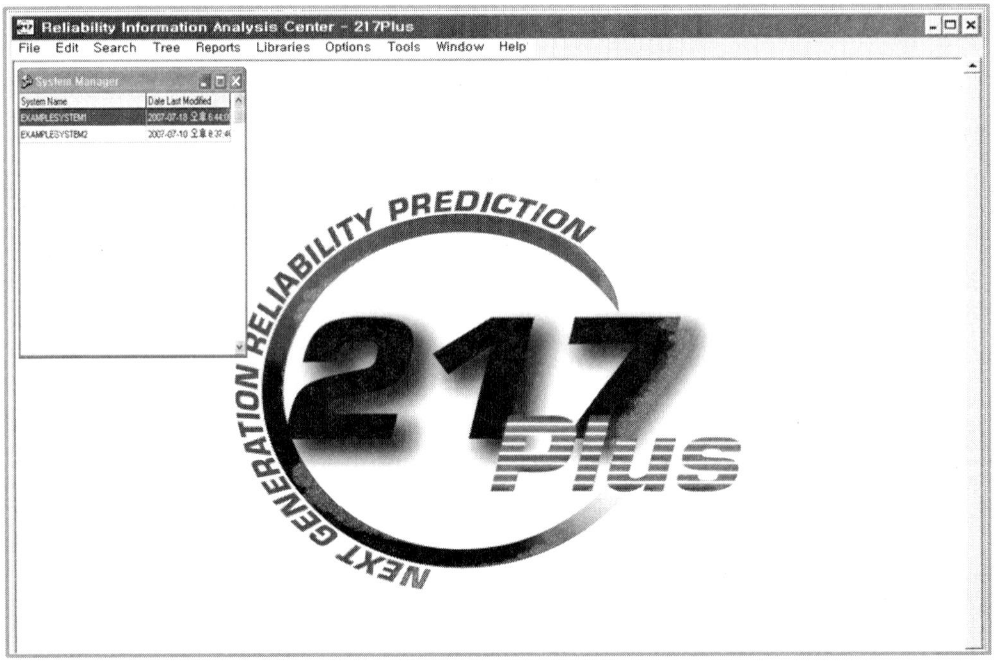

〈그림 6.1〉 217-Plus 프로그램 실행 화면

〈표 6.1〉 안정기 구성품 및 구조

어셈블리*	부품	기호	수량	어셈블리*	부품	기호	수량
Fuse	퓨즈	Fuse	1	Inverter	캐패시터	C4	1
EMI	코일	Coil	2		다이오드	D10	1
	캐패시터	C1	1		캐패시터	C7, C8	2
Rectify	다이오드	D1-D4	4		다이오드	D5, D6	2
PFC					저항	R1-R6	6
					트랜스포머	Transformer	3
	캐패시터	C2, C3	2		캐패시터	C5, C6	2
	다이오드	D7-D9	3		트랜지스터	Q1, Q2	2
					코일	L4	1
					캐패시터	C9	1

* 여기서는 설명의 편의상 회로를 어셈블리로 간주함.

여기서는 후자의 방법을 택하며 <표 6.1>의 구조를 참조하여 생성하기로 한다. 시스템 생성은 파일 메뉴의 New System 항목을 선택한 뒤 적절한 시스템 명(system name)을 입력함으로써 수행된다. 이미 생성된 시스템의 경우는 파일 메뉴의 열기(Open Existing System) 항목을 선택한 뒤 원하는 경로와 파일을 선택하여 불러올 수 있다. 217-Plus 신뢰도 예측 시스템에 대한 파일의 확장자는 ".RSE"이며 처음 생성시 자동으로 설정된다. 이 과정에서 적용환경(environment)과 동작 프로파일(operational profile)에 대한 내용을 입력한다. <그림 6.2>는 새로운 시스템 "Ballast.rse"를 생성하는 예이다. 적용환경으로 "Ground Stationary Indoors"가 선택되었음을 알 수 있다. 제 4장의 설명과 같이 217-Plus에서는 매우 다양한 적용환경이 정의되었으며 이들 중 가장 적절한 환경을 선택하면 된다. 동작 프로파일에 대해서도 217-Plus에서 정의되는 여러 가지의 동작 프로파일 중 "Consumer"가 선택되었다. 선정된 환경과 동작프로파일에 대한 default 값이 자동으로 화념에 나타나나 여기서는 이들과 다른 값들을 가정하였다. 주위온도와 관련하여 동작중 40℃와 비동작중 25℃이며, (상대)습도 40%, 진동수준 0 Gms 등이 설정되었다. 마지막으로, duty cycle 33%와 사이클 률 1,500회/년이 설정되었다.

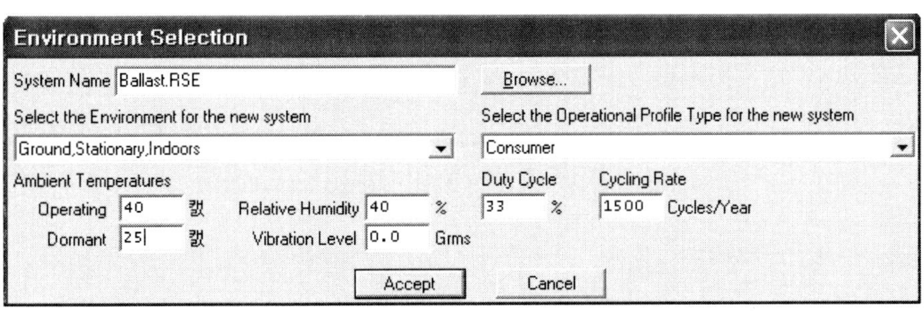

〈그림 6.2〉 새로운 시스템 생성

이상의 과정에 의해 "Ballast" 시스템이 생성되었으며 <그림 6.3>은 생성 후의 화면을 도시한다. 그림의 왼쪽 부분은 시스템내 형성될 어셈블리와 부품들의 구조가 도시될 부분이며, 우측에는 상부의 "Item Information" 및 "Failure Rate" 화면 중 전자에 대한 내용을 도시하고 있다. "Item Information"은 해당(좌측 구조도에서 선택된) 시스템, 어셈블리, 또는 부품에 대한 전반적인 정보를 도시하며 모든 경우 동일한 형태의 양식으로 구성된다. 상부의 박스에는 시스템, 어셈블리, 또는 부품의 범주(category)와 유형(type)이 표시된다. 아래 부분에는 시스템 생성시 설정한 적용환경, 동작 프로파일, 그리고 온도, 습도 등의 정보가 도시된다. 세부 내용에 대해서는 나중에 설명한다.

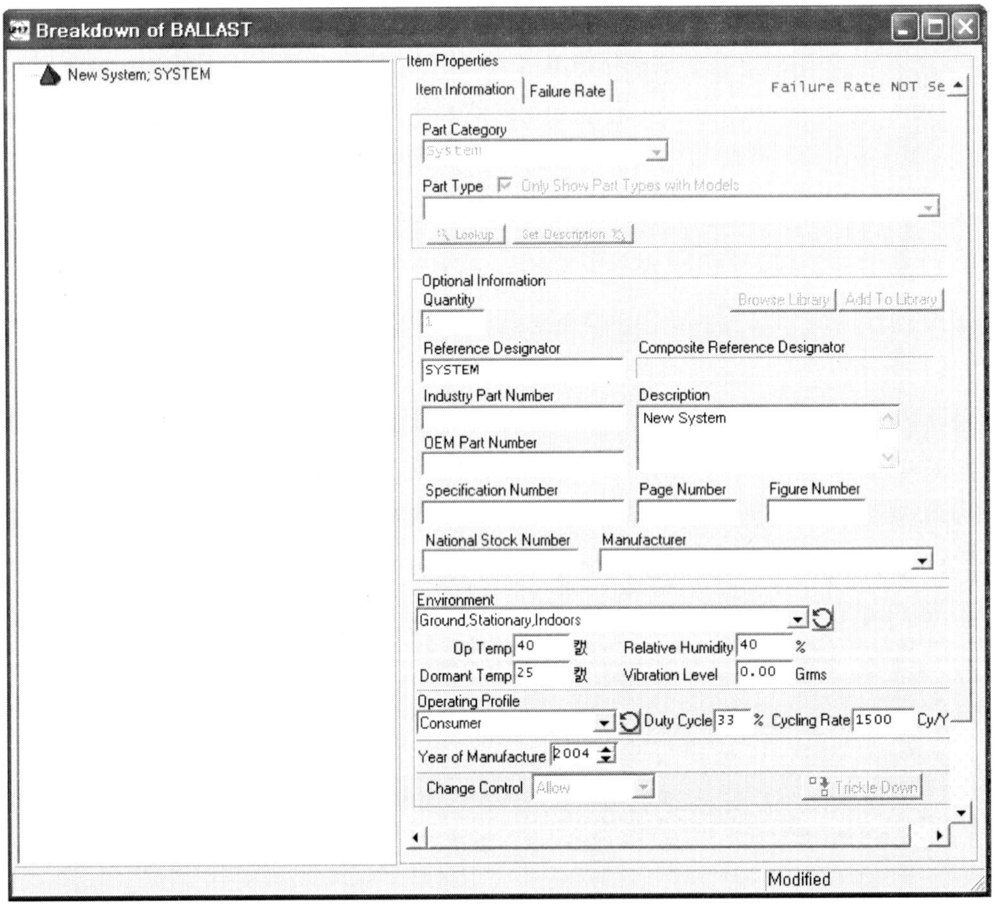

〈그림 6.3〉 시스템 초기 화면 - Item Information

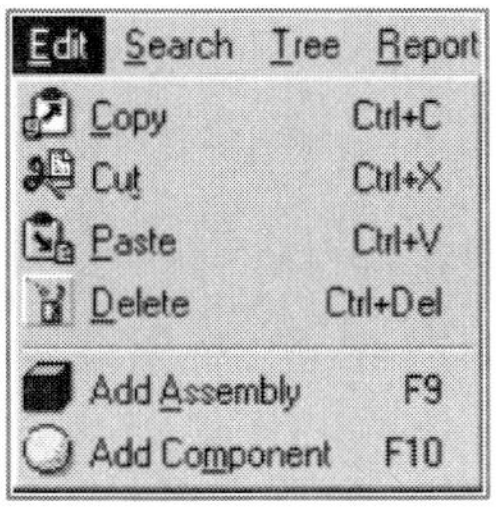

이제 시스템 내의 어셈블리 및 부품들을 생성하자. 이들은 좌측의 그림과 같이 Edit 메뉴의 Add Assembly(단축키 F9)와 Add Component(단축키 F10)를 통하여 생성된다. 이 과정에서 Edit 메뉴 대신 마우스 우측을 클릭해도 된다. 그림에서 어셈블리는 육면체로 부품은 원으로 표시됨을 주지하자.

<그림 6.3>의 도시와 같이 좌측 구조도의 시스템을 선택한 상태에서 Add Assembly키를 통하여 먼저 모든 어셈블리들을 생성한다. 부품들은 특정 어셈블리를 선택한 상태에서 Add Component키를 통하여 생성한다. 최종적인 결과가 <그림 6.4>에 도시되었으며, 그림의 좌측 부분에 모든 구성품들의 구조가 도시됨을 알 수 있다.

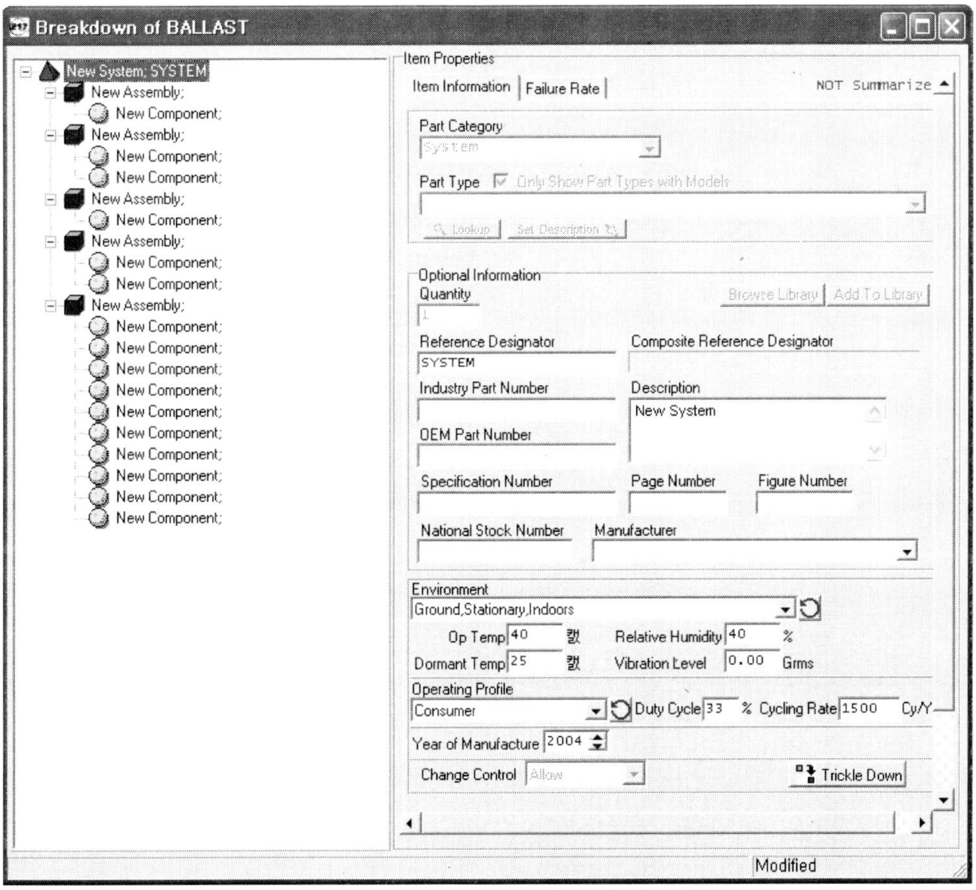

〈그림 6.4〉 어셈블리 및 부품들의 생성

다음으로, 각 부품 및 어셈블리에 사용할 기호나 명칭을 부여한다. 이는 <그림 6.5>와 같이 우측 중앙부분의 "Description" 부분에 설계기호나 명칭을 부여한 뒤 Enter키를 누르면 된다. 그림 좌측의 시스템 구조와 우측 "Description"에 "D7-D9 DIODE, GENERAL PURPOSE"가 동일하게 표시됨을 볼 수 있다. 그림 좌측에 최종적인 구성품들의 구조를 볼 수 있으며, 시스템, 어셈블리, 그리고 부품의 모양이 사면체, 육면체, 그리고 원으로 표시됨을 볼 수 있다.

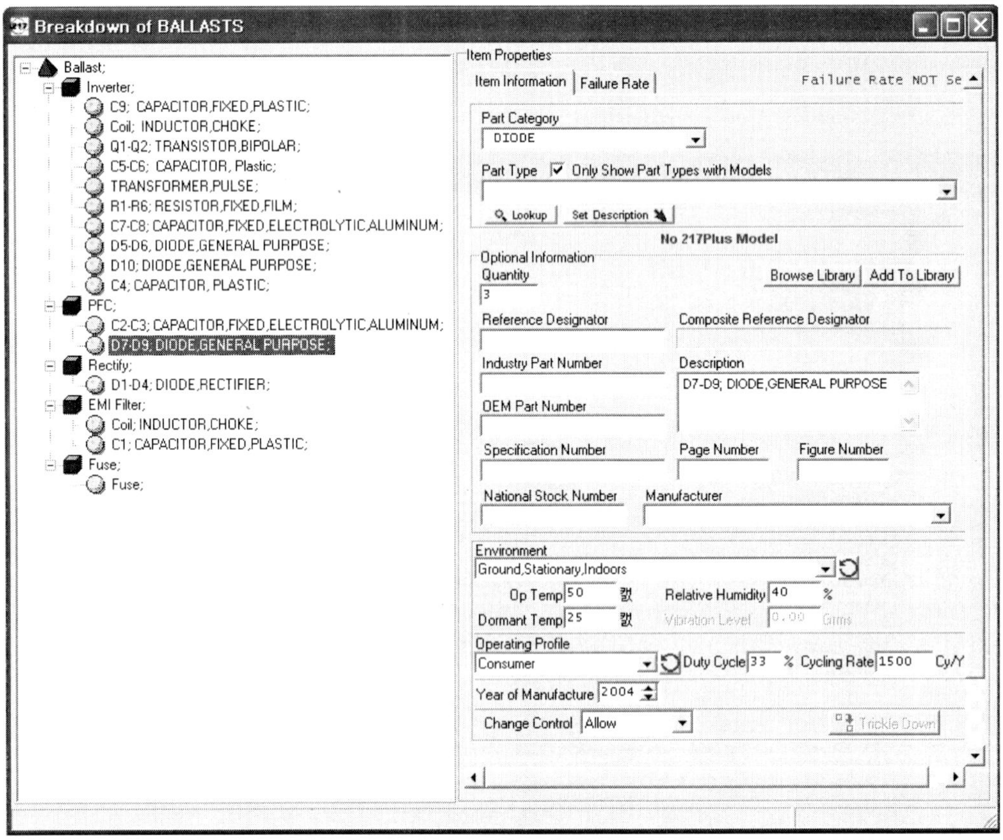

〈그림 6.5〉 어셈블리와 부품들의 명칭부여 및 정의

6.2 부품 및 어셈블리 고장률 산출

다음 단계는 생성된 구성품들에 대한 정의 및 고장률 산출이다. 앞의 생성 단계에서는 시스템을 먼저 생성하고 어셈블리 및 부품들을 생성하였으나, 고장률은 반대로 부품들의 정의를 통하여 고장률을 산출하고, 어셈블리의 고장률을 산출한 뒤, 마지막으로 시스템 고장률을 산출한다. 이제 본격적으로 부품 및 어셈블리들에 대한 정의와 고장률을 산출하자. 고장률 산출의 세부 과정은 부품 및 어셈블리별로 비슷하므로 특별히 인버터 회로 부분을 중심으로 설명한다.

6.2.1 인버터 회로내 부품 고장률 산출

C4 - Item Information
부품범주: Capacitor
Type: Fixed Plastic

용량: 0.0022uF
정격전압: 630V
인가전압: 220V

동작온도: 40도
상대습도: 40%
Dormant온도: 25도
환경: Ground, Stationary Indoors
동작프로파일: Consumer
Duty Cycle: 33%
Cycling Rate: 1500
제조년도 2004년

좌측의 내용은 제 5장의 사례에서 정의하였던 인버터 회로중 부품 C4에 대한 내용이다. 부품 범주 및 유형을 시작으로, 용량(0.0022uF) 및 전압, 그리고 기타 세부 내용들이 정리되었다. <그림 6.6>은 C4 부품에 대한 정의 과정으로 좌측의 해당 부품을 선택할 경우 나타나는 내용을 도시한 것이다. 그림의 좌측 윗 부분에 “Item Information”, “Model Parameters”, “Failure Rate” - 등이 나타남을 알 수 있다. 이중 “Item Information” 화면을 연다. 먼저, 부품 카테고리(Part Category)에 CAPACITOR, 부품유형(Part Type)에 FIXED, PLASTIC를 선택한다. 카테고리 및 유형은 우측의 역삼각형 콤보를 누르면 다양한 목록이 제공되고 분석자는 이들 중 적절한 것을 선택하면 된다. 그림의 우측 중앙부분에는 수량(Quantity), 참조기호(Reference Designator), 내역(Description) 등이 나타나 있다. 이중 수량 1개를 입력하고 나머지 항목들은 입력하지 않고 비워두었다. 아래 부분의 적용환경과 동작 프로파일은 시스템 정의시 설정되었던 것과 동일하게 동작중 주위온도, 비동작 주위온도, 그리고 상대습도가 40, 25, 40으로 정의되었다. 마지막으로, duty cycle, 사이클 률, 그리고 제조년도 역시 시스템 설정시의 값들을 동일하게 사용한다. 참고로, 적용환경 이하의 내용들은 처음 시스템 정의시 설정되었던 내용들이 default로 자동 설정·표시되며, 다를 경우만 변경하여 입력하면 된다.

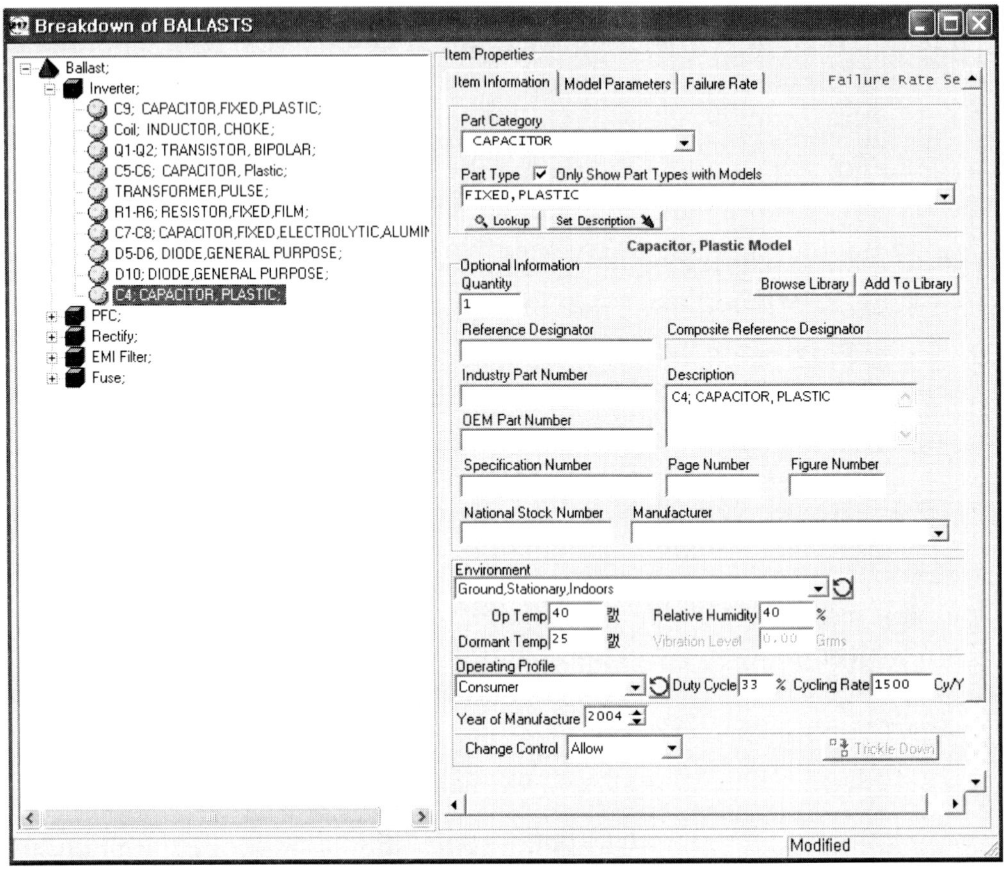

〈그림 6.6〉 부품 C4(캐패시터)의 정의 - Item Information

다음은 두 번째 "Model Parameters" 화면으로 부품별로 인가되는 전기적 부하를 입력한다. 이 화면은 217-Plus 소프트웨어에서 제공하는 default나 분석자가 판단하는 부하 값을 직접 입력하도록 설계되었으며 부품별로 서로 다른 양식을 갖는다. <그림 6.7>은 캐패시터(C4)에 대한 전기적 부하와 관련한 화면으로 용량(capacitance)과 스트레스(stress) 수준을 입력하도록 되어있으며 C4 경우 default 값이 아닌 실제적인 부하를 입력하도록 한다. 우측 상단의 "Default Capacitance"와 "Stress Calculations"의 박스 부분에 체크가 되는 경우는 default 값을 사용한다는 의미이며 체크를 해제하는 경우 직접 값을 입력함을 의미하며 중앙부분의 박스들이 활성화된다. 본 부품의 경우 용량이 0.0022μF이고 정격(rated) 전압과 인가(applied) 전압으로 각각 630V와 220V가 입력되었다. 참고로, 용량과 스트레스의 경우 default는 각각 0.1μF과 35% (=인가/정격)이다.

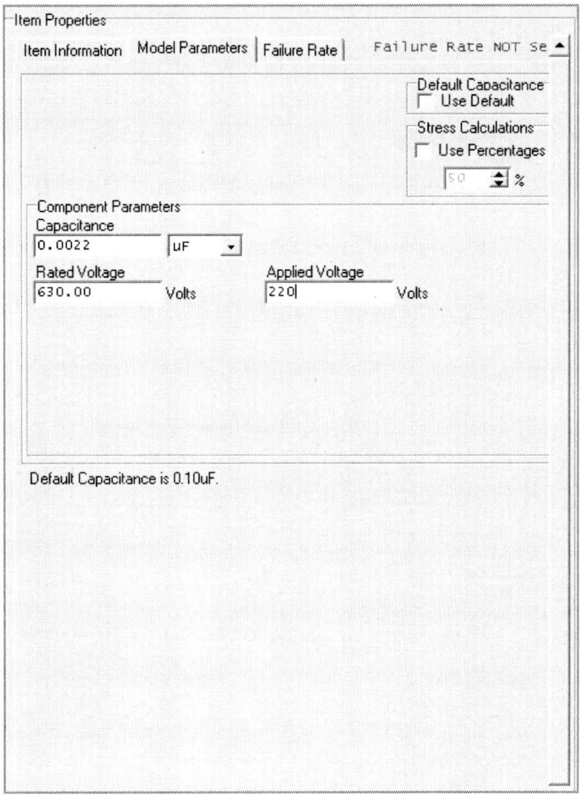

〈그림 6.7〉 C4(캐패시터)의 전기적 부하

마지막으로, 고장률 산출을 위하여 우측의 “Failure Rate” 탭을 선택하자. “Failure Rate” 화면은 부품, 어셈블리, 또는 시스템의 최종 고장률 산출 결과를 도시한다. <그림 6.8>은 C4(캐패시터)의 고장률 산출 결과를 도시한다. 그림의 맨 윗 부분에 캐패시터의 고장률 모형식이 주어졌으며, 그 아래 좌측에는 부록 B의 도표 및 공식들을 이용하여 산출한 여러 기본고장률 및 팩터 값들, 그리고 우측에는 범주별로 산출한 고장률들이 도시되었다. 217-Plus의 주요 특징중 하나가 범주별로 고장률을 산출할 수 있다는 점을 앞서 설명하였다. 그림의 아래 부분에는 C4 경우 217-Plus 모형을 통하여 고장률을 산출함이 표시되었고 동시에 해당 캐패시터의 고장률이 캘린더 시간 기준, 백만 시간당 0.0042회로 표시되었다.

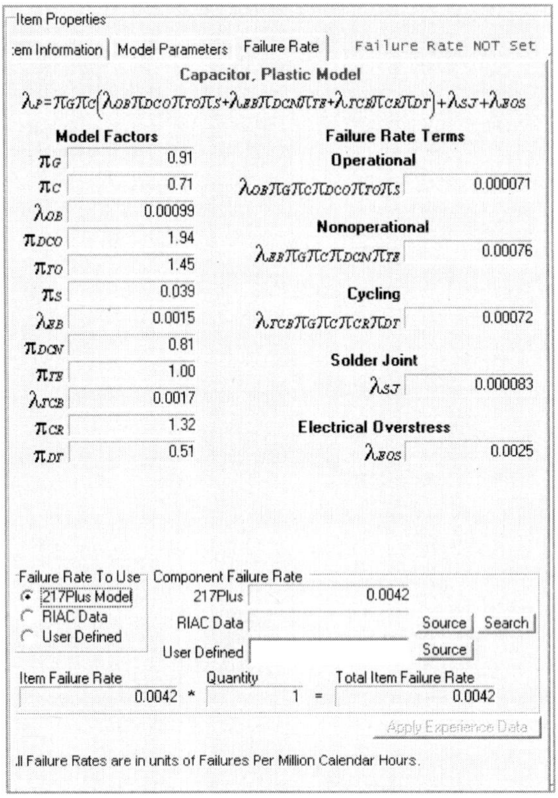

〈그림 6.8〉 C4(캐패시터)의 고장률 산출

6.2.2 인버터 어셈블리 고장률 산출

이상과 같은 방법으로 인버터 어셈블리내의 모든 부품들을 정의하고 고장률을 산출하였다. <표 6.2>는 217-Plus 소프트웨어를 통하여 산출한 해당 부품들의 고장률을 요약한 것이다.

<그림 6.9>는 인버터 어셈블리에 대한 정의를 위한 화면으로 부품의 경우와 같은 방법으로 정보를 입력한다. 우선, 부품 카테고리 및 유형 부분은 어셈블리 및 시스템의 경우는 입력하지 않고 비워둔다. 적용환경 이하의 부분은 앞의 설명과 같이 시스템 설정시의 값을 그대로 적용한다. <그림 6.10>은 인버터 어셈블리에 대한 총 고장률을 산출하기 위한 화면으로 아래 부분에 "Summary Has Not Been Performed"로 아직 총 고장률을 산출하지 않았음이 언급되었다. 즉, 개별 고장률들은 산출하였으나 어셈블리 수준의 고장률을 산출하지 않았음을 의미한다. 이제, 그림 하단의 "$\sum summarize$" 부분을 클릭하면 개별 부품 고장률들의 합산이 이루어진다. <그림 6.11>은 인버터 어셈블리에 대한 최종 고

〈표 6.2〉 인버터 어셈블리 구성 부품들의 고장률

기호	부품	고장률	수량	총 고장률
C4	Capacitor	0.0042	1	0.0042
D10	Diode	0.0011	1	0.0011
C7, C8	Capacitor	0.0011	2	0.0022
D5, D6	Diode	0.0011	2	0.0022
R1-R6	Resistor	0.0027	6	0.0162
L1-L3	Transformer	0.0033	1	0.0033
C5, C6	Capacitor	0.0140	2	0.0280
Q1, Q2	Transistor	0.0237	2	0.0470
L4	Coil	0.0033	1	0.0033
C9	Capacitor	0.0098	1	0.0098

장률 산출 결과이다. 회로내 10가지 범주 부품들을 기반으로 산출한 총 고장률이 도시되었다. 고장률은 약 0.11(회/백만시간)이며 그림 윗 부분 모형식 중 하드웨어 중심의(소프트웨어는 불포함) 고장률 초기평가치인 λ_{IA}에 해당한다. 한가지 주의할 점은 환경팩터 값 0.94가 주어졌으며 프로세스 등급 팩터로서 0.97이 생성된 점이다. 제 4장의 환경스트레스 및 동작프로파일 도표에서 보듯이 각 환경에는 온도, 습도, 진동, 그리고 동작 프로파일에는 duty cycle과 사이클 률 등의 default 값들이 주어졌다. 이들로부터 값이 변경될 경우 팩터값이 적절히 바뀌게 된다. 이들을 통하여 217-Plus에서는 어셈블리 고장률 산출 경우도 부품이 아닌 시스템 모형식을 적용함을 알 수 있다. 이는 그림의 윗 부분에 주어진 시스템 고장률 산출 공식으로부터 쉽게 짐작된다. 프로세스 등급 팩터 값 0.97은 시스템 모형식의 괄호 부분의 총 합이다. 결론적으로, 위의 고장률 0.11은 순수 하드웨어 고장률 약 0.12에 팩터 값 0.97을 곱한 결과이다. 문제는, 다른 팩터 값들은 아직 설정되지 않았다는 사실이다. 개별 어셈블리 수준에서의 프로세스 평가 문제를 피하고 순수 하드웨어 고장률만 반영하기 위해서는 초기에 시스템내에 어셈블리를 생성하지 않고 직접 부품들만을 생성하면 된다. 본 사례의 경우 <표 6.1>에 언급한 바와같이 설명의 편의상 회로를 어셈블리로 간주했으나 실제로는 개별 부품들로만 처림함이 옳다. 217-Plus에서 어셈블리는 고장률 산출과정에서 시스템 수준의 프로세스 평가를 수반하여 시스템과 함께 궁극적으로 2중으로 처리되기 때문이다.

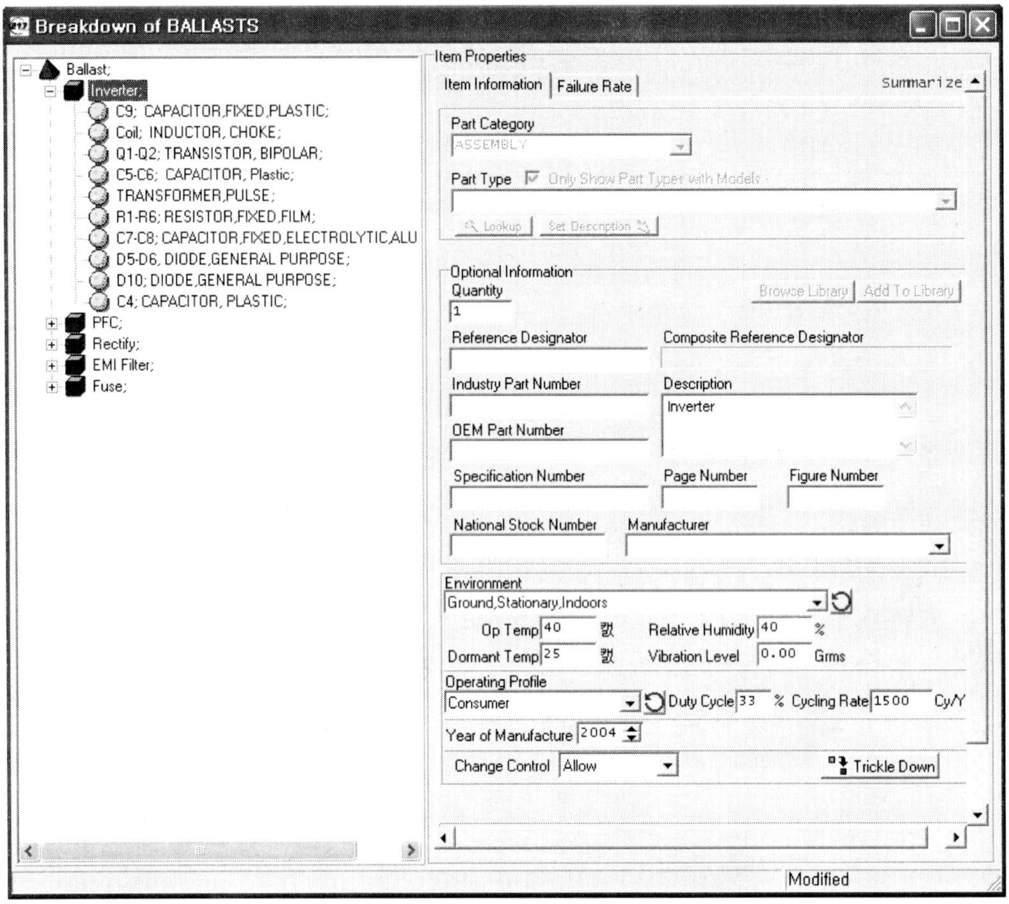

〈그림 6.9〉 Inverter 어셈블리의 Item Information 화면

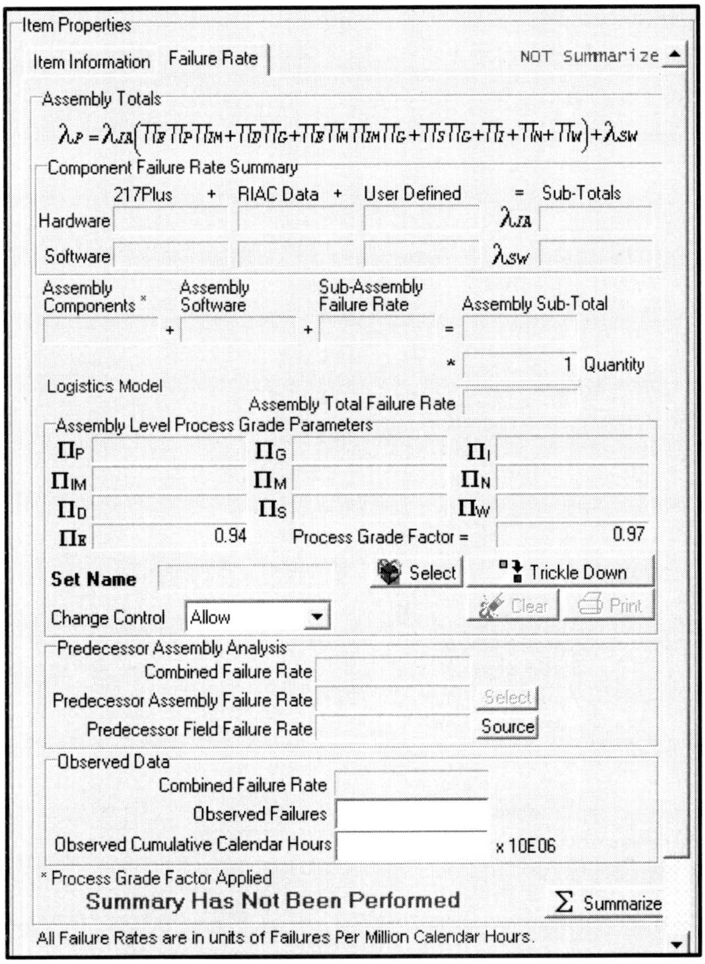

〈그림 6.10〉 Inverter 어셈블리의 고장률 산출

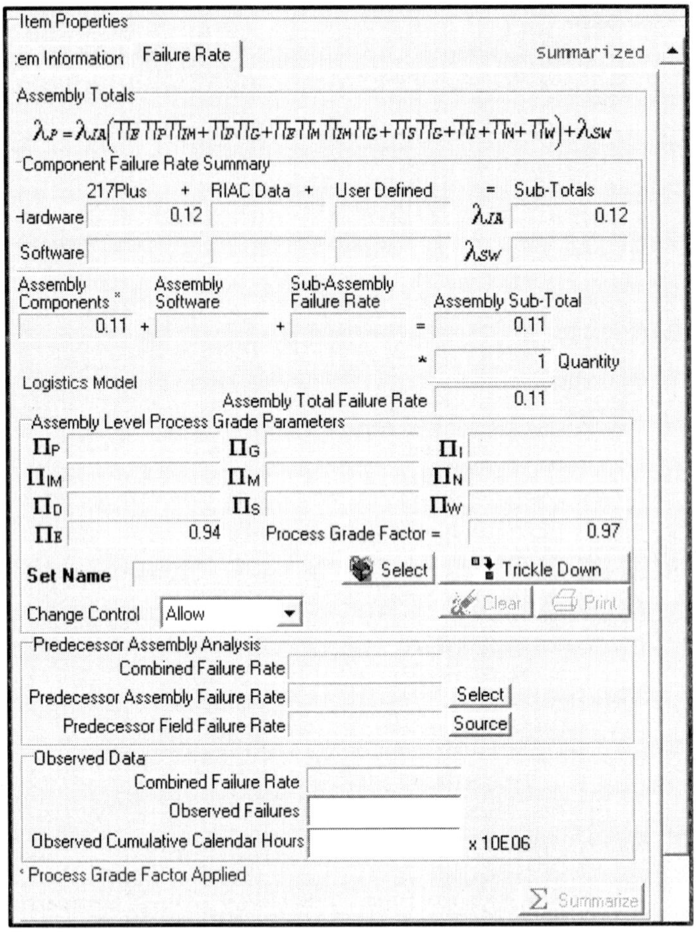

〈그림 6.11〉 어셈블리 Inverter의 고장률 산출 결과

6.3 비 217-Plus 부품의 고장률 산출

시스템에는 217-Plus 모형에 속하지 않는 부품들이 포함될 수 있다. 본 사례의 경우 퓨즈(fuse)가 이에 해당하며 217-Plus 모형으로 고장률 산출을 할 수 없다. 이러한 관계로 2번째 탭인 "Model Parameter" 부분은 없다. 여기서는 비 217-Plus 부품의 고장률을 산출하는 방법을 설명한다.

<그림 6.12>는 여러 부품들 중 퓨즈에 대한 정의 과정을 도시한다. 먼저, 부품 카테고리에 "OTHER"를 선택한다. 부품유형 부분은 여러 유형들 중 "FUSE"를 선택한다. 다음으로, 수량 1개 및 적용환경과 동작 프로파일은 시스템 정의시 설정되었던 것과 동일하게 정의된다. Duty cycle, 사이클 률, 그리고 제조년도 등도 시스템 설정시의 값들을 동일하게 사용한다.

고장률 산출을 위하여 우측의 "Failure Rate" 탭을 선택하자. 이는 <그림 6.13>과 같으며 여기서는 RIAC에서 제공하는 경험적인 데이터 베이스를 이용하기로 한다. 그림 아래 부분에서 "RIAC Data"를 선택하고 우측 "search" 버튼을 클릭한다. <그림 6.14>는 그간 RIAC에서 수집하여 제공하는 경험적 데이터 베이스내 퓨즈의 필드 고장률로 여러 품질등급(Military, Commercial, Unknown 등), 적용환경, 그리고 다양한 출처(source)별로 정리한 것이다. 중앙 도표 부분은 상부의 특정 기준에 해당되는 데이터들 목록이다. 각 행은 수집된 데이터의 부품 범주 및 유형, 품질등급, 기타 세부 entry, 출처, 그리고 고장률 관련 정보 등이 주어진다. 그림의 윗 부분에 검색 기준으로 부품 카테고리 및 유형, 품질등급, 적용환경 등을 입력하면 기준내의 정보들이 산출된다. 본 사례 퓨즈의 경우 Military나 대표적인 Commercial 기업에 해당되지 않는 관계로 Unknown 범주의 품질수준을 선택하였으며 환경으로는 G(ground)를 선택하였다. 이 범주내의 다양한 출처들로부터 수집한 고장률들을 병합(merged)한 가중평균 결과를 적용한다. <그림 6.15>에서 보듯이 우측 하단의 "Select Merged Failure Rate" 키를 누름으로서 고장률이 확정되며 고장률로 0.5253 (회/백만시간)이 얻어졌다. 고장률 병합에 대해서는 제 7장에서 자세히 설명한다. 본 예의 경우 1줄의 데이터 만 얻어졌으나 일반적으로 여러 줄의 데이터가 생성된다. 이상과 같이 217-Plus의 모형이 아닌 경우 사용자 고유의 데이터나 모형을 포함한 임의의 방법을 적용하여 고장률을 산출할 수 있다. 퓨즈와 같은 경우 또 다른 방법으로 제 5장에서와 같이 MIL-HDBK-217과 같은 전통적 모형을 적용함이다. RIAC 경험데이터 및 MIL-HDBK-217에 대한 세부 내용에 대해서는 제 7장과 8장에서 설명한다.

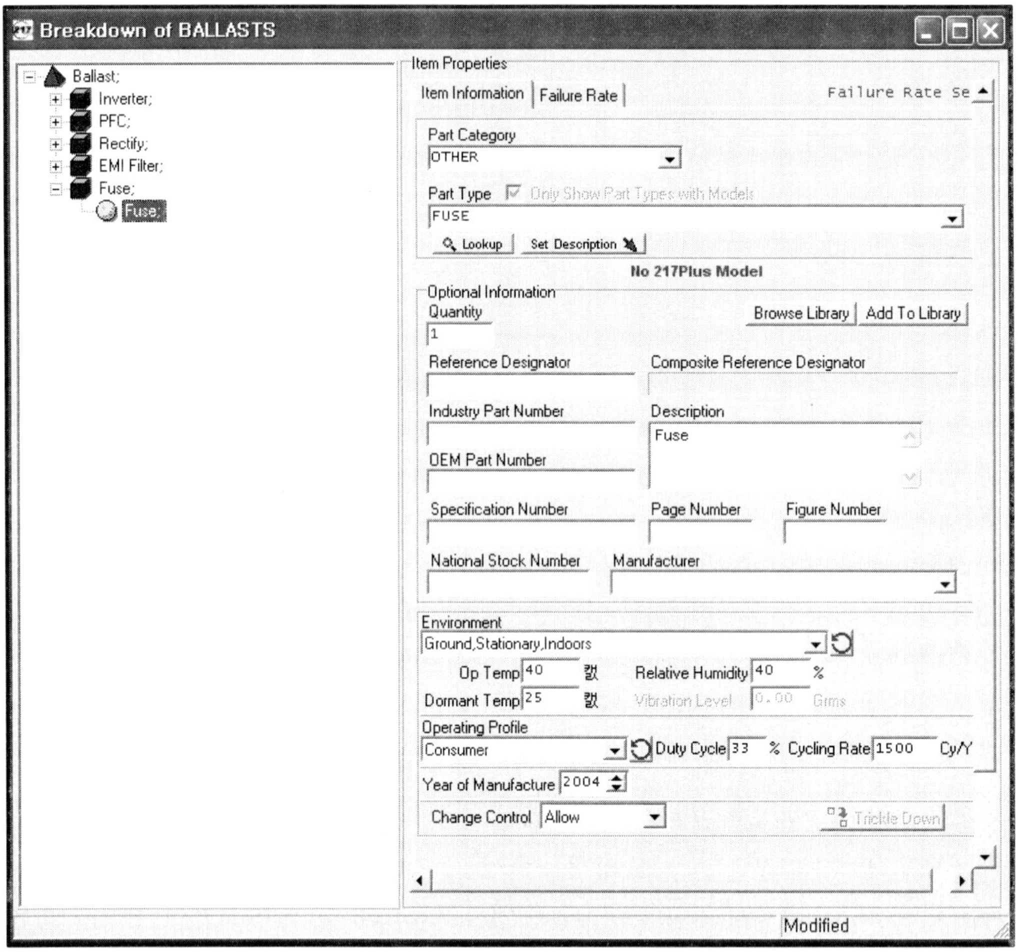

〈그림 6.12〉 부품 퓨즈(Fuse)의 정의

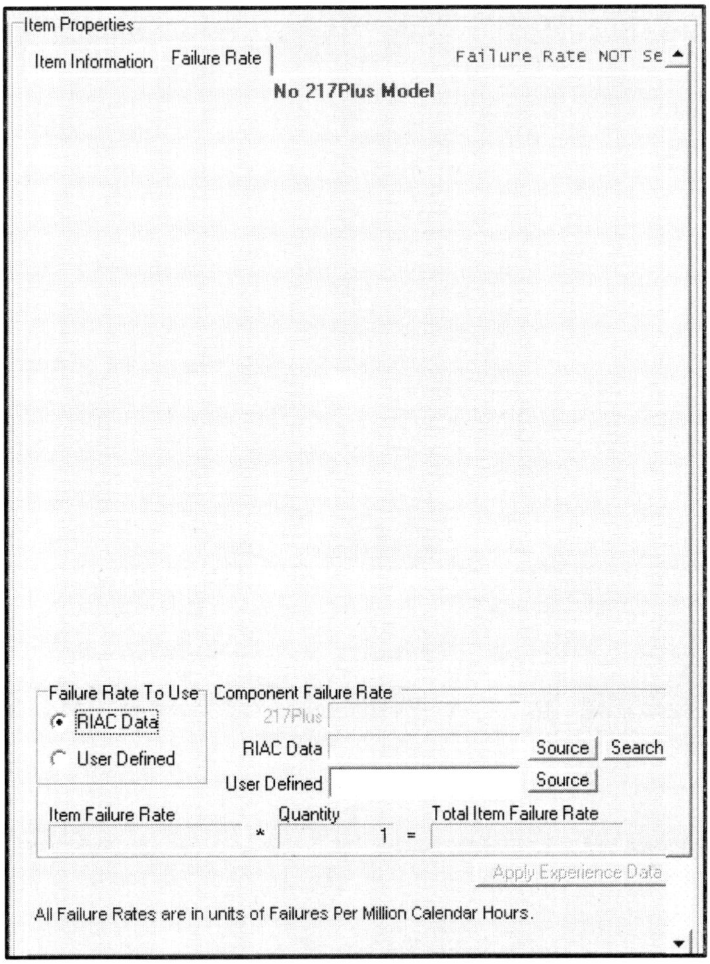

〈그림 6.13〉 퓨즈의 고장률 산출

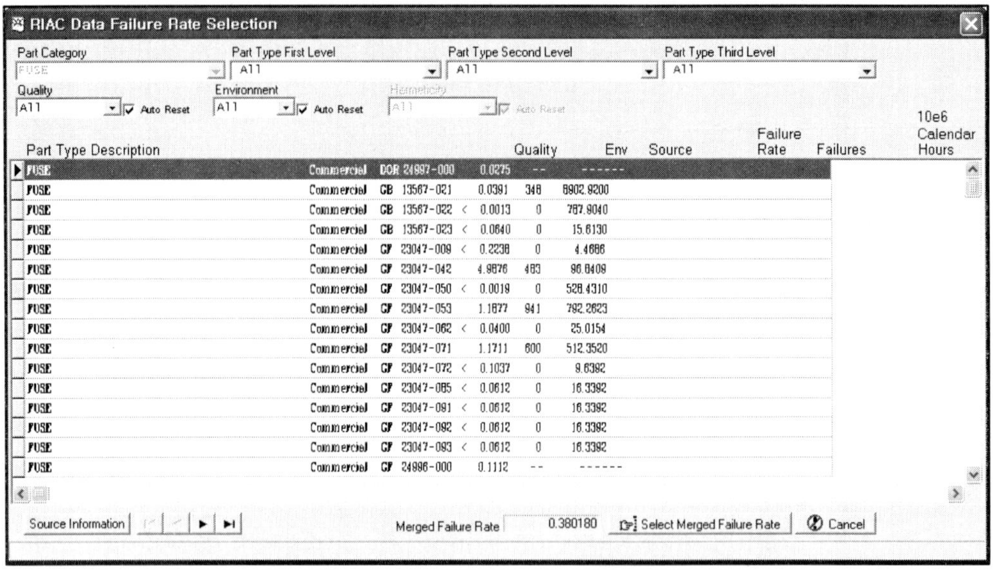

〈그림 6.14〉 RIAC 데이터 찾기 - 모든 품질등급 및 환경조건

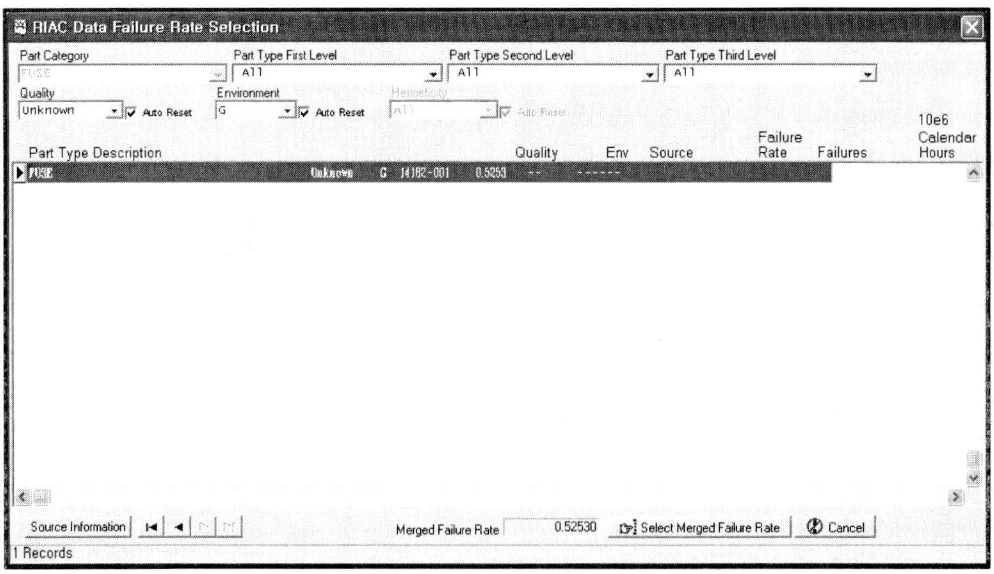

〈그림 6.15〉 RIAC 데이터 찾기 - 품질등급: Unknown, 운용환경: Ground

6.4 시스템 고장률 산출

이 절에서는 전체 시스템의 고장률 산출 과정에 대하여 설명한다.

6.4.1 시스템 고장률 초기평가치 산출

퓨즈 및 인버터 이외의 다른 부품 및 어셈블리도 이제까지와 동일한 방법으로 고장률을 산출한다. <표 6.3>은 모든 구성 부품들에 대하여 산출한 고장률을 어셈블리별로 집계, 요약한 것이다. 이 표의 결과는 단순한 하드웨어 고장률들의 합 뿐 만아니라 어셈블리 수준에서의 프로세스 팩터를 고려한 결과이다.

〈표 6.3〉 어셈블리들의 고장률 산출 결과

<table>
<tr><th>회로</th><th>부품기호</th><th>수량</th><th>총 고장률
(순수 하드웨어)</th><th>총 고장률
(프로세스 고려 후)</th></tr>
<tr><td>Fuse</td><td>Fuse</td><td>1</td><td>0.5253</td><td>0.5083</td></tr>
<tr><td rowspan="2">EMI</td><td>코일</td><td>2</td><td rowspan="2">0.0199</td><td rowspan="2">0.0193</td></tr>
<tr><td>C1</td><td>1</td></tr>
<tr><td>Rectify</td><td>D1-D4</td><td>4</td><td>0.0070</td><td>0.0068</td></tr>
<tr><td rowspan="2">PFC</td><td>C2-C3</td><td>2</td><td rowspan="2">0.0071</td><td rowspan="2">0.0069</td></tr>
<tr><td>D7-D9</td><td>3</td></tr>
<tr><td rowspan="9">Inverter</td><td>C4</td><td>1</td><td rowspan="9">0.1168</td><td rowspan="9">0.1130</td></tr>
<tr><td>D5,D6,D10</td><td>3</td></tr>
<tr><td>C7,C8</td><td>2</td></tr>
<tr><td>R1-R6</td><td>6</td></tr>
<tr><td>Transformer</td><td>1</td></tr>
<tr><td>C5,C6</td><td>2</td></tr>
<tr><td>Q1,Q2</td><td>2</td></tr>
<tr><td>코일</td><td>1</td></tr>
<tr><td>C9</td><td>1</td></tr>
<tr><td></td><td></td><td>합 계</td><td>0.6761</td><td>0.6543</td></tr>
</table>

시스템 고장률 산출을 위하여, 어셈블리의 경우와 같은 방법으로 "Item Information" 화면에 적절한 정보를 입력한다. 다음으로, "Failure Rate" 화면을 연다. <그림 6.16>은 모

든 부품 및 어셈블리들에 대한 고장률 산출 결과를 바탕으로 시스템 고장률을 산출하는 내용을 도시한다. 그림의 맨 위에 시스템 고장률 산출 모형식이 도시된다. 그 아래에 inherent model과 logistic model 중 후자를 선택하고 하단의 "$\sum summarize$" 부분을 클릭하면 개별 부품 및 어셈블리들의 고장률 합산이 이루어진다. <그림 6.17>은 시스템에 대한 최종 고장률 산출 결과를 도시한다. <표 6.3>과 같이 백만 캘린더 시간 당 약 0.65회가 얻었졌음을 알 수 있다.

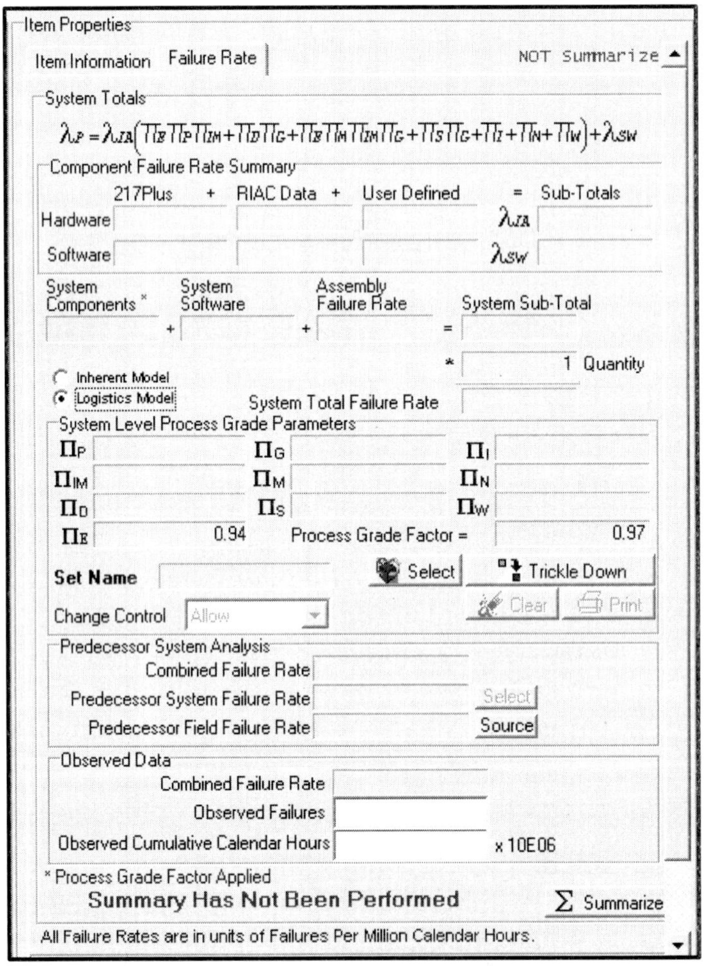

〈그림 6.16〉 시스템 고장률 산출 화면

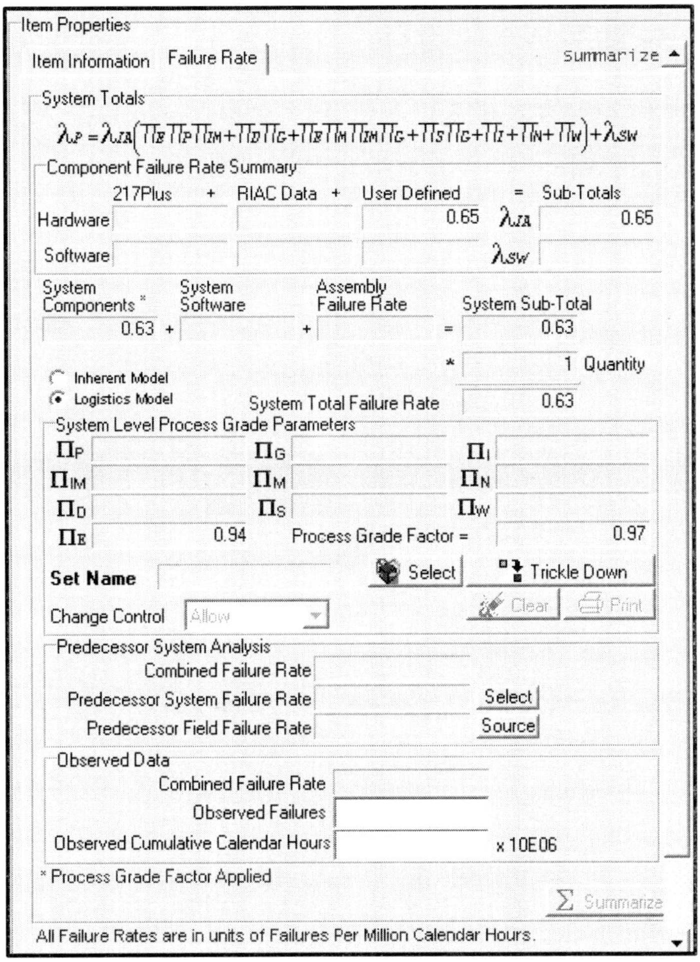

〈그림 6.17〉 시스템 고장률 결과

이로부터 최종적인 고장률 초기평가치는 다음과 같이 주어진다.

$$\lambda_{IA} = 0.65 \quad (\text{회/백만시간})$$

참고로, <그림 6.17>에서 프로세스등급 0.97부분은 다음 절에서 적용할 예정이므로 고장률 (0.63) 값 산정에 적용하지 않는다.

6.4.2 시스템 프로세스 평가

앞 절에서 구한 시스템 고장률 초기 평가치는 하드웨어 구성품들을 근간으로 추정한 고장률이다. 이 고장률은 다시 시스템 수준의 고장요인 관련 프로세스들의 평가를 통하여 수정되어야 함을 알고 있다. 본 절에서는 프로세스 평가 및 팩터 산출에 대하여 설명한다. 이들에 대한 평가과정은 비슷하며 특별히, (시스템) 신뢰도 성장 관련 프로세스를 고려하자. 이를 위해 화면 상단의 "Libraries" 메뉴 중 "Process Grades"를 선택한다. <그림 6.18>은 프로세스 등급 편집(Process Grades Editor) 화면을 도시한다.

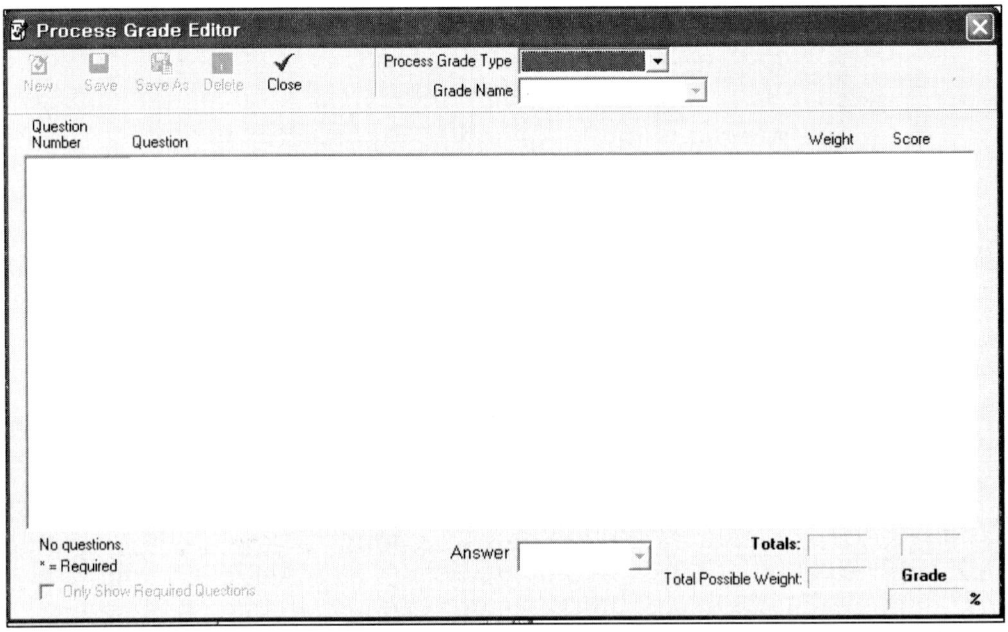

〈그림 18〉 프로세스 평가 화면

그림의 프로세스 유형(type) 부분에 여러 고장요인들 중 신뢰도 성장"Growth"을 선택하고 좌측의 "New"를 클릭한다. 그리고는 <그림 6.19>와 같이 이의 이름(Grade Name)을 "G0"라 지정하자.

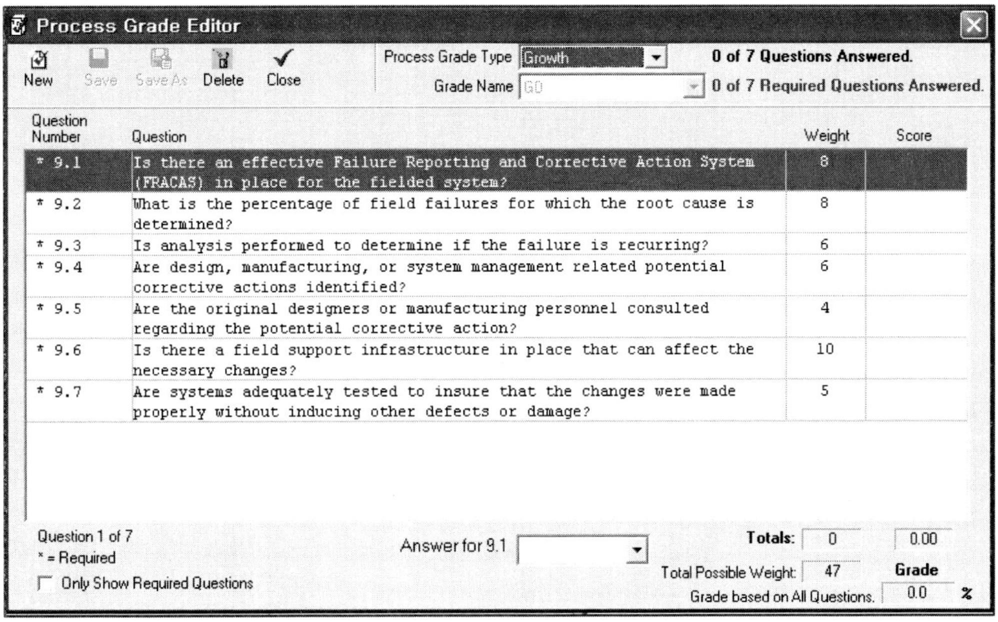

〈그림 6.19〉 신뢰도 성장(Growth) 프로세스 등급화

그림에는 시스템 신뢰도성장 프로세스와 관련한 총 7가지 질문들이 도시되며 이중 첫 번째 질문이 활성화되고 그림의 아래 부분에 분석자가 답을 넣도록 설계되었다. 질문 9.1의 내용은 "필드에 적용중인 시스템에 대하여 고장보고 및 수정 조치에 대한 효과적인 시스템이 운용되고 있는지"에 대한 것이며, 이에 대하여 분석자는 아래의 답(Answer) 부분의 역삼각형 콤보를 누르면 가능한 대답의 영역(Yes/No, 1-10 등)이 도시된다. 분석자의 답변과 그림에 주어진 가중치(weight)를 중심으로 내부적인 계산을 통하여 점수가 출력된다. <그림 6.20>은 최종적인 신뢰도 성장 프로세스 평가 결과를 도시한다. 총 47점의 가중치중 23.32가 결과되어 최종적인 등급이 49.6%로 전체 산업체 중 중간정도의 수준으로 간주될 수 있다. 이 결과를 저장하기 위해 "Save"를 클릭한다. 후에 이 지정한 이름으로 다시 결과를 불러올 수 있다.

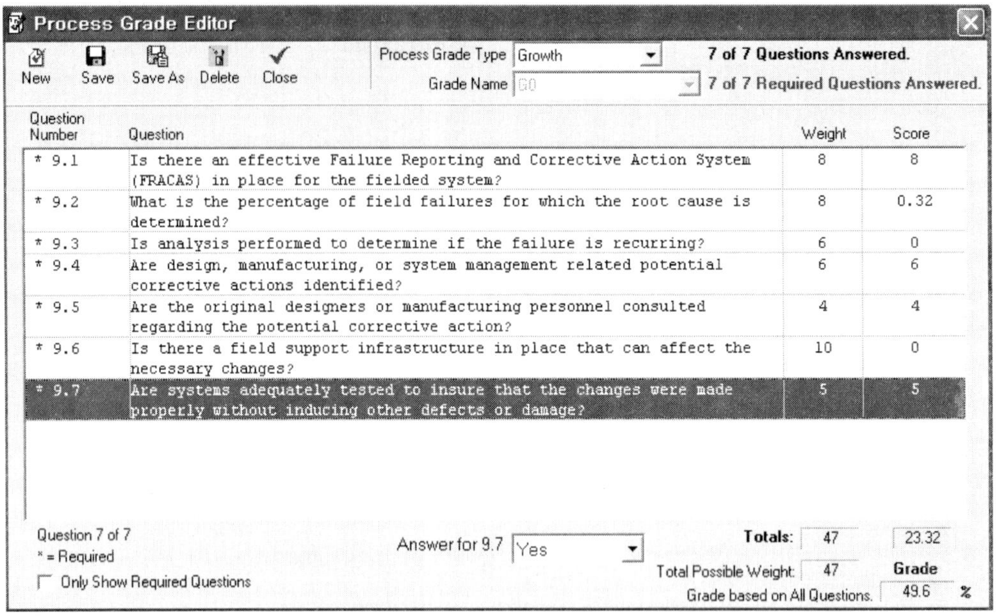

〈그림 6.20〉 신뢰도 성장 프로세스 평가 결과

이상의 방법으로 모든 고장요인 관련 프로세스들의 평가를 수행하며 <그림 6.21>은 최종 프로세스 평가 결과들을 요약한 내용이다. 이들을 통하여 시스템 수준의 고장요인 관련 프로세스들의 평가를 반영한 최종적인 시스템 고장률은 0.65 (회/백만시간)로 추정된다. 제 5장의 결과와 비교하여 다소 다름은 i) 퓨즈의 고장률 계산에 각기 다른 방법을 적용하였으며, ii) 각 부품들의 고장률 계산에 있어 일부 부품의 전기적 부하 적용에서 제 5장에서는 모두 공식을 적용하여 산출한 반면 제 6장에서는 default를 적용하였고, 마지막으로 iii) 제 6장에서는 각 회로를 어셈블리로 하여 프로세스 평가 결과를 반영한 점 등에 기인한다.

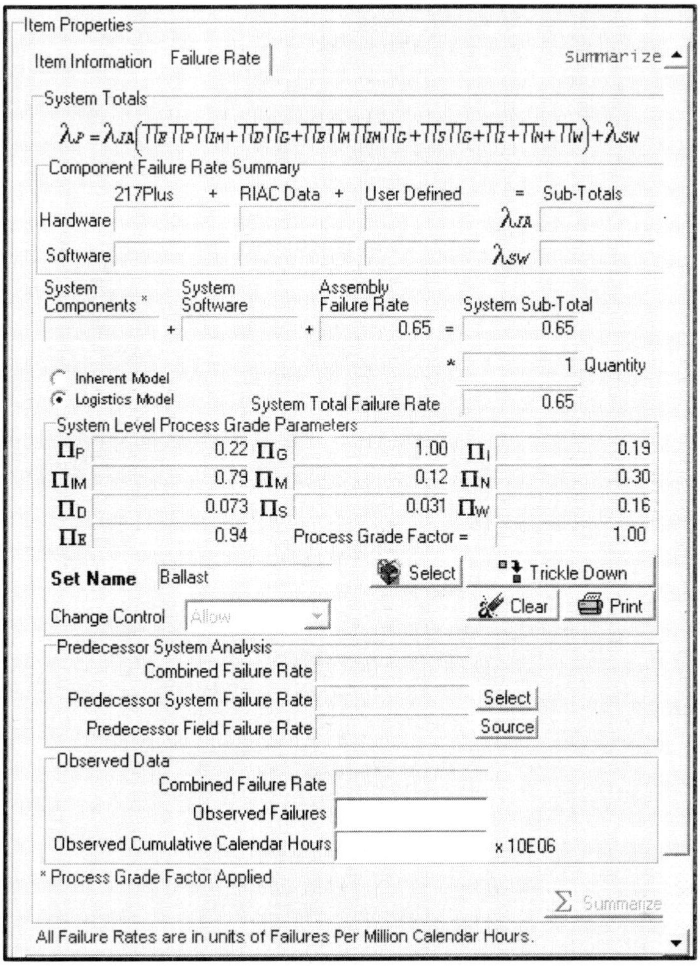

〈그림 6.21〉 최종적인 시스템 고장률

6.5 결 언

본 장에서는 전체 시스템의 고장률 산출에 대하여 특별히 217-Plus 소프트웨어를 활용하는 방법을 고찰하였다. 시스템 구조가 간단하고 수반되는 부품의 수가 적은 경우는 제 5 장의 수작업에 의한 고장률 산출이 가능하겠으나 실제의 시스템은 부품의 수가 매우 많은 경우가 대부분이므로 본 장에서와 같이 소프트웨어를 통합이 필요할 것이다. 이해하듯이 소프트웨어 이용 과정이 쉽고 간결하므로 이의 활용성이 높다는 판단이다. 소프트웨어 활용에 대하여 보다 자세한 내용은 사용자 매뉴얼을 참고할 수 있다.

part 03

제7장 RIAC 데이터에 의한 고장률 산출
제8장 MIL-HDBK-217 및 고장률 산출
제9장 SR-332 규격 및 고장률 산출

chapter 07

RIAC 데이터에 의한 고장률 산출

제 3장에서 우리는 시스템 신뢰도 모형 수립을 위한 기반으로서의 12가지 217-Plus 부품 모형들을 고찰하였다. 때로, 고려하는 부품에 대한 217-Plus 모형이 존재하지 않거나 모형에 수반되는 다양한 승수(팩터)들의 규명이 여의치 못하는 이유 등으로 다른 방법으로 부품 신뢰도를 산출해야 하는 경우가 생길 수 있다. RIAC에서는 이의 대안으로 활용 가능한 광범위한 부품들의 필드 고장률 데이터베이스를 유지하고 있으며 이를 통해 부품 신뢰도를 산출할 수 있다. 본 장에서는 부품 수준의 고장률을 구하는 방법으로 특정 예측 모형이 아닌 RIAC 데이터베이스를 이용하는 방법에 대하여 고찰한다. (데이터베이스는 RAC 하에서 수집되기 시작하였으나, 설명의 편의상 RIAC로 명명한다.)

7.1 EPRD/NPRD의 개요

217-Plus나 MIL-HDBK-217와 같은 신뢰도 예측 모형 외에 RIAC에서는 다양한 전자/기계 부품의 고장률 데이터를 제공하여 신뢰성 예측 기법을 보완하고자 EPRD(Electronic Parts Reliability Data)와 NPRD(Non-electronic Parts Reliability Data) 등 2개의 핸드북을 출간하였다. 이중 EPRD는 전기·전자 부품의 고장률 데이터를 수집한 핸드북이며,

NPRD는 기계류 등 비 전기·전자 부품의 고장률 데이터를 수집한 핸드북이다.

MIL-HDBK-217과 같은 신뢰도 규격들은 부품들의 경험적인 필드 고장률로부터 유도된 수학적 모형을 제공하나 EPRD와 NPRD에 포함된 데이터는 오랜 기간 실제 관측된 고장률이다. EPRD와 NPRD는 RIAC 데이터베이스에 있는 모든 (비 독립) 부품들 데이터를 포함한다. 이들의 목적은 다양한 전기, 전자, 기계 부품 조합에 따른 고장률 데이터를 제공하는 것이다. 이 문서는 민수용 및 군용 양자의 전자부품들에 대한 신뢰성 데이터를 포함하며, 민수용 및 군용 시스템들의 신뢰도를 예측하는데 활용될 수 있다.

1970년대 초반부터 수집, 누적, 보완된 이들은 각각 EPRD97과 NPRD95라 불리운다. EPRD97에서 고려하는 부품의 종류는 캐패시터, 다이오드, 저항, 집적회로, thyristors, 트랜스포머, 트랜지스터 등 다양하다. 현장에서 관측한 경험적인 필드 고장률 자료를 제공하며, 총 2,000페이지 정도의 문서 양식으로 되어있다. 반면, NPRD95 데이터베이스는 actuators, bearings, brakes, clutches, connectors, gears, inductive components, optoelectronic devices, pumps, relays, seals, solenoids, splines, springs, valves 등 13,000여개의 부품 데이터를 수록하고 있다. EPRD97과 NPRD95는 동일한 양식으로 되어 있다. 이들 두 문서는 서로 상보적이고, 이 들 데이터 사이에는 중복되는 부분은 없다. 이들은 기존의 데이터베이스에 새로운 고장 데이터를 추가하여 개정되어 왔다. 한가지 특징은 NPRD/EPRD 데이터베이스에 있어서의 고장률은 217-Plus와 같이 동작시간(operating hours) 보다는 캘린더 시간(calendar hours)을 기반으로 한다는 점이 전통적인 규격과 다르다.

217-Plus, MIL-HDBK-217, 그리고 SR-332 등을 포함하는 예측 방법론들이 모든 대상이 되는 부품이나 어셈블리에 대한 고장률 모형을 포함할 수는 없으며, 주로 일반적인 전자부품들만 대상으로 한다. 반면, EPRD/NPRD는 훨씬 다양한 전자/기계 부품 종류들에 대하여 일관된 양식으로 고장률 데이터를 제공한다. 따라서, 본 문서는 다음을 포함하는 다양한 필요를 충족한다.

- 민수용 부품에 대한 고장률 데이터 제공
- 데이터 획득이나 분석이 용이하지 못하거나 요구되지 않는 경우, 가장 최근 기술 수준의 부품에 대한 고장률 제공
- 217-Plus 및 다른 예측 방법론들이 모형으로 제공하지 못하는 부품 범주에 대한 고장률 데이터 제공

결론적으로, 이 문서들은 데이터베이스로서 전기·전자 또는 기계 시스템에서 이용되는 다양한 부품의 신뢰도 산출에 기존 예측방법론의 대안으로 활용할 수 있다. 특히, 이 문서에서 제공하는 부품의 신뢰도 데이터는 217-Plus 및 그 외의 기준들과 함께 선택하여 서로 보완하여 사용 할 수 있다. 비록 이들 문서에 수록된 데이터가 매우 다양한 출처들로부터 수집되지는 않았으나, RIAC는 고품질 데이터만 데이터베이스에 누적되고 문서에 포함될 수 있도록 선별하였다. 주의할 점은 이 문서의 사용자는 여러 신뢰성 예측 기법이나 여기에 수록된 데이터의 사용이 보충적이어야 하며, 명확한 신뢰성공학과 설계 실무 등을 대치하면 안된다는 점을 명심해야 한다. 즉, 이 문서는 엔지니어들이 시스템 신뢰도를 추정하는데 도움을 주도록, 넓고 다양한 부품들에 대한 신뢰도 데이터를 제공함을 의미한다. EPRD와 NPRD의 수집 과정 및 문서양식 상의 대동소이한 공통점을 가지나, 특별히, EPRD를 중심으로 설명한다.

7.2 데이터 수집

EPRD97에 포함된 데이터는 다양한 부품의 고장률 데이터를 제공하여 신뢰성 예측 기법을 보완하기 위해 광범위한 출처로부터 수집되었다. 이 문서에 수록된 고장률 데이터는 1970년대 초반부터 1996년 10월까지 누적 편집 자료로 주기적으로 새로운 부품과 어셈블리 데이터를 추가하였다. 이에는 다양한 자료 출처, 상이한 운용환경 및 품질수준 등이 포함된다. 그리고, 부품과 응용 파라메터를 모두 포함하여 가능한 많은 특성 데이터를 취급했다.

이 데이터 수집 목표는 다음과 같다.

- 새로운 부품 유형과 어셈블리들의 데이터 획득
- 가능한 여러 다른 데이터 출처, 운용환경, 그리고 품질수준 등으로부터 데이터 수집
- 부품과 관련 파라메터 등을 포함하여 가능한 많은 상세 특성들을 규명

RIAC 문서에 대한 자료 출처들은 다음을 포함한다.

- 발표된 보고서 및 논문
- 정부지원 연구로부터 수집된 자료
- 군사 정비 자료 수집 시스템으로부터 수집된 자료

- 민수용 보증 수리 시스템으로부터 수집된 자료
- 민수·산업용 유지 보수 데이터베이스로부터 수집된 자료
- 고장 데이터베이스를 유지하는 군 또는 민간 기관으로부터 RIAC로 직접 제출된 자료

데이터 수집 절차에서 가장 중요한 점은 고품질 데이터에 대한 믿을만한 출처를 찾는 것일 것이다. 미 공군의 MODAS (또는 REMIS) 시스템이나 해군의 3M 시스템과 같은 크고 자동화된 유지보수 데이터베이스들은 전형적으로 개별 부품에 대한 정확한 데이터를 제공하지는 못할 것이다. 반면, 어셈블러나 큰 유니트들에 대하여는 수용할 만한 데이터를 제공할 수 있다. 추가로 개별 부품 데이터를 얻기 위해 사용될 수 있는 특정 예들이 있다. 이들 유지 보수 시스템들로부터 개별 부품 데이터가 이 수준의 데이터로 정확히 보고됨이 검증될 수 있을 때 RIAC의 데이터 수집에 적용된다. 신뢰성 개선 보증(RIW: Reliability Improvement Warranty) 데이터가 RIAC에서 이용하는 또 다른 고품질 데이터 출처이다. <표 7.1>은 RIAC가 (데이터 수집을 위하여) 군 관련 후보 시스템 선정 및 신뢰성 데이터를 추출하는 절차를 요약한 예이다.

〈표 7.1〉 데이터 요약 절차 (Data Summarization Procedure)

1) 시스템 명시 사항 (Identify System Based On)	· 환경/품질(environments/quality) · 연령(age) · 부품 유형(component type) · 품질 데이터에 대한 가용성
2) 부품 리스트 작성 (Build Parts List)	· 도시된 부품 고장분류(IPB: illustrated parts breakdown) 획득 · 정비 데이터와 일관되도록 시스템의 정확한 버전 확인 · 부품 특성들의 명세(부품번호, 연방보유번호(federal stock no.), Microfiche, 조달업체 카탈로그 등) · 데이터베이스에의 부품 특성 입력
3) 고장 데이터 획득 (Obtain Failure Data)	· 신뢰도 개선 보증(Reliability Improvement Warranty), DO56, 보증기록 · 고장들을 IPB와 일치화 · 부품 교체가 부품 고장으로 인한 것인지 확인 · 데이터베이스에 고장데이터 추가
4) 동작 데이터 획득 (Obtain Operating Data)	· 장비 재고 확인(Verify equipment inventory) · 장비 및 부품 시간(equipment/part hours) · 운용 환경(application environment)
5) 자료를 RIAC 공통 데이터베이스 템플렛으로 변환	

RIAC에서는 최상의 데이터들만 이 문서에 출판되도록 노력했다. 데이터의 완전성, 데이터의 일관성, 장비의 추적, 고장 검증, 부품 고장분류의 가용성, 그리고 동작기록 묘사/평가 등 모두가 데이터의 적절성을 결정하는데 이용되었다. 많은 경우 RIAC에 제출된 데이터가 적절한 신뢰도에 미치지 못하는 이유로 버려졌다. 반면, 데이터 수집상 본원적인 제한으로 요약데이터에 다소의 오차나 비정확성이 결과될 수 있다. 따라서, 데이터 출처를 사용할 경우 다음의 요인들을 고려하여야 한다.

- 신뢰도에 영향을 미치는 요인들이 규명 가능한 것들보다 더 많이 있을 수 있다.
- 고장률 데이터 수집에 다소의 불확실성이 내포되며, 이는 다음 요인에 기인한다.
  · 고장이 내재적(공통요인) 인지 사건(특정요인)관련 인지의 불확실성
  · 주고장과 부고장의 분리상 어려움
  · 수집된 많은 데이터는 특정 제조사 고유 보다는 일반적이다.
  (제조과정상의 차이를 반영하지 않음을 의미)
- 큰 상관을 갖는 변수들의 영향들 간 차이를 구별하기 매우 어렵다.
  예) 더 높은 품질 수준의 부품이 보통 더 혹독한 환경에서 사용되므로 신뢰도에의 영향을 판별할 수 없다.
- 동작시간이 정확하지 않게 보고될 수 있다.
- 유지보수 관리 일지가 완전치 못하다.
- 부품에 인가되는 실제 스트레스는 거의 알지 못한다.
  비록 명목(nominal) 스트레스를 안다 하더라도 신뢰도에 큰 영향을 미치는 실제 스트레스가 명목치로부터 크게 변할 수 있다.

7.3 EPRD 문서 구성 및 요약

이 절에서는 EPRD 문서에 대한 전반적인 내용을 고찰한다. EPRD 문서는 아래 나열된 바와 같이 총 8부로 구성되어 있으며, 이중 제 1부 서론 부분을 제외한 2~8부까지의 내용을 간단히 설명한다.

제 1부: 서론

제 2부: 부품요약(Part Summaries)

제 3부: 부품상세(Part Details)

제 4부: 데이터 출처(Data Sources)

제 5부: 부품번호/MIL 번호 색인(Part Number/MIL-Number Index)

제 6부: 연방보유 클래스 접두어를 가지는 국가보유번호
(National Stock Number with Federal Stock Class Prefix)

제 7부: 연방보유번호 클래스 접두어를 갖지않는 국가보유번호
(National Stock Number without Federal Stock Class Prefix)

제 8부: 부품명세 색인(Part Description Index)

제 2부: 부품요약(Part Summaries)

EPRD의 제 2부인 요약부는 부품명세(part description), 품질수준(quality level), 운용환경(application environment), 그리고 데이터 출처(data source)등을 포함하는 여러 필드들로 구성된다. <표 7.2>는 각 필드들에 대한 내용을 요약·도시한다. (이중 "부품명세"는 추가적인 계층적 범주형태로 서술되며, 이 표에에 포함되지 않은 기술특성들은 제 3부 "부품상세(Part Details)"에서 설명한다.) <표 7.3>은 "부품명세"에 대한 부분으로 캐패시터를 포함한 주요 전자 부품 유형과 유형별 세부 분류를 도시한다. <표 7.4>는 다양하게 분류되는 "운용환경"에 대한 기호와 각각의 내용을 설명한다.

〈표 7.2〉 부품 요약부의 필드별 설명부

필드번호	필드명	필드설명
1	부품명세 (Part Description)	주요 부품 군(part family)과 부품 군내 특정 부품유형의 분류 체계를 포함하며 분류 계층(수준)들로 표현된다. 첫 수준은 부품의 일반 기능/명세를, 나머지 수준들은 해당 부품의 더 상세한 내용들을 위해 사용된다. <표 7.3>이 각 부품 유형과 관련된 수준들의 내용을 요약한다. 일부 경우, RIAC에 단지 일반적인 부품명세만 제공되어 부품의 상세 내용은 알지 못하는 경우도 있다.
2	품질 등급 (Quality Level)	부품의 품질 수준/등급은 다음과 같이 지정된다. Commercial - 민수용 품질 부품 Military - MIL 규격에 근거하여 구입된 부품 Unknown - 알 수 없는 품질등급의 부품 데이터 즉, 이 필드에 대하여 정확히 묘사하기에 부족함을 의미한다.

필드번호	필드명	필드설명
3	운용환경	필드 동작조건을 나타내며, <표 7.4>는 세부 운용환경과 내용을 설명한다. 이들 환경은 MIL-HDBK-217과 일치되나, 일부 경우는 더 일반화되었다. 예를들어, 'A'는 부품이 "Airborne" 환경에서 사용됨을 나타내나, 정밀한 위치와 항공기의 유형은 지정되지 않았다. 반면, 일부 경우는 현재의 버전이 여러 환경을 통합하였고, 데이터가 본래는 더 구체적인 환경으로 범주화되었기 때문에 MIL-HDBK-217 보다 더 세부적이다.
4	데이터 출처 (data source)	해당 entry를 구성하는 데이터 출처. 출처 번호는 개별 데이터 출처 기술을 검토하기 위해 제 4부의 참조로 이용될 수 있다.
5	고장률	총 고장수를 총 수명 단위로 나눈 것으로, 개별 부품유형, 환경, 품질, 데이터 출처별로 표현된다. 접미사가 없는 것은 100만 시간당 고장률로 나타내고, 'M' 접미사가 붙은 것은 100만 마일당 고장률을 나타낸 것이다. Roll-up 데이터 항목 (즉, 출처 표시가 없는 것)의 고장률은 데이터 병합 알고리즘 (뒤에서 설명)을 사용하여 산출한다. "<"으로 표시된 고장률은 관측 고장이 없는 경우를 나타내며, 고장이 1개라고 가정하고 동작시간으로 나누어 고장률을 산출한다. 따라서, 이 경우는 최악의 고장률 경우로 실제는 이보다 낮을 것이다. 모든 고장률은 소수점 이하 4자리 수치로 표시된다. 사용자는 여기 제시되는 데이터가 본원적으로 높은 변동성을 가지며 또 소수점 4자리가 특정 정밀도나 정확성을 의미하지 못함을 인지하며 사용해야 한다.
6	총 고장수	병합된 데이터 기록에서 관측된 총 고장수
7	동작시간 (백만)	병합된 데이터 기록에서 관측된 총 동작 단위 (백만). 접미사가 없는 것은 단위가 시간이고, 'M'이 붙으면 단위가 마일이다.
8	상세 페이지	요약기록을 구성하는 상세 데이터를 포함하는 페이지 번호

〈표 7.3〉 부품 범주별 명세

부품 범주	장치유형 명세자(descriptor)
캐패시터(capacitor)	Fixed or Variable, Dielectric Type, Further Description
다이오드(diode)	Function or Type, Further Description
집적회로(integrated circuit)*	Package Material, Function, Process Technology
Optoelectronic Device	Device Type, Further Description
저항(resistor)	Fixed, Variable, or Network, Resistive Material, Further Description
Thyristor	SCR or Triac, Further Description
트랜스포머(transformer)	Further Description
트랜지스터(transistor)	Type or Technology, Further Description

* IC들에 있어 2번째 수준은 항상 package material이며 마지막 수준은 technology type이다.

〈표 7.4〉 운용환경 (Application Environment)

기호	이 름	설 명
A	Airbone	- 극히 보편적인 항공기 동작 및 테스팅 조건
AI	Airbone Inhabited	- 극단적인 환경이 존재하지 않는 거주지역의 일반조건
AIA	Airbone Inhabited Attack	- 승무원이 머무는 수송기의 전형적인 조건: 압력, 온도, 충격 그리고, 진동의 극한 상황이 없고, 지상 지원용과 같이 고도의 수행능력 비행체에 탑재
AIB	Airbone Inhabited Bomber	- 승무원이 머무는 폭격기 내부의 전형적인 조건: 압력, 온도, 충격 그리고, 진동의 극한 상황이 없고, 장시간 임무 폭격기에 탑재
AIC	Airbone Inhabited Cargo	- 승무원이 머무는 객실의 전형적인 조건: 압력, 온도, 충격, 진동의 극한 상황이 없고, 장시간 수송 임무의 비행기에 탑재
AIF	Airbone Inhabited Fighter	- 승무원이 머무는 객실의 전형적인 조건: 압력, 온도, 충격, 진동의 극한 상황이 없고, 전투기나 요격기와 같이 고도의 수행능력 비행기에 탑재
AIT	Airbone Inhabited Transport	- 수송기의 승무원이 머무는 객실의 전형적인 조건: 압력, 온도, 충격, 진동의 극한 상황이 없고, 훈련용과 같은 고도의 수행능력 비행기에 탑재
ARW	Airbone Rotary Wing	- 헬리콥터에 탑재되는 기기; 레이저 거리 측정기 및 발사 제어 시스템 등을 포함
AU	Airbone Uninhabited	- 압력, 온도, 충격, 진동 사이클 등의 극한 상황이 존재하는 화물칸, 날개, 그리고 꼬리 부분과 같은 일반조건
AUA	Airbone Uninhabited Attack	- 폭탄투하실, 장비실, 꼬리, 또는 기름, 유압유, 엔진배기 등으로부터의 오염에 의해 극도의 압력, 진동, 온도 사이클링으로 악화될 수 있는 조건. 지상 지원용과 같이 고도의 수행능력 비행체에 탑재
AUB	Airbone Uninhabited Bomber	- 폭탄투하실, 장비실, 꼬리, 또는 기름, 유압유, 엔진배기 등으로부터의 오염에 의해 극도의 압력, 진동, 온도 사이클링으로 악화될 수 있는 조건. 장시간 폭격기의 임무 비행체에 탑재
AUF	Airbone Uninhabited Fighter	- 폭탄투하실, 장비실, 꼬리, 또는 기름, 유압유, 엔진배기 등으로부터의 오염에 의해 극도의 압력, 진동, 온도 사이클링으로 악화될 수 있는 조건. 전투기나 요격기와 같이 고도의 수행능력 비행체에 탑재
AUT	Airbone Uninhabited Transport	- 폭탄투하실, 장비실, 꼬리, 또는 기름, 유압유, 엔진배기 등으로부터의 오염에 의해 극도의 압력, 진동, 온도 사이클링으로 악화될 수 있는 조건. 훈련용 비행체와 같이 고도 수행능력 비행체에 탑재

〈표 7.4〉 운용환경 (Application Environment) -(계속)

기호	이 름	설 명
DOR	Dormant	- 정상적 동작 구조하의 시스템에 연결된 부품이나 장비로 비동작, 그리고/또는 주기적인 동작상의 스트레스 그리고 환경 스트레스 등이 발생할 수 있다. 시스템이 임무전 다소 오랜 기간 정지(dormant) 상태에 있을 수 있다.
G	Ground	- 가장 일반적인 육상 운영과 테스트 조건
GB/ GBC	Ground Benign	- 유지보수를 위한 접근이 용이한 고정적인 시험실 조건: 실험실장비 및 시험기기, 의료 전자장비, 비즈니스 및 과학용 컴퓨터 포함. GBC는 민수용 부품의 민수용 적용을 의미
GF	Ground Fixed	- 다소 차가운 공기에의 항구적인 받침대, 난방이 되지않는 건물 등에의 설치 같이 다소 이상적이지 못한 조건: 관제소, 레이더와 통신 시설 등의 항구적 설치 등을 포함
GM	Ground Mobile	- 차륜 또는 TRACK 차량에 설치된 장비: 전술 미사일 지상 지원 장비, 이동 통신장비, 전술사격 지시 시스템 등 포함
ML	Missile Launch	- 미사일 발사(공중 및 지상), 궤도 진입 우주선, 낙하산에 의한 대기권 재진입 및 착륙 비행체. 로케트 추진 비행 등의 적용 가능한 심각한 조건 로켓 추진 비행체에도 적용 가능
MP	Manpack	- 동작중 손으로 운반할 수 있는 휴대용 전자 장비; 휴대용 필드 통신 장비, 레이저 거리측정기 등 포함
N	Naval	- 배표면 위에서의 가장 일반적인 함대 운영
NH	Naval Hydrofoil	- 수중익선에 설치된 장비
NS	Naval Sheltered	- 덮개/갑판 아래 또는 기후로부터 보호 받을 수 있는 조건: 해상선박의 통신, 컴퓨터, 음파탐지기 등을 포함
NSB	Naval Submarine	- 잠수함에 탑재된 기기: 항해 및 발사제어 시스템을 포함
NU	Naval Unsheltered	- 기후조건에 노출된 무보호 해상선박 탑재장비: 대부분의 탑재 기기 및 미사일/발사기의 발사 제어장비를 포함
N/R	Not Reported	- 데이터 출처는 운용환경을 보고/기록하지 않음
SF	Space Flight	- 지구궤도, 지상의 온화한 조건(GB)에 접근. 동력 비행중이지 않고, 대기권 재진입 중에 있지도 않은 비행체: 인공위성과 왕복우주선을 포함

데이터 기록들은 <표 7.2>와 <표 7.3>의 “부품명세” 각 계층/수준(가장 일반적인 경우로부터 가장 특정적인 경우)별로 병합되어(merged) 수록되었다. 출처가 없는 데이터 항목들은 이러한 병합된 기록들을 나타낸다. 일부 경우는 세부 정보없이 단지 고장률 형태로 RIAC에 보고되기도 하였다. 데이터의 병합은 i) 고장률 상의 넓은 산포와 ii) 많은 경우 고장이 발생하지 않은 단지 생존 데이터만으로 구성되어 고장률을 유도하지 못하는 점 등으로 문제가 될 수 있다. 이러한 이유로 최적의 데이터 병합을 위한 여러 접근법이 고려되었으며, 이들은 다음과 같다.

1) 모든 고장들의 수를 합하고 이를 모든 동작시간의 합으로 나눈다.
2) 1)의 고장수 및 작동시간 합산 이전에 모든 이상치(outlier)들을 발견하고 제거하기 위해 통계적 기법을 사용한다.
3) 고장과 관련한 데이터 기록들로부터 모든 관측 고장률의 산술평균(arithmetic mean)을 구하고, 이 값을 고장이 0인 기록과 관련한 작동시간의 비율(%)에 따라 수정한다.
4) 고장 0인 데이터 기록에 대하여 χ^2의 60% 신뢰수준 하한치로 구한 평균 고장률을 이용하고 또 이들을 고장기록으로부터의 고장률로 병합한다.
5) 고장이 발생한 기록과 관련한 모든 고장률의 기하평균(geometric mean)을 구하고 이 값에 비율(고장과 관련한 관측시간/총 관측시간)을 곱한다. 예를 들어, 만일 총 부품 시간의 70%가 고장을 기록했다면, 이들로부터 구한 고장률 기하평균에 0.7을 곱한다. 관측된 고장이 있건 없건 모든 관측 작동시간을 고려하기 때문에 병합 고장률은 부품 모집단을 대표할 것이다.

이들 중 모든 작동시간의 고려 및 이상치들에 대하여 작은 가중치를 적용하는 유일한 방법이라는 점에서 접근법 5)가 선택되었으며, 최종적으로 병합고장률은 다음과 같이 계산된다.

$$\lambda_{merged} = [\Pi_1^{n'} \lambda_i]^{\frac{1}{n'}} \cdot \left[\frac{\sum_{i=1}^{n'} h'}{\sum_{i=1}^{n} h} \right] \tag{7.1}$$

단, $\Pi_1^{n'} \lambda_i$ - 고장이 기록된 고장률의 곱

n - 기록된 데이터의 수

n' - 고장기록이 있는 데이터의 수

h - 기록된 시간

h' - 기록된 시간 중 고장기록이 있는 기록된 시간

$\sum_{i=1}^{n} h$ - 기록된 시간들의 총 합

$\sum_{i=1}^{n'} h'$ - 기록된 시간들 중 고장이 기록된 시간들의 합

이 식에 의거할 때 병합고장률은 고장이 기록된 고장률들의 기하평균과 총 동작시간 중 고장이 기록된 동작시간의 비율의 곱임을 알 수 있다.

이상의 내용을 이해하기 위하여, <표 7.5>에 도시한 예를 고려하자. 이표는 캐패시터 중 특별히 Capacitor, Fixed Electrolytic 항목에 대한 고장률 관련 EPRD 데이터를 도시한다. 표는 캐패시터 유형별로 구분하여 집계되었으며 첫 번째 그룹(괄호 속에 "Summary"로 표시)은 아래의 모든 유형들에 대한 종합 집계 결과이다. 이 표의 고장률 결과는 크게 3가지 형태 - Summarized, Roll-up, 그리고 Summary 등 - 로 분류 도시된다.

첫째로, "Summarized" 항목은 표에서 "데이터 출처(Data Source)"가 명시된 부분의 고장률로 유형별 각 데이터 출처로부터 수집/보고된 실제 데이터를 의미한다. 이 고장률은 표의 총 고장수/동작시간으로 계산되며, 개별 데이터 출처별로 부품 동작시간과 고장 개수들을 합하여(roll-up) 구해졌다. 이 roll-up은 부품명세상의 유형, 품질수준, 그리고 운용환경 각각의 조합에서 수행된다. 예를 들어, 둘째 그룹의 Capacitor, Fixed Electrolytic에서의 AUF 고장률 5.4930 (=36/6.5538)은 데이터 출처 23035-000으로부터 얻어진 데이터들 중 군용의 AUF 환경에 대한 데이터들을 집계하여 tksacnf한 고장률이다. 또한 마지막 그룹에서 데이터 출처 17189-000으로부터 얻어진 고장률은 0.4433(=1/2.2560)이며 이의 운용환경은 AIC 이었다. 고장수가 0인 데이터 기록들의 roll-up 역시 동일하게 총 작동시간들의 합으로 계산하되, 고장은 1개를 가정하였다. 따라서 "<"으로 표시된 고장률은 최악의 경우를 의미한다. 둘째 그룹중 AIA의 고장률 "<0.1728"은 1/5.7865을 통하여 계산되고 최대 이 값 이하의 고장률을 갖는다는 해석이다. 이렇게 출처가 명시된 개별 고장률 데이터가 "Summarized" 항목에 해당한다.

둘째로, "Roll-up" 항목은 품질수준과/또는 운용환경 조합별 "Summarized" 항목들을 병합한 것으로, "데이터 출처(Data Source)" 열이 비어있는 고장률 값들이다. 즉, 그 아래

고장률들의 병합으로 식 (7.1)에 의거 구해진다. 예를들어, 표의 셋째 그룹인 "Capacitor, Fixed, Electrolytic, Al" 중 환경 GF(ground fixed)의 고장률 0.0976은 그 아래의 두 고장률 0.2082와 0.0458의 roll-up으로 이들의 기하평균 (= $\sqrt{0.2082 \times 0.0458}$)이다. 이들은 모두 고장이 기록된(10개와 1개) 경우이므로 식 (7.1)의 우변 둘째 항인 분수식 부분이 1이 된다. 또한, 표의 둘째 그룹인 "Capacitor, Fixed, Electrolytic" 중 군수품질 수준(military)의 고장률 1.1228의 계산은 다음과 같다. 이 그룹에서 보듯이 이는 아래의 출처가 기록된 총 6개 개별 capacitor의 roll-up이고, 이중 고장이 발생한 기록이 4개이므로 n=6, n'=4이다. 이들과 관련한 h와 h' 값도 각각 표의 "동작시간" 열의 6개와 4개 시간 값들이다. 이들로부터 roll-up 고장률은 다음과 같이 추정된다. 즉,

$$\lambda_{merged} = (0.2200 \times 2.4194 \times 5.4930 \times 0.5899)^{\frac{1}{4}}$$

$$\times \frac{386.3482 + 11.5731 + 6.5538 + 28.8183}{5.7865 + 3.154 + 386.3482 + 11.5731 + 6.5538 + 28.8183}$$

$$= 1.1228 \ (\text{회/백만시간})$$

여기서, "Capacitor, Fixed, Electrolytic"에 민수 품질수준((commercial) 부품이 없기 때문에 전체 roll-up 역시 1.1228이다. 다른 부분들도 마찬가지로 아래 부분의 데이터들의 roll-up으로 윗 부분(데이터 출처 부분이 비어있는 부분)의 고장률 값을 추정한다.

마지막으로, "Summary" 항목은 표의 첫째 그룹에 "(Summary)"로 명시되며, "부품명세"상 전체 해당 품질수준 및 환경의 병합으로 구해진다. 예를 들어, 운용환경 AUF에 대한 고장률 5.3966은 표의 둘째 및 셋째 그룹"Summarized" 부분의 AUF 데이터를 이용하여 계산한다. 즉,

$$\lambda_{AUF} = 5.4930 \times \frac{6.5538}{6.5538 + 0.1170}$$

$$= 5.3966 \ (F/10^6 hours)$$

군수 품질수준의 고장률 0.3410은 데이터 출처 및 운용환경 중 군수품질 수준의 캐패시터 고장률을 병합한 결과이다. 또한 고장률 0.1745는 모든 품질수준, 환경, 그리고 데이터 출처를 병합한 모든 electrolytic 캐패시터에 대한 (병합)고장률이다. 이러한 방법으로 roll-up을 수행함으로써 사용자는 특정 부품유형의 데이터 수행에 최대의 유연성을 가질 수 있다. 예를 들어, 상세하게 규정하지 않거나 이 문서에 데이터가 없는 조건에 대한 특정

부품 유형을 원한다면, 사용자는 더 일반화된 유형이나 데이터가 존재하는 요약조건의 데이터를 선정할 수 있다.

〈표 7.5〉 부품요약(Part Summary): Capacitor, Fixed, Electrolytic 항목

부품명세	품질수준	운용 환경	데이터 출처 (Data Source)	고장률	총 고장수 (Total Failed)	동작시간 (Operating Hours)
Capacitor, Fixed, Electrolytic (Summary)				0.1745		
	Commercial	GBC		0.0070		
	Military			0.3410		
		AIA		<0.1669		
		AIC		0.1847		
		AU		0.2149		
		AUA		2.3770		
		AUF		5.3966		
		G		0.7173		
		GF		0.0957		
Capacitor, Fixed, Electrolytic				1.1228		
	Military			1.1228		
		AIA	23035-000	<0.1728	0	5.7865
		AIC	17189-000	<0.3166	0	3.1584
		AU	13655-000	0.2200	85	386.3482
		AUA	23035-000	2.4194	28	11.5731
		AUF	23035-000	5.4930	36	6.5538
		GF	14851-000	0.5899	17	28.8183
Capacitor, Fixed, Electrolytic, Al				0.0455		
	Commercial	GBC	13567-021	0.0099	236	23852.2128
	Military			0.0859		
		AU	13655-000	<0.1091	0	9.1624
		AUA	23035-000	<4.8388	0	0.2067
		AUF	23035-000	<8.5447	0	0.1170
		GF		0.0976		
			14851-000	0.2082	10	48.0305
			23039-000	0.0458	1	21.8542
Capacitor, Fixed, Electrolytic, Ta				0.0094		
	Commercial	GBC	13567-021	0.0049	224	45341.4884
	Military	GF	14851-000	0.0189	3	166.5056
Capacitor, Fixed, Electrolytic, Ta Foil				0.7143		
	Military	G	23040-000	0.7143	5	7.0000
Capacitor, Fixed, Electrolytic, Ta Solid				0.0655		
	Military			0.0655		
		AIA	23035-000	<4.8388	0	2.2067
		AIC	17189-000	0.4433	1	2.2560
		GF	14851-000	<0.0781	0	12.8081

제 3부: 부품상세(Part Details)

"부품상세"는 제 2부의 부품요약 중 부품명세에 대한 보다 세부적인 기술특성들로 다음의 경우에 사용할 수 있다.

- 고려중인 부품의 물리적 특성과 비슷한 특정 부품번호, 제조업체, 또는 부품에 대한 데이터의 존재 유무 확인
- "Summarized" 데이터를 생성에 사용된 상세 데이터 검토를 통하여(데이터에 대한) 정성적 평가를 수행

사용자는 "부품상세"부의 개별 데이터 포인트들이 (제 2부의 여러 출처 기록들의 조합이며 많은 부품시간을 통하여 병합된) 요약데이터에 비하여 제한적인 값이라는 점을 주의해야 한다. 그러나, "상세 데이터"나 "요약 데이터" 어느 경우든 특정 부품이나 어셈블러에 대해 최적의 고장률을 선정하기 위해 이용될 수는 없다는 점을 주지해야 한다.

제 3부는 RIAC 전자부품 데이터베이스에 포함된 모든 필드 경험 기록들의 목록을 포함한다. 이 상세 데이터부는 특별히 단일 데이터 출처에 적용된 특정 부품유형을 대표하는 개별 데이터를 나타낸다. 예를 들어, 어느 동일한 총 300개의 군용시스템이 서비스 중이고, 각 시스템은 20개의 동일한 유형의 릴레이(relay)가 사용된다 하자. 또한 각 시스템이 1,300시간 씩의 데이터 수집 동작시간을 가졌다 하자. 이 경우 부품에 대한 모집단과 총 동작시간은 다음과 같다. 즉,

$$300 \times 20 = 6{,}000(\text{개})$$

그리고

$$6{,}000 \times 1{,}300 = 7{,}800{,}000(\text{시간})$$

만일 동일 부품이 다른 시스템에서 사용되거나, 이 시스템이 다른 운용환경에서 사용되거나, 또는 정보가 다른 출처로부터 나온다면, 별도의 개별 데이터 기록들이 생성될 것이다. 즉, 이들을 알고 있을 경우 모집단 크기는 각 데이터 기록별로 주어진다.

이상의 내용 외에 제 4~8부의 내용들은 <표 7.6>을 통하여 간략히 요약·설명한다.

〈표 7.6〉 EPRD 문서 제 4-8부 내용의 요약

Section	주 제	내 용
제 4부	데이터 출처 (Data Sources)	EPRD 문서 출판을 위해 데이터가 얻어진 각각의 출처에 대하여 설명한다. 이에는 제목, 저자, 출판일, 보고서 번호, 그리고 간략한 요약 등이 포함된다. 여러 경우, 출처에 관한 정보가 개별 소유권 형태로 보관되며, 이 경우 "Source Proprietary"라 명시되었다.
제 5부	부품번호/MIL 번호 목록 (Part Number/MIL Number Index)	부품번호나 MIL-Spec. 번호를 갖는 제 3부의 데이터 항목들에 대한(일반 부품 유형별로 순서화된) 색인을 제공한다. 모든 데이터 항목이 부품이나 MIL 번호를 갖는 것은 아니며, 모든 항목들에 대해 번호들이 적용할 만하거나 알지는 못하기 때문이다.
제 6부	연방보유클래스 (Federal Stock Class)의 국가 보유번호 (National Stock Number)	4자리 연방보유클래스(FSC: Federal Stock Class)로 시작되는 국가보유번호(NSN)을 갖는 제 3부 데이터 항목에 대한 색인을 제공한다. 이 색인은 NSN이 알려진 모든 부품을 포함한다.
제 7부	연방보유번호 없는 국가보유번호목록 (NSN Index w/o FSN Prefix)	제 6부와 비슷한 색인을 제공하되, 첫 4자리 연방보유클래스(FSC)가 생략
제 8부	부품명세 목록 (Part Description Index)	제 2부의 summary와 3부의 상세 데이터 부분들 양자에 대한 포괄적인 cross-reference를 제공한다. 각 부품의 범주는 부품명세에 포함된 모든 연관어에 따라 색인화되었다. 특정 관심 항목을 포함하는 제 2,3부 페이지 번호들이 나열되어 있다.

7.4 자료의 해석(Data Interpretation)

이 문서에 수록된 데이터는 업체 "평균(average)" 고장률을 반영한다. 특히, 여러 출처들로부터 비슷한 부품/어셈블리에 대한 여러 고장률을 병합하여(combined) 유도한 "요약 고장률(summary failure rate)"은 더욱 그렇다. 일부 예에서 제조업체간 또는 세부 부품 특성간 신뢰도 차이가 있을 수 있다. (일반유형, 품질, 환경, 데이터 출처 등을 통한 요약만 나타내는) 제 2부의 "요약부(summary section)"는 이러한 차이 규명에 이용할 수 없으나 제 3부 "상세부(detailed section)"의 내용은 각 부품에 대해 알려진 모든 특정 정보를 포함하므로 그러한 차이 규명에 이용될 수 있다.

이 문서 "요약부"에 있는 데이터는 기대고장률의 추정치이며 실제 값은 이 추정치 주위의 어느 신뢰구간내에 존재할 것이다. 지수분포 수명(exponentially distributed lifetimes)을 갖는 부품의 신뢰한계을 찾는 전통적인 방법은 χ^2-분포를 이용하는 것이다. 그러나, 이 분포는 동일한(homogeneous) 모집단으로부터 관측된 고장들에 의존하므로, 다양한 출처로부터의 병합 데이터 포인트들에 적용함에는 한계가 있다. 제시된 고장률에 대한 "신뢰(confidence)"를 더 잘 이해하기 위하여 관측고장률(observed failure rate)에서의 변동에 대한 분석을 수행하였다. 이 분석을 통하여, 어느 일반 유형의 부품에 있어, 관측고장률의 자연대수(natural logarithm)는 편차 1.5의 정규분포를 따른다는 결론이 도출되었다. 이는 실제 고장률들의 68%가 평균(mean) 값의 0.22와 4.5배 사이에 있으며, 비슷하게 실제 고장률들의 90%의 경우는 0.08과 11.9배 사이에 있음을 의미한다.

데이터가 수집되는 시간 구간(time period) 역시 데이터 해석상 중요한 속성이다. 많은 부품 종류들은 초기고장(infant mortality) 특성, 즉 시간에 따라 고장률이 감소하는 특성을 보인다. 이 관측은, 많은 부품 유형에서의 고장률이 부품 모집단의 작은 비율에서 발생하는 결점들로부터 유도된다는, 사실 때문이다. 초기고장 특성을 보이는 부품 유형들 데이터가 부품 수명 후반부 보다 수명초기에서 수집될 경우 고장률이 높을 것이다. 결론적으로, 보증 수리 기록으로부터 수집된 데이터는 장비수명 전체를 통한 유지기록으로부터 수집된 데이터 보다 고장률이 높을 것이다. 보증은 초기수명에만 적용되기 때문이다.

이 문서에 수록된 데이터 해석시 그의 연령(age)을 이해함이 필요하다. 이의 이유는 많은 부품 제조업체들의 신뢰성 개선 노력으로, 부품 유형들이 "신뢰도 성장(reliability growth)"을 보이기 때문이다. 집적회로(integrated circuit)와 같은 일부 부품들은 큰 성장을 보이는 반면, 레지스터(resistor) 같은 부품들은 낮은 성장률을 보인다. 신뢰도 성장률을 부품 제조년도의 함수로 정량화하기 위한 데이터의 분석이 수행되었으며, 식 (3.5)에서 설명한 바와 같이 다음의 함수가 사용되었다.

$$\lambda = Ae^{-Bt} \tag{7.2}$$

단, $\lambda =$ 고장률 $(F/10^6 hrs)$

A = 상수(constant)

B = 성장률(growth rate)

t = 시간(년)

<표 3.2>와 비슷하게 <표 7.7>은 다양한 부품유형에 대해 유도된 성장률(B) 값을 요약해 준다. 예를 들어, 어느 플라스틱 캡슐화 된 마이크로프로세서의 성장률은 B=0.526이다. 이 장치의 경우 고장률은 1990년도와 1995년 사이에 평균적으로 팩터

$$e^{-0.526(1995-1990)} = 0.072$$

로 개선되었음을 의미한다.

〈표 7.7〉 부품 성장률 팩터 (Component Growth Rate Factors)

부품 유형 (Part Type)	성장률(B)
Electrolytic Capacitors	0.229
Non-electrolytic Capacitors	0.00824
Resistors	0.000
Rectifier Diodes	0.297
Zener Diodes	0.150
Other Diodes	0.223
Bipolar Transistors	0.281
FET Transistors	0.397
Darlington Transistors	0.269
Bipolar Digital Microcircuits (plastic encapsulated)	0.552
Bipolar Linear Microcircuits (plastic encapsulated)	0.197
MOS Digital Microcircuits (plastic encapsulated)	0.475
MOS Digital Microprocessor (plastic encapsulated)	0.526

EPRD 데이터 특정 데이터에 기록된 연령을 결정하기 위해서는 EPRD 문서 제 4부의 "데이터 출처 설명"부를 참조할 필요가 있다. 이 문서 "데이터 출처 설명"부에 제공된 날짜는 데이터가 수집된 날짜이며 부품 제조일이 아니라는 점이다. 이 데이터는 사용자로 하여금 데이터 수집 시점부터 현재까지 신뢰성 향상을 계산할 수 있도록 제공된다. 이러한 데이터로 향상 팩터를 계산하거나 제시된 고장률을 적절히 수정할 수 있는 반면, 이런 절차가 고장률 추정치에 어느 정도의 불확실을 가미하게 됨을 주의해야 한다. 이는 성장률이 위 식에서 보인바와 같이 대수적으로(logarithmically) 일정한 비율로 계속 증가한다는 가정에 기인한 것이다. 따라서 고장률의 외삽(extrapolation) 정도에 따라 불확실(uncertainty) 정도가 증가한다.

이 문서상의 데이터를 "일반적 결론이나 정책적 결정을 위한 지침"으로 사용되어서는 안된다는 것을 유념하자. 예를 들어, "요약부"에 있는 특정 장치 데이터가 "저 품질의 부품이 고 품질의 부품보다 신뢰성이 높음"을 보일 수 있다는 사실이다. 이러한 상황은 고 품질 부품이 과부하(overstress)가 걸리거나 부적절하게 적용되도록 설계되었을 때 발생한다. 그렇다고 품질이 신뢰도에 반대효과(inverse effect)를 나타낸다고 결론지을 수는 없다. 이는 수집된 데이터가 차이를 정확하게 파악하기에 적절치 못하거나 데이터 내에 관리나 파악이 불가능한 변수들이 많을 경우 발생한다.

현실적으로, RIAC가 수집한 모든 필드 고장률 데이터는 "고장까지의 시간(time to failure)"은 제공하지 않는다. 극히 일부 DoD나 민수용 데이터 추적 시스템들이 고장까지의 시간 계산이 가능하도록 "경과 시간 지시자(ETI: elapsed time indicator)" 값을 계산한다. ETI 값을 산출하는 시스템들은 고장난 부품들의 제거와 교체로 정확성을 잃는다. 이들 시간을 정확히 모니터 하기위해, 각 교체된 부품은 자신의 개별 시간을 기록하는 장치가 필요할 것이다. RIAC의 데이터 수집 노력은 단지 총 부품 고장수, 부품 모집단, 그리고 시스템 동작시간 등만을 추적한다. 이는 이 문서에 제시된 모든 고장률을 위한 가정이 "고장까지의 시간" 분포가 지수분포임을 의미한다.

7.5 결 언

본 장에서는 정형화된 모형이 아닌 RIAC에 의해 수집된 필드 데이터베이스를 통하여 부품 고장률을 산출하는 과정에 대하여 고찰하였다. 많은 경우, 특정 부품의 경우 잘 알려진 모형이나 방법론에 의거 부품 고장률을 산출하기 어려운 경우가 많다. 이러한 경우 RIAC의 EPRD는 좋은 대안이며 또한 217-Plus를 비롯한 정형화된 모형과 서로 보완하여 사용할 수 있을 것이다. EPRD는 비록 오래되기는 하였으나 현재에도 군수 업무 등에 매우 폭넓게 사용되고 있다.

전기·전자시스템 신뢰도 예측
217Plus, MIL-HDBK-217, SR-332를 중심으로

part 03

chapter 08

MIL-HDBK-217 및 고장률 산출

제 1장에서 설명한 바와같이 217-Plus는 공식적으로 MIL-HDBK-217FN2(이하 MIL-HDBK-217로 사용)을 대체하는 방법론으로 소개되었다. 그러나, MIL-HDBK-217은 1960년대 개발 이후 최근까지 세계적인 신뢰성 규격들의 기반적인 역할을 해왔으며, 아직도 활용성이 완전히 배제되었다고 할 수 없다. 이를 대체할 만한 방법론의 미비외에 부분적으로는 217-Plus의 모형의 복잡성과 요구되는 팩터들이 많음에 기인하며, 동시에 MIL-HDBK- 217의 단점으로 지적되는 팩터들이 극단적인 값을 갖지 않는 경우를 제외하고는 그 효용성이 완전히 무시될 수 없어 근사적인 부품 고장률 산출에 이용 가능하기 때문이다. 본 장에서는 MIL-HDBK-217의 전반적인 개요에 대하여 논한다. 아울러 이들을 이용한 고장률 산출의 예를 설명한다.

8.1 MIL-HDBK-217 개요

MIL-HDBK-217은 전자장비에 대한 신뢰성 예측을 목적으로 제정된 신뢰성 규격으로, 신뢰성 분석 센터(RAC/RIAC) (또는 Rome Laboratory)의 연구를 기초로 미 국방부에 의하여 제시되었다. (이들에 대해서는 제 1장에서 설명하였다.) MIL-HDBK-217은 집적회

로, 트랜지스터, 다이오드, 저항, 캐패시터, 릴레이 등 다양한 부품들의 고장률 모형들을 포함한다. 이러한 고장률 모형들은 오랜 기간 다양한 부품과 시스템에 대한 필드 데이터들을 근간으로 통계적 분석을 통하여 수립되었다.

MIL-HDBK-217은 처음 개발된 이래 여러 차례 개정을 거듭하였으며 가장 최근 것은 1995년의 version F, notice 2인 MIL-HDBK-217FN2이다. 1995년 이후 DoD가 MIL-HDBK-217에의 지원을 중지하고 규격 사업에서 빠짐으로 추가적인 노력이 이루어지지 않는 관계로 이후의 버전은 존재하지 않으며 대신 217-Plus 방법론이 제시되었음에 대하여는 제 1장에서 고찰한 바와 같다. 그러나, 여전히 세계적으로 전자통신 관련 분야 신뢰성 규격들의 중심적인 역할을 해오고 있다. 현재 전기·전자 부품의 대표적 민수용 규격인 Telcordia SR-332도 MIL-HDBK-217을 기반으로 출발하였다. (SR-332에 대하여는 다음 장에서 논한다.) MIL-HDBK-217의 주요 발전 과정은 <표 8.1>과 같이 요약된다.

〈표 8.1〉 MIL-HDBK-217의 발전 과정

일 자	버 전	주관기관
1962	MIL-HDBK-217	미 해군
1959	MIL-HDBK-217A	미 공군
1974	MIL-HDBK-217B	RADC*
1979	MIL-HDBK-217C	RADC
1982	MIL-HDBK-217D	RADC
1986	MIL-HDBK-217E	RADC
1990. 1. 2	MIL-HDBK-217EN1	RADC
1991. 12. 2	MIL-HDBK-217F	Rome Laboratory
1992. 7. 10	MIL-HDBK-217FN1	Rome Laboratory
1995. 2. 28	MIL-HDBK-217FN2	Rome Laboratory

* RADC는 Rome Laboratory의 이전 명칭임.

MIL-HDBK-217은 두 종류의 신뢰성 예측 방법인 parts count method와 part stress method를 제공한다. 전자는 후자보다 단순한 방법으로 입찰의 제안이나 초기 설계 단계 등 충분한 정보가 가용하지 않을 경우 적용 가능한 방법으로 고장률 산출에 간단한 입력 정보(품질, 수량, 환경 등)을 바탕으로 부품 고장률을 산출하는 방법이다. 반면, 후자는 전자보다 복잡하고 실제 적용상의 온도조건(temperature conditions)이나 전기적 스트레스(electrical stress)에 대한 상세한 정보가 요구된다. 이 방법은 실제 하드웨어나 회로(circuits) 설계시 이용된다. 여기서는 part stress method를 중심으로 내용을 고찰한다.

8.2 MIL-HDBK-217의 고장률 모형

MIL-HDBK-217에서는 부품의 고장률 산정에 있어 대상 부품의 종류(범주) 및 유형에 따라 기본 고장률(basic failure rate) 값이 정의된다. 예를 들어, 다이오드(diode)의 경우 기본고장률은 다이오드 유형(low frequency 또는 high frequency 등)과 전반적인 적용여건에 따라 다른 값을 가지며 표로 제공된다. 기본고장률에 추가로 부품의 제조여건, 사용중 부품에 인가되는 전기적 스트레스(전류, 전압, 또는 전력 크기 등), 동작 온도, 사용 환경 및 기타 여러 여건 등을 보정 팩터(factor)들로 고려한다. 부품별로 관련되는 보정 팩터들은 서로 다르며, 특정 팩터도 적용여건에 따라 값이 다르다. 특정 부품의 예측 고장률(predicted failure rate)은 기본 고장률에 상술한 팩터 값들을 곱한 형태로 정의된다. 그러나, 부품 종류별로 관련 팩터들이 다른 관계로 고장률 공식이 서로 다르며, 공식에 수반되는 기본고장률 및 팩터들은 동일 부품 종류에 대해서도 세부 범주, 유형, 그리고 동작시의 조건 등에 따라 다른 값들을 가지며 도표나 공식으로 제공된다. 이러한 부품 종류별 고장률 모형은 경험적 고장 데이터에 대한 통계적 분석을 통하여 도출되었으며, 공통적으로 식 (8.1)로 표현 가능하다.

$$\lambda_P = \lambda_b \cdot \Pi_{i=1}^{k} \pi_i \tag{8.1}$$

단, λ_P - 예측고장률(predicted failure rate), 백만 동작시간 당 고장수

λ_b - 기본(basic) 고장률(부품 종류 및 유형별 다른 값을 가짐)

π_i - T(온도), S(전기적 스트레스), Q(품질), E(환경) 등의 팩터(factor) (i=T,S,Q,E 등)

이 식에서 팩터 π_i는 특정 부품의 기본고장률에 실제 사용시 인가되는 온도, 전기적 스트레스, 환경, 품질 등의 조건에 따른 추가적인 영향을 의미하며 각각 π_T, π_S, π_Q, 그리고 π_E 등으로 표기된다. <표 8.2>는 대표적인 일부 전자 부품들의 예측고장률 공식을 도시한다. <표 8.3>은 다이오드중 low frequency 유형에 대한 기본 고장률을 예로 도시한다. 이러한 방식으로 MIL-HDBK-217에서는 모든 부품 범주별, 유형별로 기본고장률이 도표 형식으로 제공되며 사용자들이 적절하게 활용할 수 있다.

〈표 8.2〉 주요 전자 부품/소자별 고장률 공식

부품 종류	고장률 공식
Fuse	$\lambda_P = \lambda_b \pi_E$ 단, π_E - 환경팩터(environmental factor)
Coil	$\lambda_P = \lambda_b \pi_T \pi_Q \pi_E$ 단, π_T - 온도팩터 π_Q - 품질팩터
Capacitor	$\lambda_P = \lambda_b \pi_T \pi_C \pi_V \pi_{SR} \pi_Q \pi_E$ 단, π_C - 용량팩터(capacitance factor) π_V - 전압스트레스팩터(voltage stress factor) π_{SR} - 직렬저항팩터(series resistance factor)
Diode	$\lambda_P = \lambda_b \pi_T \pi_S \pi_C \pi_Q \pi_E$ 단, π_C - 접촉부 구성 팩터 (contact construction factor)
Micro-circuits, Gate/ Logic Arrays	$\lambda_P = (C_1 \pi_T + C_2 \pi_E) \pi_Q \pi_L$ 단, C_1 - 다이 복잡성에 따른 고장률 C_2 - 패키지(Package) 고장률 π_L - Learning Factor
Microprocessor, Memories	$\lambda_P = (C_1 \pi_T + C_2 \pi_E + \lambda_{CYC}) \pi_Q \pi_L$ 단, λ_{CYC} - Read/Write 반복에 따른 고장률
Resistor	$\lambda_P = \lambda_b \pi_T \pi_P \pi_S \pi_C \pi_Q \pi_E$ 단, π_P - 전력팩터(power factor) (소비전력에 따른 값)
Transistor	$\lambda_P = \lambda_b \pi_T \pi_A \pi_R \pi_S \pi_Q \pi_E$ 단, π_R - power rating factor

〈표 8.3〉 다이오드 유형/응용별 기본 고장률 - Low Frequency

다이오드 유형/응용	기본고장률 (λ_b)
General Purpose Analog	0.0038
Switching	0.0010
Fast Recovery Power Rectifier	0.0250
Power Rectifier, Schottky	0.0030
Power Diode	0.0030
Power Rectifier with High Voltage Stacks	0.0050/Junction
Transient Suppressor/Varistor	0.0013
Current Regulator	0.0034
Voltage Regulator and voltage Reference (Avalanche and Zener)	0.0020

MIL-HDBK-217에서는 신뢰성 분석 결과를 특정 시간 단위의 고장률이나 MTBF (mean time between failures) 형태로 제공하며, 고려되는 부품의 고장률 관련 분포는 지수분포(exponential distribution)를 가정한다. 고장률의 기본 단위는 10^6 (백만) 시간으로 217-Plus의 캘린더 시간이 아닌 동작 시간(operating hour)을 사용한다. 또한 지수분포를 가정한다 함은 시간에 따른 고장률을 정의하는 욕조곡선(bath-tub curve) 상의 임의고장률(random failure rate) 기간에 해당된다. (욕조곡선과 전기·전자 부품의 고장률에 관해서는 부록 A에 설명을 보이고 있다.) 전체 시스템의 고장률은 양자 모두 개별 부품들의 독립성 가정에 의거 부품별 고장률을 계산한 뒤 이들의 합으로 정의된다.

8.3 MIL-HDBK-217의 주요 팩터

부품별 고장률 모형에 수반되는 팩터들 중 공통적으로 관계되는 일부 주요 팩터들에 대한 내용은 다음과 같다.

(1) 품질 팩터 (π_Q)

부품의 품질은 고장률에 직접적인 영향을 미치며, 이를 반영하기 위하여 팩터로 설정되었다. 보통 부품들은 여러 품질등급의 규격으로 규정되며, 이들 품질 등급에 따른 서로 다른 팩터 값이 적용된다. <표 8.4>는 주요 전기·전자 부품과 관련한 품질등급을 도시한다. 이들 등급과 관련한 요구사항들이 적용 규격에 상세하게 제시된다. 그러나, 집적회로(microcircuit) 경우는 관련 MIL-STD-883 스크리닝 항목에 따른 품질 등급을 갖는다. 일부 품목들은 보통 Non-ER(비설정 신뢰도, Nonestablished Reliability)으로 명명되는 과거의 규격에 의해 규정된 경우도 있다. 이러한 부품들은 보통 2개의 품질수준, "MIL-Spec"과 "Lower"로 지정된다. 만일 부품이 적용규격에 완전히 준하여 구입되었다면 "MIL-Spec"의 품질수준을 적용하고 일부 요구사항이 무시되었거나 민수용 부품을 구입하였다면 π_Q값으로 "Lower" 등급 값을 적용한다. <표 8.5>는 특별히 다이오드에 대한 품질등급과 품질팩터 값을 도시한다. 표에서 보듯이 유형 및 품질 등급에 따라 팩터 값에 큰 차이가 있음을 알 수 있다.

〈표 8.4〉 부품 종류별 품질 등급

부품 종류	품질 등급
Capacitors, Established Reliability (ER)	D, C, S, R, B, P, M, L
Coils	S, R, P, M
Microcircuits	S, B, B-1, Other: 스크리닝 수준에 따라 판단
Relays, Established Reliability (ER)	R, P, M, L
Resistors, Established Reliability (ER)	S, R, P, M
Discrete Semiconductors	JANTXV, JANTX, JAN

〈표 8.5〉 다이오드의 품질 팩터

품질등급	품질팩터 값		
	Low Frequency	High Frequency	
	All Type	Schottky	Schottky 이외
JANTXV	0.7	0.5	0.5
JANTX	1.0	1.0	1.0
JAN	2.4	1.8	5.0
Lower	5.5	2.5	25.0
Plastic	8.0	-	50.0

(2) 온도 팩터 (π_T)

온도팩터는 온도와 화학반응 속도의 관계를 바탕으로 부품의 수명을 정의하는 아레니우스(Arrhenius) 곡선을 기반으로 정의되며, 부품의 동작온도가 기본적으로 정의된 온도(25℃ 또는 298°F)를 기준으로 이 보다 높을수록 고장률이 증가하도록 큰 팩터 값, 반대로 이보다 낮은 경우 작은 팩터 값을 갖도록 설정된다. 온도팩터에 고려되는 공식은 다음과 같다.

$$\Pi_T = e^{-\frac{Ea}{k}\left(\frac{1}{T+273}-\frac{1}{298}\right)} \tag{8.2}$$

단, k - 볼츠만 상수, 8.617×10^{-5}

E_a - 활성화에너지, 부품 범주 및 유형별로 다른 값을 가짐

T - 부품 동작 온도(℃)

<그림 8.1>은 동작온도에 따른 온도팩터의 변화를 도시한다. 상온 25℃에서의 값 1을 중심으로 온도상승/감소에 따라 온도팩터 값이 증가/감소함을 알 수 있다.

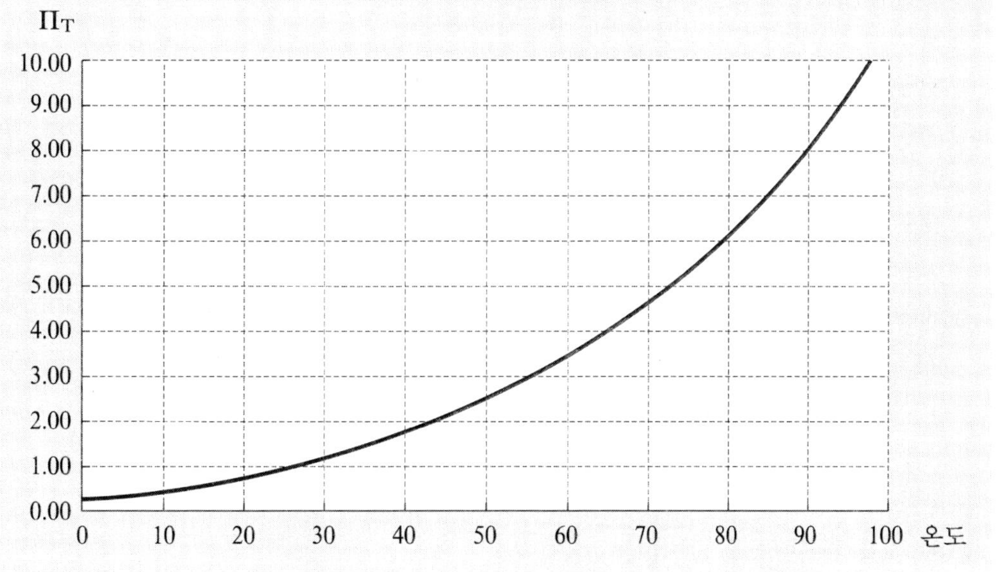

〈그림 8.1〉 온도 스트레스 팩터 함수 ($E_a = 0.3$)

(3) 전기적 스트레스 팩터 (π_S)

동작 온도에 추가로 부품의 동작시 인가되는 전압, 전류, 또는 전력 등전기적 부하가 수명에 미치는 영향을 반영하는 팩터이다. 이는 해당 부품의 정격치(rated)를 기준으로 인가치의 비율이 높을수록 큰 팩터 값, 낮을 수록 작은 팩터 값을 갖도록 설정된다. 일반적으로, 전기적 스트레스는 인가수준과 정격의 비 $S(=\frac{V_{applied}}{V_{rated}})$의 함수로 정의되며 부품별로 다르다. 식 (8.3)은 저항(resistor)에 대한 전기적 스트레스 팩터를 나타내며 <그림 8.2>는 팩터 값을 S의 함수로 도시한 것이다. 그림에서 보듯이 전기적 부하가 클수록 팩터 값이 증가하며 궁극적으로 식 (8.1)을 통하여 고장률이 증가함을 알 수 있다.

$$\Pi_S = 0.54e^{2.04S} \tag{8.3}$$

단, $S=$ 인가전력/정격전력

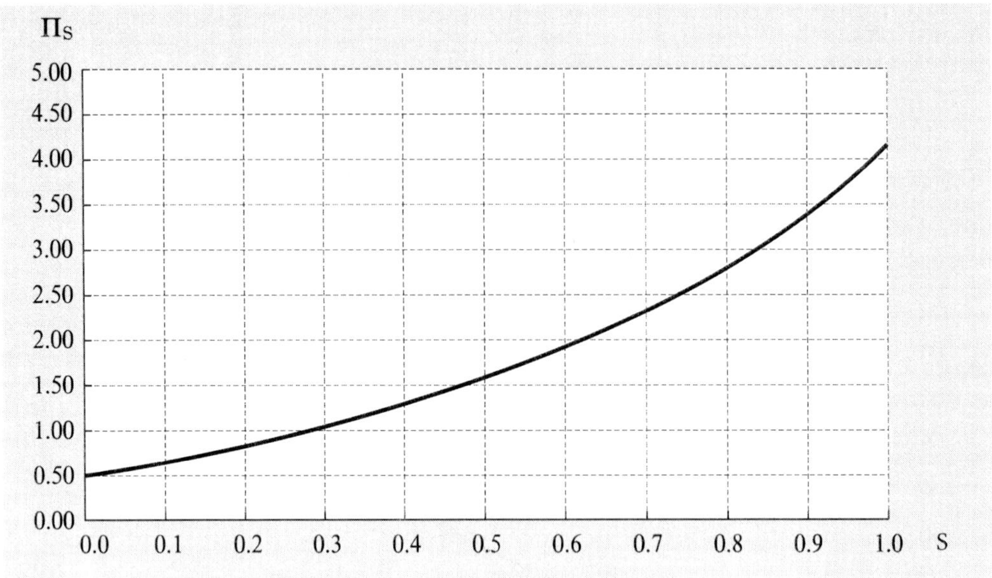

〈그림 8.2〉 전기적 스트레스 팩터 함수

(4) 환경 팩터 (π_E)

적용환경에 따른 스트레스는 역시 부품의 수명(또는 고장률)에 큰 영향을 미치며, 환경은 이런 여건을 고려하여 팩터로 설정되었다. MIL-HDBK- 217에서는 육상, 해상, 항공, 우주 등의 범주를 중심으로 각각 더 세분된 총 14가지의 환경들이 정의되며 해당 여건에 따라 매우 큰 차이의 팩터 값들을 가정한다. <표 8.6>은 MIL-HDBK-217에서 정의하는 부품 적용 환경들과 세부 내용을 도시한다. 특별히, 표의 마지막 열(column)은 여러 부품 종류 중 다이오드에 적용되는 환경 팩터 값을 예로 도시한 것이다.

〈표 8.6〉 MIL-HDBK-217의 환경팩터 (π_E)

환경 조건	기호	내 용	다이오드 π_E
Ground Benign (Fixed, Controlled)	G_B	이동성이 한정되고, 유지보수가 용이하도록 온도 및 습도 제어가 비교적 용이한 환경 조건. 예) 실험실 장비, 테스트 기기, 사무용 컴퓨터, 지하 격납고미사일이나 지원장비 등	0.5
Ground Fixed (Fixed, Uncontrolled)	G_F	적절한 냉각기가 부착된 영구적 고정차량이나 외부 열이 차단된 건물에 설치되고 적절히 제어되는 환경 조건 예) 항공 교통 관제 레이더 및 통신 설비 등의 고정 설치물	1.5

환경 조건	기호	내 용	다이오드 π_E
Ground Mobile	G_M	차륜 및 궤도 차량에 설치된 기기 예) 전술용 미사일 지상 이동 장치, 이동 통신 장치, 전술 화재 지휘시스템 등	7.0
Naval, Sheltered	N_S	보호장치나 갑판이 있는 선박 및 잠수함에 장착된 장치	3.0
Naval, Unsheltered	N_U	기후조건에 노출된 비방호 선박의 장치 및 해수 내에서 작동하는 장치 예) 수중 음파 탐지기, 수중익 선박(hydrofoil vessel)에 장착된 장치 등	10.0
Airborne, Inhabited, Cargo	A_{IC}	승무원이 통제할 수 있는 적재함에의 장착조건. 압력, 온도, 충격 및 진동의 극심한 환경이 미미한 조건. 예) C130, C5, B52, C141 등.	5.0
Airborne, Inhabited, Fighter	A_{IF}	A_{IC}와 동일하나 전투기나 요격기와 같은 고도의 임수 수행용 항공기에 장착되는 조건. 예) F15, F16, F111, A10 항공기 등	7.0
Airborne, Uninhabited, Cargo	A_{UC}	승무원이 통제할 수 없는 지역에 탑재되는 조건. 압력, 온도, 충격 및 진동의 극심한 환경이 심한 조건. 예) C130, C5, B52, C141 등의 긴 운항.	6.0
Airborne, Uninhabited, Fighter	A_{UF}	A_{UC}와 동일하나 전투기나 요격기와 같이 고도의 임무수행 항공기에 장착되는 조건 예) F15, F16, F111, A10 항공기 등	9.0
Airborne, Rotary, Winged	A_{RW}	레이저 거리측정기, 화재 통제 시스템, 통신 시스템 등과 같이 헬리콥터 내·외부에 장착된 장치	20.0
Space, Flight	S_F	지구 궤도에서 동작하는 위성. 무동력, 대기권 진입을 하지 않는 기체들 예) 위성 및 shuttle	0.05
Missile, Flight	M_F	공기 유입식(air breathing) 미사일, 순항(cruise) 미사일, 그리고 무동력 미사일 등의 조건	11
Missile, Launch	M_L	미사일 발사, 궤도 진입용 위성, 궤도 재진입 및 낙하산 이용 착륙 등의 극심한 조건. 고체 추진체 로켓 모터가 장착된 기체, 잠수함 어뢰, 미사일 발사 장치 등도 포함.	33
Cannon, Launch	C_L	155mm 포의 발사 및 5인치 유도발사와 관련된 극심한 조건. 발사로부터 표적 타격까지의 모든 발사체에 적용되는 조건	500

* 출처: MIL-HDBK-217FN2 핸드북

이상의 팩터들 외에 부품 범주별로 적용되는 다양한 팩터들이 있으며 power rating factor(π_R), application factor(π_A), capacitance factor(π_C), matching network factor (π_M), voltage stress factor(π_V), series resistance factor(π_{SR}) 등이 포함된다. 이들에 대한 세부 내용은 생략하며 MIL-HDBK-217 핸드북을 참고하기 바란다.

8.4 MIL-HDBK-217의 캐패시터 고장률 산출

이 절에서는 MIL-HDBK-217의 구체적인 모형 및 고장률 산출 과정을 고찰한다. 모든 범주의 부품들에 대한 논의는 방대하므로 생략하고 여기서는 특별히 캐패시터를 중심으로 고찰한다. 다른 부품들의 경우도 동일한 방법으로 고장률을 산출할 수 있다. <표 8.7>~<표 8.13>은 MIL-HDBK- 217FN2의 캐패시터 관련 도표들이다. 이중 <표 8.7>은 다양한 캐패시터 유형들의 분류와 각 유형별 기본고장률의 값, 그리고 온도, 용량(capacitance), 그리고 전압스트레스 팩터를 구하기 위한 해당 도표의 적용 열 번호(column number) 등을 도시한다. 표의 마지막 열은 해당 유형의 캐패시터에 대한 직렬저항 팩터(π_{SR}) 값을 나타낸다. 표에서 보듯이 매우 많은 캐패시터 유형들로 분류되고 각각 다른 기본고장률 및 팩터 값을 가짐을 알 수 있다. <표 8.7>~<표 8.10>은 실제 온도, 용량, 그리고 전압스트레스 팩터들을 구하기 위한 표이다. 고려중인 캐패시터의 실제 사용시 인가되는 전기적 조건에 따라 이들 표의 적절한 열에서 해당 팩터 값을 구한다. 적절한 팩터 값이 제공되지 않는 경우 표의 아래 부분에 주어진 공식을 통하여 산출한다. <표 8.11>은 회로 저항에 따른 직렬저항 팩터 값중 특별히 Tantalum CSR 유형의 경우를 도시한다. (다른 유형에 대해서는 <표 8.7>의 마지막 열 값을 적용한다.) 다음으로, <표 8.12>와 <표 8.13>은 품질팩터와 환경팩터 표들이다. 이들로부터 적용 조건에 따라 큰 차이의 팩터 값이 적용됨을 알 수 있다. 이렇게 제조환경이나 적용환경의 차이에 따라 큰 차이의 팩터 값이 적용됨으로 조건에 따라 예측고장률이 매우 민감함이 MIL-HDBK-217의 부분적인 결함으로 지적된다. 다른 종류의 부품들에 대한 세부 유형별 고장률 및 팩터 도표들에 대하여는 MIL-HDBK-217 핸드북을 참고하기 바란다.

〈표 8.7〉 Capacitor 유형별 기본고장률 및 팩터 값

유형 (style)	세부 내용	기본 고장률 (λ_b)	온도팩터 표의 열 번호	용량팩터 표의 열번호	스트레스 표의 열번호	직렬 저항 (π_{SR})
CP	Fixed, Paper dielectric, Direct current (Hermatically sealed in metal cases)	0.00037	1	1	1	1
CA	By-pass, Radio - Interference Reduction, Paper dielectric, AC and DC (Hermatically sealed in metal cases)	0.00037	1	1	1	1
CZ, CZR	Feed through, Radio Interference Reduction AC and DC (Hermetically sealed in metal cases), Established and Non-established Reliabillity	0.00037	1	1	1	1
CQ, CQR	Fixed, Paper Plastic (or Paper-Plastic) Dielectric (Hermetically sealed in metal, ceramic or glass cases), Established and Nonestablished Reliability	0.00051	1	1	1	1
CH	Fixed, Metalized (Paper Plastic or Plastic Film) Dielectric, DC (Hermetically sealed in metal cases)	0.00037	1	1	1	1
CHR	Fixed, Metalized, Paper, Paper-Plastic Film or Plastic Film Dielectric	0.00051	1	1	1	1
CFR	Fixed, Plastic(or Metallized Plastic), Dielectric, Direct Current in Non-Metal Cases	0.00051	1	1	1	1
CRH	Fixed Supermetallized Plastic Film Dielectric(DC and/or AC) Hermetically Sealed in Metal Cases, Established Reliability	0.00051	1	1	1	1

* 출처: MIL-HDBK-217FN2 핸드북

〈표 8.7〉 Capacitor 유형별 기본고장률 및 팩터 값 -(계속)

유형 (style)	세부 내용	기본 고장률 (λ_b)	온도팩터 표의 열 번호	용량팩터 표의 열번호	스트레스 표의 열번호	직렬 저항 (π_{SR})
CM	Fixed, Mica Dielectric	0.00076	2	1	2	1
CMR	Fixed, Mica Dielectric, Established Reliability	0.00076	2	1	2	1
CB	Fixed, Mica Dielectric, Button Style	0.00076	2	1	2	1
CY	Fixed, Glass Dielectric	0.00076	2	1	2	1
CYR	Fixed, Glass Dielectric, Established Reliability	0.00076	2	1	2	1
CK	Fixed, Ceramic Dielectric (General Purpose)	0.00099	2	1	3	1
CKR	Fixed, Ceramic Dielectric (General Purpose), Established Reliability	0.00099	2	1	3	1
CC, CCR	Fixed, Ceramic Dielectric (Temperature Compensating), Established and Nonestablished Reliability	0.00099	2	1	3	1
CDR	Chip, Multiple Layer, Fixed, Ceramic Dielectric, Established Reliability	0.0020	2	1	3	1
CSR	Fixed, Electrolytic(Solid Electrolyte), Tantalum, Established Reliability	0.00040	1	2	4	See π_{SR} Table
CWR	Fixed, Electrolytic (Tantalum), Chip, Established Reliability	0.00005	1	2	4	See π_{SR} Table
CL	Fixed, Electrolytic (Nonsolid Electroyte), Tantalum	0.00040	1	2	4	1
CLR	Fixed, Electrolytic (Nonsolid Electrolyte), Tantalum, Established Reliability	0.00040	1	2	4	1
CRL	Fixed, Electrolytic (Nonsolid Electrolyte), Tantalum Cathode	0.00040	1	2	4	1

* 출처: MIL-HDBK-217FN2 핸드북

〈표 8.7〉 Capacitor 유형별 기본고장률 및 팩터 값 -(계속)

유형 (style)	세부 내용	기본 고장률 (λ_b)	온도팩터 표의 열 번호	용량팩터 표의 열번호	스트레스 표의 열번호	직렬 저항 (π_{SR})
CU, CUR	Fixed, Electrolytic (Aluminum Oxide), Established Reliability and Nonestablished Reliability	0.00012	2	2	1	1
CE	Fixed, Electrolytic(DC, Aluminum, Dry Electrolyte, Polarized)	0.00012	2	2	1	1
CV	Variable, Ceramic Dielectric (Trimmer)	0.0079	1	1	5	1
PC	Variable (piston Type, Tubular Trimmer)	0.0060	2	1	5	1
CT	Variable, Air Dielectric (Trimmer)	0.0000072	2	1	5	1
CG	Fixed or Variable, Vacuum Dielectric	0.0060	1	1	5	1

* 출처: MIL-HDBK-217FN2 핸드북

〈표 8.8〉 온도팩터 (π_T)

온도 (T ℃)	열 1	열 2
20	0.91	0.79
30	1.1	1.3
40	1.3	1.9
50	1.6	2.9
60	1.8	4.2
70	2.2	6.0
80	2.5	8.4
90	2.8	11.0
100	3.2	15.0
110	3.7	21.0
120	4.1	27.0
130	4.6	35.0
140	5.1	44.0
150	5.6	56.0

공식: $\Pi_T = e^{-\frac{Ea}{8.617\times 10^{-5}}\left(\frac{1}{T+273}-\frac{1}{298}\right)}$ 단, $E_a = \begin{cases} 0.15, & \text{열 1} \\ 0.35, & \text{열 2} \end{cases}$

* 150℃ 이상에 대하여는 직접 공식을 이용하여 계산

* 출처: MIL-HDBK-217FN2 핸드북

〈표 8.9〉 용량 (Capacitance) 팩터 (π_C)

용량 C (μF)	열 1	열 2
0.000001	0.29	0.04
0.00001	0.35	0.07
0.0001	0.44	0.12
0.001	0.54	0.20
0.01	0.66	0.35
0.05	0.76	0.50
0.1	0.81	0.59
0.5	0.94	0.85
1	1.0	1.0
3	1.1	1.3
8	1.2	1.6
18	1.3	1.9
40	1.4	2.3
200	1.6	3.4
1,000	1.9	4.9
3,000	2.1	6.3
10,000	2.3	8.3
30,000	2.5	11.0
60,000	2.7	13.0
120,000	2.9	15.0
	$\pi_C = C^{0.09}$	$\pi_C = C^{0.23}$

* 출처: MIL-HDBK-217FN2 핸드북

〈표 8.10〉 전압스트레스 팩터 (Voltage Stress Factor, π_V)

전압 스트레스	열 1	열 2	열 3	열 4	열 5
0.1	1.0	1.0	1.0	1.0	1.0
0.2	1.0	1.0	1.0	1.0	1.1
0.3	1.0	1.0	1.1	1.0	1.2
0.4	1.1	1.0	1.3	1.0	1.5
0.5	1.4	1.2	1.6	1.0	2.0
0.6	2.0	2.0	2.0	2.0	2.7
0.7	3.2	5.7	2.6	15	3.7
0.8	5.2	19	3.4	130	5.1
0.9	8.6	59	4.4	990	6.8
1.0	14.0	166	5.6	5900	9.0
공식	$\pi_V = (\frac{S}{0.6})^5 +$	$\pi_V = (\frac{S}{0.6})^{10} +$	$\pi_V = (\frac{S}{0.6})^3 +$	$\pi_V = (\frac{S}{0.6})^{17} +$	$\pi_V = (\frac{S}{0.5})^3 +$
	* S=동작전압/정격전압 * 주의: 동작전압은 인가된 직류전압(DC)과 최고 교류전압(AC)의 합이다.				

* 출처: MIL-HDBK-217FN2 핸드북

〈표 8.11〉 직렬저항 팩터(Series Resistance Factor) (π_{SR})
- Tantalum CSR 유형에만 적용

회로저항 CR (ohms/volt)	π_{CR}
> 0.8	0.66
> 0.6 ~ 0.8	1.0
> 0.4 ~ 0.6	2.3
> 0.2 ~ 0.4	2.0
> 0.1 ~ 0.2	2.7
0.0 ~ 0.1	3.3
	$CR = \frac{\text{캐패시터와 } power \text{ 전원간 유효저항}}{\text{캐패시터에 인가된 전압}}$

* 출처: MIL-HDBK-217FN2 핸드북

〈표 8.12〉 품질팩터 (π_Q)

품 질	π_Q
설정(established) 신뢰성 형태	
D	0.001
C	0.01
S,B	0.03
R	0.1
P	0.3
M	1.0
L	1.5
미 설정(non-established) 신뢰성 형태(대부분 2글자 형태)	3.0
민수 또는 미지의 스크리닝 수준 (Commercial or unknown screening level)	10.0
* 주의: Established 신뢰성 형태는 관련 군장비 규격에 정의된 수명시험을 근거로 한 고장률 등급(D, C, S 등)이다. 이 범주는 보통 R로 끝나는 3글자 유형에만 적용된다.	

* 출처: MIL-HDBK-217FN2 핸드북

〈표 8.13〉 환경팩터 (π_E)

적용 환경	π_E
G_B	1
G_F	10
G_M	20
N_S	7
N_U	15
A_{IC}	12
A_{IF}	15
A_{UC}	25
A_{UF}	30
A_{RW}	40
S_F	0.5
M_F	20
M_L	50
C_L	570

* 출처: MIL-HDBK-217FN2 핸드북

이제 실제로 캐패시터의 고장률을 산출하는 과정을 고찰하자. 정격 400VDC의 어느 캐패시터가 고려되며, 이의 유형은 CQ09A1KE153K3이며 fixed ground 환경에서 사용된다. 동작중 주위 온도는 50℃이며 50Vrms@60Hz의 200VDC가 적용된다. 이 캐패시터는 적용규격의 요구에 완전히 준하여 구매되었다. 이 캐패시터의 고장률을 산출하자.

여기서 "CQ"는 캐패시터 유형으로 규격 MIL-C-19978의 미 설정(non-established) 신뢰성 품질수준의 제품이며, 글자 "E"는 400V의 DC 정격을 의미한다. 다음으로, "153"은 캐패시터 용량으로 단위는 picofarads이다. 이중 앞의 둘은 유효수자이며 셋째는 0의 개수이다. 따라서, 이 캐패시터의 용량은 15,000 picofarads 또는 0.015μF이다. ($Pico = 10^{-9}$, $\mu = 10^{-6}$).

이상의 정보를 바탕으로 <표 8.7>의 유형 CQ행에 의해 기본고장률 $\lambda_b = 0.00051$을 얻을 수 있으며, 기타 팩터들은 해당 팩터 표의 첫째 열 값들을 적용한다. 먼저, 온도팩터 <표 8.8>의 첫째 열에서 온도 50℃로부터 $\pi_T = 1.6$을 얻는다. 다음 용량팩터 <표 8.9>에 0.015μF이 나와있지 않으므로 첫째 열의 공식을 통하여 다음과 같이 구한다.

$$\pi_C = 0.0015^{0.09} = 0.69$$

또한, 전압스트레스 팩터를 구하기 위하여 정격전압 대 동작전압의의 비를 구하면

$$S = \frac{\text{인가된 } DC\ Volts + \sqrt{2} \times (\text{인가된 } AC\ Volts)}{DC \text{ 정격 } Volts}$$

$$= \frac{200 + \sqrt{2} \times 50}{400}$$

$$= 0.68$$

으로 계산되어 <표 8.10> 첫째 열의 공식을 이용하여

$$\pi_V = (\frac{0.68}{0.6})^5 + 1 = 2.9$$

가 얻어진다. 나머지 팩터들은 $\pi_{SR} = 1$, $\pi_Q = 3$(non-established), 그리고 $\pi_{E=}10(G_F$, ground fixed)로 얻어진다. 최종적으로, 이 캐패시터의 고장률은 기본고장률과 팩터들의 곱으로 다음과 같이 구해진다.

$$\lambda_P = 0.00051 \times 1.6 \times 0.69 \times 2.9 \times 1 \times 3.0 \times 10$$

$$= 0.049(\text{회/백만시간})$$

8.5 결 언

이 장에서는 MIL-HDBK-217의 전반적인 개념과 고장률 산출 과정에 대하여 고찰하였다. 비록 정확성을 비롯한 일부 비판적인 견해가 있으나 전기·전자 부품 및 시스템 신뢰도 산출에 대한 세계적인 선도 역할을 해왔고 기타 규격/모형들의 근간이 되어왔다는 점에서 의의를 갖는다. 동시에 비록 공식적으로는 구형 규격화 된 규격이나 217-Plus의 부품 및 시스템 모형의 복잡성과 MIL-HDBK-217의 비판으로 지적되는 일부 부부분을 제외하고는 아직도 활용도가 많고 현재에도 군 관련 신뢰도 예측 업무에 가장 많이 활용되고 있다. MIL-HDBK-217을 통하여 217-Plus의 부품 모형에 대한 대안이나 제공되지 않는 부품들에 대하여 충분히 적용 가능하다.

전기·전자시스템 신뢰도 예측
217Plus, MIL-HDBK-217, SR-332를 중심으로

part 03

chapter 09

SR-332 규격 및 고장률 산출

본 장에서는 전기·전자 시스템에 대한 민수분야의 대표적 신뢰성 규격인 Telcordia의 SR-332에 대하여 논한다. 이를 이용한 신뢰도 산출과정도 함께 고찰한다.

9.1 Telcordia SR-332 개요

1984년 AT&T사의 분할시 R&D 기관이었던 "벨 연구소"가 AT&T사의 소유로 잔류하게 됨에 따라, 7개 지역 벨 운용 회사들(RBOCs: Regional Bell Operating Companies)이 자체의 연구소 필요성으로 공동 투자하여 대규모 연구 기관인 Bellcore(Bell Communications Research, Inc.)를 설립하였다. 이후 1997년 research and engineering 회사인 SAIC(Science Applications International Corporation)가 Bellcore를 매입함에 따라 Bellcore는 이름을 바꾸어야 했으며 1999년 Telcordia Technologies로 개명되었다. 2004년말 SAIC는 Telcordia를 사모회사인 Warburg Pincus and Providence Equity Partners에게 판매하였으며 현재까지 회사명은 Telcordia를 유지하고 있다.

Bellcore는 초기 자신의 신뢰도 예측에 DoD의 신뢰성 예측 규격인 MIL-HDBK-217을 사용했다. 그러나, 회사 제품에 적용할 전문적인 자신의 신뢰성 규격 제정의 필요성과

MIL-HDBK-217이 자신의 민수용 품질 부품에 비관적(pessimistic) 예측치를 생성함에 MIL-HDBK-217 결과를 자신들 예측치를 위한 초기치(starting point)로 간주하고, 동시에 자신들의 실무 영역에 좀 더 잘 반영되도록 모형을 수정 및 단순화함으로서 궁극적으로 Bellcore 신뢰성 예측절차를 개발하였다. 이 후 여러 차례에 걸쳐 수정 보완되었다. <표 9.1>은 SR-332의 주요 개발 과정을 요약한다.

〈표 9.1〉 SR-332의 주요 개발 과정

일 자	규 격
1984.	Bellcore Issue 1 발표 (문서번호 TR*-332)
1994. 12	Bellcore Issue 5 발표
1997. 12	Bellcore Issue 6 발표
2001. 5	Telcordia Issue 1 발표 (문서번호 SR**-332)
2006. 9	SR-332 Issue 2 발표

* TR: Technical Report
** SR: Special Report

즉, Bellcore Issue들은 1990년대 중반까지 AT&T Bell 연구소에서 제정한 문서들로 MIL-HDBK-217를 기초로 상업용 통신 부품들에 대한 고장률과 MTBF 예측을 위한 민수용 국제규격이다. Telcordia document SR-332, Issue 1은 Bellcore document TR-332, Issue 6의 수정·보완된 버전으로 공식 이름은 "Reliability Prediction Procedure for Electronic Equipment" (document number SR-332, Issue 1)이다. 많은 민수용 전기·전자 부품회사들은 Bellcore/Telcordia 규격서를 자신들의 신뢰성 예측에 적용한다.

9.2 SR-332의 고장률 모형

최근 SR-332 Issue 1의 새 버전인 Issue 2가 출판되었으나, 여기서는 SR-332 Issue 1을 중심으로 설명한다. SR-332의 접근 방식은 MIL-HDBK-217과 유사하나, 기본적으로 군수산업보다는 통신업체 및 상업용 시스템에 활용된다. Telcordia SR-332의 신뢰성 분석 결과는 MIL-HDBK-217과 마찬가지로 고장률이나 MTBF의 형태로 제공되며, 고려되는 부품의 수명분포 역시 지수분포(exponential distribution)를 가정한다. Telcordia가 조사·분석한 전기·전자 부품 고장률과 관련한 내용에 대해서는 부록 A를 참고할 수 있다. 다만, 고장률은 106(백만) 시간을 사용하는 MIL-HDBK-217과 달리 109(10억) 동작시간 당 고장수로 정의된다. 이는 민수용 부품들의 고장률이 MIL-HDBK-217의 결과치보다 더 낮음, 즉, MIL-HDBK-217이 다소 비관적인 결과치를 제공함을 간접적으로 반영하는 셈이다.

SR-332에서는 전자 장비를 3개의 계층적 구성품으로 간주하고 있다. 이중, 부품(device)은 전기·전자 기본 구성품들로 저항, 캐패시터, 트랜지스터, 집적회로 등 MIL-HDBK-217 경우와 동일하다. 유니트(unit)는 부품들의 집합체로 보통 수리 불가능한 형태로 사용자가 직접 교체할 수 있는 단위의 구성품을 말한다. 그리고, 시스템(sytem)은 유니트들의 집합체로 하나의 유니트 고장으로 시스템 고장의 유발이 가능한 것을 말한다. SR-332에서는 레벨별로 구성되는 구성품을 기준으로 신뢰도를 예측하는 방법을 설명하고 있으며 공통적인 팩터(factor)들을 신뢰도 예측에 고려한다.

MIL-HDBK-217과 달리 SR-332에서는 모든 부품별 고장률 공식이 동일하다. 고려되는 팩터들은 공통적으로 품질, 온도, 스트레스, 그리고 환경 등 4가지만 사용한다. 특정 부품 i의 고장률은 안정상태 고장률(steady-state failure rate)에 팩터 값들을 곱한 형태로 정의된다. 즉,

$$\lambda_{SS_i} = \lambda_{G_i} \pi_{Q_i} \pi_{S_i} \pi_{T_i} \tag{9.1}$$

단, λ_{G_i} - 부품 i의 일반 안정상태 고장률(generic steady-state failure rate)

$\pi_{Q_i} \pi_{S_i} \pi_{T_i}$ - 부품 i의 품질, 스트레스, 온도 팩터 값

위 팩터들은 모두 부품의 안정상태 고장률에 영향을 주는 것이다. 안정상태란 부품의 고장률이 정착되어 시간에 따라 변동이 없는 상태를 의미하며, 욕조곡선(bath-tub curve) 상의 임의고장률(random failure rate) 기간에 해당된다. 고장률에 대한 기본 개념은 부록 A를 참고할 수 있다. 일반 안정상태 고장률(λ_G)은 부품별로 다르게 정의되며 각 부품 및 분류 특성별로 도표 값으로 제공된다. 유니트 및 시스템의 고장률 계산은 원칙적으로 구성 부품들 및 이들의 구조형태에 따라 달라진다. SR-332에서는 직렬구조(series structure)를 가정하며 유니트의 경우 안정상태 고장률은 유니트를 이루고 있는 모든 부품들의 고장률 합과 유니트에 적용되는 환경팩터의 곱으로 계산한다. 즉,

$$\lambda_{Unit} = \pi_E \times \sum_{i=1}^{n} N_i \cdot \lambda_{SS_i} \tag{9.2}$$

단, n - 유니트를 구성하는 부품들의 종류(수)

N_i - 부품 종류 i의 수량

Π_E - 유니트에 적용되는 환경팩터

고려하는 시스템이 고장원리, 장비구성 그리고 작동조건 등에서 직렬구조(series structure)라고 판단하는 것이 적절하다면, 시스템의 총 고장률(λ_{System})은 모든 유니트의 안정 상태 고장률을 합산한 것이 될 것이다. 즉,

$$\lambda_{System} = \sum_{j=1}^{k} \lambda_{Unit(j)} \tag{9.3}$$

단, $\lambda_{Unit(j)}$ - 유니트 종류 j의 안정 상태 고장률

k - 유니트의 종류 수

유니트의 안정상태 고장률은 시스템에 직접적으로 영향을 미치는 고장을 의미함을 주지하자.

9.3 SR-332의 팩터들

이 절에서는 SR-332 고장률 모형에 적용되는 4가지 팩터(품질, 온도, 스트레스, 그리고 환경)들에 대해서 설명한다.

① 품질팩터(qulaity factor)

고장률 예측과정에 있어 SR-332에서는 부품 납품업체(supplier)에 대한 4가지 품질수준을 사용하고 있다. 완벽하지는 않겠으나 제조업체가 기울이고 있는 총체적인 노력 및 공학적인 프로그램의 영역과 깊이를 반영하도록 설계되었다. 각 품질수준과 관련한 부품 제공자의 품질 활동에 대해서는 독립적인 표로 제공되며, 수준에 따라 팩터 값이 적용된다. <표 9.2>는 SR-332에서의 품질팩터와 관련한 세부 내용을 도시한다. 표에서와 같이 구성

〈표 9.2〉 품질 등급

품질 수준	세 부 내 용	품질 팩터
0	민수용 등급, 재설계, 재가공, 재작업, 회색시장 구성품들이 이에 해당된다. 보통 주 장비 제조업체들이나 외주의 조악한 설계 또는 제조 하청업체들이 부품 인증/자격, lot-to-lot 관리, 또는 효과적인 피드백과 수정 조치 프로그램 등이 없이 공급되는 경우에 적용된다. 그러나, 구성품들이 설계 적용과 일관됨을 보이는 조처를 취해야 한다.	6
I	철저한 부품상의 인증/자격이나 lot-to-lot 관리 없는 장비 제조업체로부터 구입·사용되는 민수용 등급의 구성품등이 이 등급에 해당한다. 그러나, a) 구성품들이 설계 적용 및 제조 과정 측면에서 일치됨을 보이는 조처와, b) 제조과정이나 필드 상에서 문제를 빠르게 찾고 해결하기 위한 효과적인 피드백과 수정 조치 프로그램 등이 마련돼야 한다.	3
II	등급 I의 a)와 b) 요구와 다음을 충족하는 구성품이 이 등급에 해당한다. c) 구매규격에 중요한(전기적, 기계적, 열적, 그리고 환경적) 특성들과 수용 품질 수준(예, AQL, DPM 등) 등이 로트 관리를 위해 명확히 설정되어야 한다. d) 부품과 부품 제조업체들이 인증/자격을 부여 받아야 하고 승인된 부품/제조업체 목록에 있어야 한다. e) 장비나 부품 제조업체에 의한 lot-to-lot 관리는 일관된 품질을 확신하기 위해 적절한 AQL/DPM에서 수행되고 있어야 한다.	1
III	등급 I, II의 a)~e) 요구 및 다음의 조건을 만족하는 구성품이 이 등급에 해당한다. f) 부품군(device families)들에 대하여 정기적으로 자격을 재취득 되어야 한다. f) 초기수명 기간 100% 스크리닝(온도 사이클링 및 burn-in)에 의한 신뢰도 관리를 위한 lot-to-lot 관리가 수행되어야 한다. 즉, 결과가 만족되면 샘플기반의 신뢰도 감사(reliability audit)나 수용 가능한 신뢰도 감시(reliability monitoring) 등으로 경감되되, 누적 초기고장수가 10,000시간 중 200ppm 이하임을 증명하는 결과를 첨부할 것. h) burn-in 스크리닝을 실시하는 경우, 허용 불량률(PDA: percent defective allowed)이 명시되되 2%가 넘지 말아야 한다. 그리고 i) 부품과 장비 제조업체는 계속적인 신뢰성 개선 프로그램을 운용해야 한다.	0.9

* 주의: 수준 0 이외의 모든 수준의 구성품들에 대하여는 증빙서류가 요구됨.

* 출처: SR-332

품들은 4 단계의 품질수준으로 분류되며 세부 내용에 해당하는 수준에 따라 팩터 값은 0.9, 1, 3, 6 중 한 값을 갖는다. 참고로, MIL-HDBK-217에서는 부품별로 더욱 세분되고 더 넓은 영역의 팩터 값을 갖음을 알고 있으며, SR-332는 MIL-HDBK-217 경우보다 훨씬 덜 민감한 고장률 결과가 예상됨을 알 수 있다.

② 동작온도 팩터(operating temperature factor)

온도는 전기·전자 부품의 신뢰도에 가장 큰 영향을 미치는 요인이다. 이 팩터 값 역시 부품 및 온도별 도표 값으로 제공된다. 예를 들어, 온도가 30-60℃까지 변한다면, 팩터는 0.4-6.4까지 변하도록 되어있다. 동작온도를 알 수 없는 경우, 40℃ (Π_T=1)로 간주한다. 일반적으로, 온도 조건에 따른 부품의 수명은 MIL-HDBK-217의 경우와 마찬가지로 아레니우스 공식에 기반하며, 온도팩터(Π_T)는 다음 식으로 계산된다.

$$\Pi_T = e^{\frac{Ea}{k}\left(\frac{1}{T_0} - \frac{1}{T_1}\right)} \tag{9.4}$$

단, T_0 - 기준온도(40℃+273),

T_1 - 실제 동작온도(동작온도℃+273)

Ea - 활성화 에너지(activation energy)

k - 볼쯔만 상수(8.62×10^{-5})

이 식의 함수형태는 Ea의 값에 따른 10가지의 곡선형태를 가정한다. 즉, 부품 유형별로 적용할 곡선형태 번호가 주어지며 이에 해당하는 Ea 값을 적용한다. <표 9.3>이 동작온도에 따른 온도팩터의 값을 도시한다. 표에 주어진 영역 밖의 온도에 대해서는 공식을 직접 적용하여 산출한다.

〈표 9.3〉 온도 팩터 (Π_T)

동작중 주위온도 (℃)	온도 스트레스 커브									
	1	2	3	4	5	6	7	8	9	10
30	1.0	0.9	0.9	0.8	0.7	0.7	0.5	0.6	0.5	0.4
31	1.0	0.9	0.9	0.8	0.7	0.7	0.6	0.6	0.5	0.5
32	1.0	0.9	0.9	0.8	0.8	0.7	0.6	0.6	0.6	0.6
33	1.0	0.9	0.9	0.9	0.8	0.7	0.7	0.7	0.6	0.6
34	1.0	0.9	0.9	0.9	0.8	0.8	0.7	0.7	0.7	0.6
35	1.0	1.0	0.9	0.9	0.9	0.8	0.8	0.8	0.7	0.7
36	1.0	1.0	0.9	0.9	0.9	0.8	0.8	0.8	0.8	0.7
37	1.0	1.0	1.0	0.9	0.9	0.9	0.9	0.9	0.8	0.8
38	1.0	1.0	1.0	1.0	0.9	0.9	0.9	0.9	0.9	0.8
39	1.0	1.0	1.0	1.0	1.0	1.0	1.0	0.9	0.9	0.9
40	1.0	1.0	1.0	1.0	1.0	1.0	1.0	1.0	1.0	1.0
41	1.0	1.0	1.0	1.0	1.0	1.0	1.0	1.1	1.1	1.1
42	1.0	1.0	1.0	1.0	1.1	1.1	1.1	1.1	1.1	1.2
43	1.0	1.0	1.0	1.1	1.1	1.1	1.2	1.2	1.2	1.3
44	1.0	1.0	1.1	1.1	1.1	1.2	1.2	1.2	1.3	1.4
45	1.0	1.0	1.1	1.1	1.2	1.2	1.3	1.3	1.4	1.5
46	1.0	1.1	1.1	1.1	1.2	1.3	1.3	1.4	1.5	1.6
47	1.0	1.1	1.1	1.2	1.3	1.3	1.4	1.4	1.6	1.8
48	1.0	1.1	1.1	1.2	1.3	1.4	1.4	1.5	1.7	1.9
49	1.0	1.1	1.1	1.2	1.3	1.4	1.5	1.6	1.8	2.1
50	1.0	1.1	1.1	1.2	1.4	1.5	1.6	1.7	1.9	2.2
51	1.0	1.1	1.2	1.3	1.4	1.6	1.7	1.8	2.0	2.4
52	1.0	1.1	1.2	1.3	1.5	1.6	1.7	1.9	2.2	2.6
53	1.0	1.1	1.2	1.3	1.5	1.7	1.8	1.9	2.3	2.8
54	1.0	1.1	1.2	1.4	1.6	1.7	1.9	2.0	2.4	3.0
55	1.0	1.1	1.2	1.4	1.6	1.8	2.0	2.1	2.6	3.3
56	1.0	1.2	1.2	1.4	1.7	1.9	2.1	2.3	2.8	3.5
57	1.0	1.2	1.3	1.4	1.7	2.0	2.2	2.4	2.9	3.8
58	1.1	1.2	1.3	1.5	1.8	2.0	2.2	2.5	3.1	4.1
59	1.1	1.2	1.3	1.5	1.8	2.1	2.3	2.6	3.3	4.4
60	1.1	1.2	1.3	1.5	1.9	2.2	2.4	2.7	3.5	4.8
61	1.1	1.2	1.3	1.6	1.9	2.3	2.5	2.9	3.7	5.1
62	1.1	1.2	1.3	1.6	2.0	2.3	2.7	3.0	3.9	5.5
63	1.1	1.2	1.4	1.6	2.0	2.4	2.8	3.1	4.2	5.9
64	1.1	1.2	1.4	1.7	2.1	2.5	2.9	3.3	4.4	6.4
Ea	0.05	0.10	0.15	0.22	0.28	0.35	0.40	0.45	0.56	0.70

* 출처: SR-332

③ 전기적 스트레스 팩터(electrical stress factor)

전기적 스트레스 팩터는 해당 부품에 인가되는 전기적 부하(stress)가 수명에 미치는 영향을 함수형태로 정량화 한 것으로, 정격 전압(또는 전력)에 대한 인가 전압(또는 전력)의 백분율로, 이를 고장률에 대한 스트레스의 영향을 정량적으로 표현한다. 전기적 스트레스 팩터(Π_S)는 다음 식을 통하여 구한다.

$$\Pi_S = e^{m(p_1 - p_0)} \tag{9.5}$$

단, p_1 - 인가된(applied) 스트레스 퍼센트(%)

p_0 - 기준 스트레스(reference stress, 50%)

m - 모수 값

<그림 9.1>은 스트레스 팩터의 함수 모양을 도시한다. 즉, 정격(rated)에 대한 50%의 부하를 기본으로 인가(applied) 스트레스가 이보다 높을수록 큰 값을 갖는다. 온도 팩터의 경우와 같이 이 곡선 역시 m의 값에 따라 형태가 달라지며 총 11가지로 분류한다. 부품 범주/유형별 적절한 함수가 A-K중 주어지며 이에 대응하는 m 값을 적용한다. 팩터 값은 공식을 사용하여 구하거나, 부품에 따라 스트레스 수준별로 제공된 <표 9.4>로부터 구한다. 표를 통하여 스트레스 수준 10-90%에 대하여 팩터 값이 0.1에서 10.6까지 변함을 알 수 있다. 특별히, 인가 스트레스가 50% 미만일 경우 Π_S=1을 적용한다. 또한, 어느 부품에 인가되는 스트레스의 크기가 시간에 따라 변한다면, 이들의 평균 값을 적용한다.

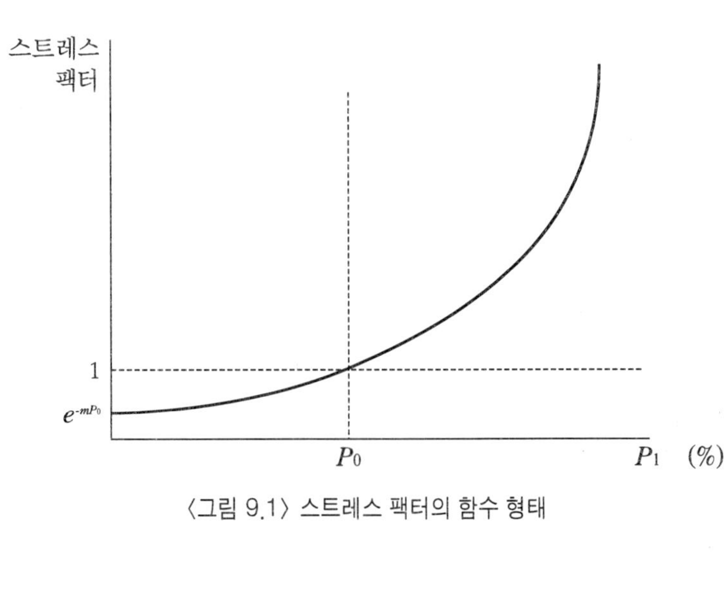

〈그림 9.1〉 스트레스 팩터의 함수 형태

〈표 9.4〉 전기적 스트레스 팩터 (Π_S)

스트레스 (%)	전기적 스트레스 곡선										
	A	B	C	D	E	F	G	H	I	J	K
10	0.8	0.7	0.6	0.5	0.4	0.3	0.2	0.2	0.2	0.1	1.0
20	0.8	0.8	0.7	0.6	0.5	0.4	0.3	0.3	0.3	0.2	1.0
30	0.9	0.8	0.8	0.7	0.6	0.6	0.5	0.4	0.4	0.3	1.0
40	0.9	0.9	0.9	0.8	0.8	0.7	0.7	0.7	0.6	0.6	1.0
50	1.0	1.0	1.0	1.0	1.0	1.0	1.0	1.0	1.0	1.0	1.0
60	1.1	1.1	1.1	1.2	1.3	1.3	1.4	1.5	1.6	1.8	1.1
70	1.1	1.2	1.3	1.5	1.6	1.8	2.0	2.3	2.5	3.3	1.1
80	1.2	1.3	1.5	1.8	2.1	2.4	2.9	3.4	4.0	5.9	1.2
90	1.3	1.4	1.7	2.1	2.6	3.2	4.1	5.2	6.3	10.6	1.3
m	0.006	0.009	0.013	0.019	0.024	0.029	0.035	0.041	0.046	0.059	0.006
	* 곡선 K에서 $p_1 < 50\%$ 일 경우 $\Pi_S = 1$.										

* 출처: SR-332

④ 환경팩터(environmental factor)

제품 사용환경 역시 SR-332의 주요 팩터이며 환경조건을 육상, 해상, 공중 및 우주상의 "Ground Fixed Controlled, Ground Fixed Uncontrolled, Ground Mobile, Airborne Commercial, Space-based Commercial" 등 5가지로 분류하고, 각각 다른 값으로 고장률에 기여함을 가정하여 1-15까지의 다양한 값을 갖는다. <표 9.5>는 SR-332의 환경팩터들을 도시한다. 표에서 보듯이 총 5가지 범주로 분류되며 범주별 기호와 팩터 값이 정의되어 있다. 표의 마지막 열은 정상적인 적용 환경조건에 대한 설명이다. 참고로, MIL-HDBK-217에서는 이보다 더욱 세분된 14가지로 분류하며 팩터 값들도 부품별로 훨씬 다양하게 정의됨을 설명하였다.

〈표 9.5〉 환경팩터 (Π_T)

적용 환경	기호	Π_T	정상 환경 조건
Ground, Fixed, Controlled	G_B	1.0	최적의 동작 및 유지관리 정책으로 거의 제로 상태의 환경 스트레스. 전형적인 중앙사무실, 환경적으로 제어되는 지하실, 피난시설, 또는 고객 건물지역 등.
Ground, Fixed, Uncontrolled	G_F	2.0	제한적인 유지관리를 수반하는 약간의 환경적인 스트레스. 대표적인 예는 쇼크, 진동, 온도, 또는 대기변화 등에 영향을 받는 맨홀, 폴, 원거리 터미널, 고객건물 지역 등
Ground, Mobile, (차량에 장착 및 운반형태 portable 모두 포함)	G_M	6.0	특별히 충격과 진동에서 G_F보다 심한 조건. 더욱 제한된 관리와 사용자 소홀에 민감한 조건. 전형적인 예) 휴대 전화, 휴대 작동 장치, 테스트 장치 등
Airborne, commercial	A_C	10	압력 온도, 충격 및 진동에서 G_F 보다 심한 조건. 추가로 적용환경상 관리가 G_F 보다 제한되는 경우. 예) 민간 항공기의 승객실
Spacebased, commercial	S_C	15	A_C와 유사하되 유지관리가 없는 낮은 지구 궤도 조건. 예) 민간 통신위성

* G_F 출처: SR-332

9.4 SR-332 규격에 의한 고장률 산출

여기서는 SR-332에 의해 고장률 산출을 수행한다. 특별히, 제 5장에서 고려하였던 안정기의 인버터 회로 중 저항(R1-R6)과 트랜지스터(Q1,Q2)를 대상으로 한다.

저항(R1-R6)은 범주가 고정형(fixed)이고 세부 분류가 1메가 옴(ohm)이하의 Film (carbon oxide)형이며, 동작전력은 약 0.1W이다. 이의 환경팩터는 6을 가정하였고 동작온도 50℃, 전기적 부하는 40%(=0.1/0.25)로 정의하였다. 트랜지스터(Q1,Q2)는 세부 범주가 실리콘(silicon)으로 6W 이상의 NPN형이다. 이 소자는 다른 부품들에 비하여 전기적 부하 및 동작온도가 매우 높으며, 궁극적으로 안정기의 고장이 가장 많이 유발되는 부품이다.

SR-332에서는 부품 보다는 유니트에 환경팩터를 적용하고 유니트 내의 부품들이 동일한 팩터 값을 갖도록 정의되나 여기서는 램프의 변동으로 인한 영향이 부품에 다르게 미치므로 부품별로 환경 영향이 다름을 가정하며 1-6사이에서 적절한 값들을 가정한다. 다음으로, 부품들의 품질수준은 제조과정 및 품질상의 시스템화가 다소 열악한 중소기업을 가정하여 품질수준을 0(품질팩터 값은 6)으로 적용한다.

이들의 고장률 산출을 위해 먼저 <표 9.6>과 <표 9.7>은 저항과 트랜지스터의 유형별 고장률과 온도 및 전기적 스트레스 팩터 값들과 관련한 내용을 도시한다. 이 표의 고장률은 10억 동작시간당 고장회수를 나타낸다. 다음으로 온도 및 전기적 스트레스 팩터의 경우 이 표의 숫자 및 기호들은 <표 9.3>과 <표 9.4>에서 해당 기울기 값(온도의 경우 Ea, 전기적 스트레스의 경우 m)에 해당하는 열 번호/기호를 나타낸다. 먼저, 저항의 경우 상술한 조건에 의해 <표 9.6>으로부터 Film(Carbon, Oxide, Metal) 행으로부터 고장률은 0.5(회/10억시간), 온도와 전기 스트레스의 경우 각각 3열과 C열이 얻어진다. 따라서, 온도와 전기적 스테레스는 <표 9.3>과 <표 9.4>로부터 각각 1.1과 0.9를 얻을 수 있다. 따라서, 저항의 고장률은 이들의 곱에 의해 다음으로 주어진다.

$$\lambda_p = 6 \times 0.5 \times 6 \times 6 \times 1.1 \times 0.9 = 106.92 \text{ (회/10억시간)}$$

〈표 9.6〉 부품 고장률 - 저항 (Resistors, Fixed Type)

부품 유형	고장률 (회/10억시간)	온도 스트레스 〈표 9.3〉	전기적 스트레스 〈표 9.4〉
Composition (SMT 포함)			
≦1 megaΩ	1	6	D
>1 megaΩ	4	4	D
Film (Carbon, Oxide, Metal)			
≦1 megaΩ	0.5	3	C
>1 megaΩ	3	3	C
Film, Power(>1W)			
≦1 megaΩ	3	1	A
>1 megaΩ	7	1	A
Wirewound, Accurate			
≦1 megaΩ	16	2	C
>1 megaΩ	41	2	C
Wirewound, Power, Lead mounted	10	3	D
Wirewound, Power, Chassis Mounted	10	3	D

* 출처: SR-332

〈표 9.7〉 부품 고장률 - 트랜지스터 (Transistors)

부품 유형	고장률 (회/10억시간)	온도 스트레스 〈표 9.3〉	전기적 스트레스 〈표 9.4〉
Silicon			
NPN			
≦ 0.6W	4	4	E
0.6~6.0W	6	4	E
>6.0W	10	4	E
PNP			
≦ 0.6W	4	4	E
0.6~6.0W	6	4	E
>6.0W	10	4	E
Germanium			
NPN			
≦ 0.6W	60	4	E
0.6~6.0W	90	4	E
>6.0W	150	4	E
PNP			
≦ 0.6W	20	4	E
0.6~6.0W	30	4	E
>6.0W	55	4	E
Field Effect			
Silicon			
Linear	40	4	E
Switch	20	4	E
High Frequency	170	4	E
GaAs			
Low noise (≦ 100mW)	100	4	E
Driver (>100mW)	700	4	E
Unijunction	180	4	E
Microwave			
Pulse Amplifier	1100	7	E
Continuous Wave	2200	7	E

* 출처: SR-332

다음은 트랜지스터(Q1,Q2)로 <표 9.7>의 실리콘(silicon) 6W 이상의 NPN유형으로부터 고장률이 10이다. 트랜지스터의 전기적 부하는 전력과 전압의 복합형태로 정의되며 모두 곡선 E의 형태를 가진다. 이들 각각에 있어 46%(=32/70)와 55%(=220/400)의 인가 부하가 예상되며 부하 팩터 값은 1.0243이다. 동작온도 역시 높은 85℃를 가정하며 Ea=0.22인 곡선 4로 정의된다. 최종적으로 저항과 트랜지스터의 고장률이 아래에 요약되었다.

설계 번호	수량	λ_G	Π_Q	Π_E	온도 (℃)	Π_T	p_1 (%)	Π_S	고장률
R1-R6	6	0.5	6	6	50	1.1	40	0.9	106.92
Q1,Q2	2	10	6	10	85	2.7869		1.0243	3425.55

9.5 결 언

이 장에서는 Telcordia의 SR-332에 대한 전반적인 내용을 고찰하였다. 이 과정에서 형광등용 안정기 가운데 저항과 트랜지스터에 대한 고장률 산출 과정을 살펴보았다. 특별히, SR-332는 MIL-HDBK-217과 함께 전기·전자 부품의 신뢰도 예측에 폭 넓게 이용되는 대표적인 모형으로서 이를 통한 예측 또한 기업에 있어서는 제품 품질상의 중요한 기반을 제공한다.

part 04 부 록

부록 A 욕조곡선 및 전자부품의 고장률

부록 B 217-Plus의 개별 부품 모형들

부록 C 시스템 프로세스 평가

APPENDIX A

욕조곡선 및 전자부품의 고장률

고장률(failure rate)은 신뢰성과 관련하여 핵심적인 중요성을 가진다. 시간에 따른 부품 또는 시스템의 고장률을 정의할 수 있을 때 해당 부품 또는 시스템의 수명을 포함한 다양한 신뢰성 척도들을 도출할 수 있다. 일반적인 고장률을 반영하는 욕조곡선(bath-tub curve)은 <그림 A.1>과 같다. 신뢰성 분야에서 가장 기초적이고 중요한 분포는 지수분포(exponential distribution)로 고장률이 시간에 따라 변하지 않는 상수의 경우를 의미하며, 실무상의 다양한 부품 및 시스템의 수명 특성을 대변해 오고 있다. 그림의 중앙부분이 지수분포 특성의 상수/임의(constant/random) 고장률 구간에 해당한다. 좌측의 감소 고장률(decreasing failure rate) 구간은 초기 부품/시스템 출시의 경우 아직 고장률이 정착되지 않은 경우로 점차 문제 해결을 통하여 고장률이 감소함을 대변한다. 우측의 증가 고장률(increasing failure rate) 구간은 노후화로 인한 기능이나 성능상의 저하, 마모 등을 대변한다. 이렇듯, 대부분 기계 및 전자 부품 고장률은 초기 일정기간의 감소 고장률 기간을 지나 상수 고장률 기간에 접어들고, 이후 제품 수명 말기에 다시 고장률이 증가한다.

그러나, 민수분야의 전기·전자 부품 및 시스템에 대한 대표적인 신뢰도 규격인 Telcordia SR-332에서는 전기·전자 부품의 다양한 데이터 분석을 통하여 초기 고장률 감소구간을 1년 정도로 보고 있으며 이후 안정적인 상수 고장률 (λ_0라 가정) 기간으로 20년을 언급하고 있다. 우리의 일반적인 상식에 비하여 이는 대단히 긴 구간으로 마모구간이 거의 없음을 반영하며, 동시에 최근 전기 · 전자 부품의 신뢰도는 안정적이며 기대수명 또한 매우 길다는 것을 반영한다.

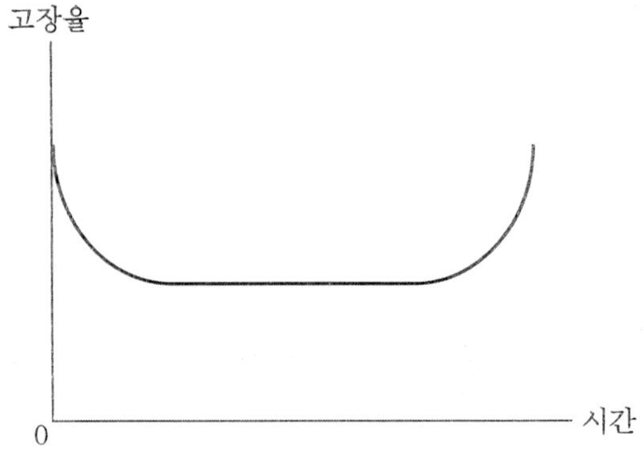

〈그림 A.1〉 욕조곡선 (Bath-tub Curve)

특별히, 초기 1년간 고장률 감소 구간에 있어 Telcordia에서는 이 기간 특정 시점의 고장률은 안정상태 고장률의 일정 배 값($k\lambda_0$)으로 집계하였다. 즉, 시간에 따른 고장률을 안정상태 고장률에 대한 비(ratio)로 표현되는 초년도승수(first-year multiplier)를 정의하였다. 이는 <표 A.1> 및 <그림 A.2>와 같이 도시되며, 안정기에 비해 약 4배의 큰 고장률을 시작으로 점차 안정적인 고장률로 수렴한다는 의견이다. 예를 들어, 시간구간 [150, 200]의 고장률은 상수고장률 기간 [7000, ∞)에 비하여 2.8배 임을 의미한다.

〈표 A.1〉 SR-332의 초년도 승수 (First-year Multiplier)

시간구간(hr)	초년도승수	시간구간(hr)	초년도승수
[0, 2]	4.0	[500, 600]	2.3
[2, 3]	3.9	[600, 800]	2.2
[3, 5]	3.8	[800, 1000]	2.1
[5, 10]	3.7	[1000, 1200]	2.0
[10, 15]	3.6	[1200, 1400]	1.9
[15, 25]	3.5	[1400, 1600]	1.8
[25, 35]	3.4	[1600, 2000]	1.7
[35, 50]	3.3	[2000, 2500]	1.6
[50, 70]	3.2	[2500, 3000]	1.5
[70, 100]	3.1	[3000, 3500]	1.4
[100, 150]	3.0	[3500, 4000]	1.3
[150, 200]	2.8	[4000, 5000]	1.2
[200, 250]	2.7	[5000, 6000]	1.2
[250, 350]	2.6	[6000, 7000]	1.1
[350, 400]	2.5	[7000, inf)	1.0
[400, 500]	2.4		

* SR-332에서의 구간들은 서로 불연속이며, 여기서는 경계가 연속이 되도록 조정하였음.

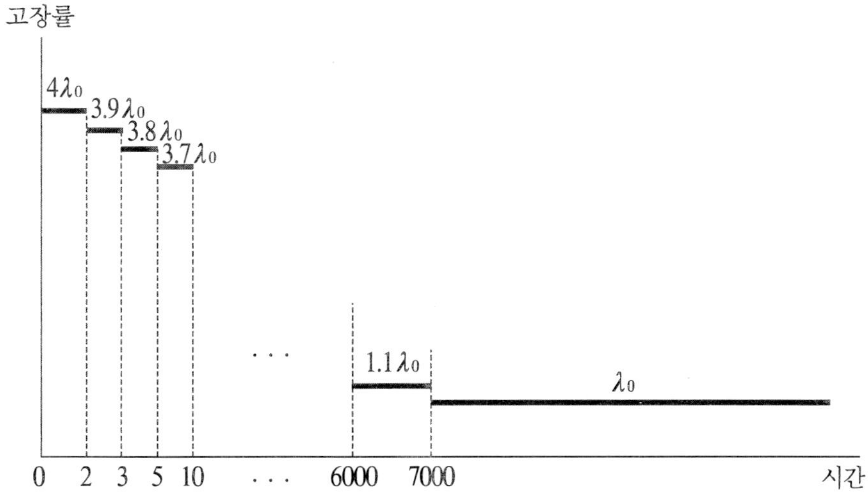

〈그림 A.2〉 전자부품의 시간에 따른 고장률 함수

상수고장률 기간으로 20년을 가정함은 우리의 일반적인 직관과 차이가 날 수 있으며, 이러한 고장률 곡선을 고려한 모형의 경우 단순한 상수 고장률만을 가정하여 모형화하는 경우와 차이가 날 수 있다. 보다 현실적인 모형 수립을 위하여 전태보(2009b)는 <그림 A.2>로 정의되는 초기 감소고장률의 고려가 상수 고장률만을 가정할 경우와 어떻게 다른지 특정 시스템을 대상으로 검토하였다. 특정 시스템을 대상으로 초년도승수를 고려한 고장률을 적용할 경우의 평균수명을 구하였으며, 모든 구간에 안정상태고장률(λ_0)을 적용한 경우의 평균수명($1/\lambda_0$)과 비교하였다. 변동고장률 경우가 정확하다는 가정 하에 상대오차(error ratio)를 통한 분석에서 부품들의 수명이 5년 미만 등 비교적 짧은 경우 순수 상수 고장률을 적용하는 것은 위험하다는 결론이다. 이는 평균수명이 낮은 경우 초년도승수로 인한 효과가 커 단순히 상수고장률을 가정함은 큰 오차를 수반할 수 있음을 의미한다. 반면, 수명이 비교적 긴 부품의 경우 차이가 적어지며 상수 고장률을 적용해도 관계없을 수 있다는 결론이다. 이러한 전기·전자 부품들의 초년도 효과를 고려한 신뢰도 및 수명의 예측이 가능하며 실무에서의 문제에 유용하게 적용할 수 있을 것이다. 추가로, 대부분의 전기·전자 부품들의 수명은 20년까지 이르지 못하며 불과 수년 후부터 마모특성을 소유한다. 초년도 승수 및 마모 특성을 모두 고려할 경우 더욱 오차는 증가할 수 있을 것이다.

APPENDIX B

217-Plus의 개별 부품 모형들

여기서는 217-Plus에서의 부품 모형들에 대하여 설명한다. 217-Plus에서는 이들을 RIACRates라 부르고 다음과 같이 총 12 종류의 부품 및 소프트웨어 등 중요한 전자부품 대부분을 포함하게 되었다. 다만, 이들 이외의 부품에 대하여는 다른 방법으로 신뢰성을 추정해야 한다.

(1) 캐패시터 (Capacitors)
(2) 다이오드 (Diodes)
(3-1) 집적회로 (Integrated circuits), Plastic Encapsulated
(3-2) 집적회로 (Integrated Circuits), Hermetic
(4) 인덕터 (Inductors)
(5) 트랜스포머 (Transformers)
(6) Optoelectronic Devices
(7) 스위치 (Swtiches)
(8) 릴레이 (Relays)
(9) 컨넥터 (Connectors)
(10) 저항 (Resistors)
(11) Thyristors
(12) 트랜지스터 (Transistors)
(13) 소프트웨어 (Software)

이들 중 소프트웨어(software)는 제 4장 시스템 모형에서 설명하였으므로 여기서는 생략한다.

217-Plus 부품 모형 전체에 공통으로 적용되는 변수 또는 파라메터들은 다음과 같다.

y - 제조년도

DC - Duty Cycle (연간 부품이 작동상태에 있는 시간 비율(%), calendar hours로 계산)

CR - 사이클 비율(cycling rate: 년간 시스템의 power on 횟수)

RH - 상대 습도 (relative humidity)

T_{AO} - 작동시의 주위온도(℃)

T_{AE} - 비 작동시의 주위 온도(℃)

* 이하 모든 공식 및 표 값들은 217-Plus 핸드북(2006)을 출처로 한다.

B-1 캐패시터(Capacitors)

캐패시터에 대한 고장률 공식은 다음과 같다.

$$\lambda_P = \pi_G \pi_C (\lambda_{OB} \pi_{DCO} \pi_{TO} \pi_S + \lambda_{EB} \pi_{DCN} \pi_{TE} + \lambda_{TCB} \pi_{CR} \pi_{DT}) + \lambda_{SJB} \pi_{SJDT} + \lambda_{EOS}$$

단, λ_P - 예측 고장률(백만 캘린더 시간당 고장수)

π_G - 신뢰성 성장 고장률 승수 (reliability growth failure rate multiplier)

π_C - 캐패시턴스 고장률 승수 (capacitance failure rate multiplier)

λ_{OB} - 동작중의 기본 고장률

π_{DCO} - duty cycle에 대한 고장률 승수, 동작중

(failure rate multiplier for duty cycle, operating)

π_{TO} - 동작중 온도에 대한 고장률 승수

(failure rate multiplier for temperature, operating)

π_{S} - 스트레스에 대한 고장률 승수

(failure rate multiplier for stress)

λ_{EB} - 환경과 관련한 기본고장률

π_{DCN} - duty cycle, 비동작중에 대한 고장률 승수

(failure rate multiplier, duty cycle, nonoperating)

π_{TE} - 온도-환경에 대한 고장률 승수

(failure rate multiplier for temperature, operating)

λ_{TCB} - 온도 사이클과 관련한 기본고장률

π_{CR} - 사이클 률(cycling rate)에 대한 고장률 승수

π_{DT} - 온도변화(delta temperature)에 대한 고장률 승수

λ_{SJB} - 납땜(solder joint)과 관련한 기본고장률

(base failure rate, solder joint)

π_{SJDT} - 납땜 접촉부 온도변화에 대한 고장률 승수

(failure rate multiplier, solder joint delta temperature)

λ_{EOS} - 전기적 과부하 (electrical overstress)에 대한 고장률

캐패시터 고장률과 관련한 주요 항목은 다음과 같이 계산된다. 세부 모수들과 관련한 값들은 뒤에 주어진 <표 B.1>을 참조한다.

- 신뢰도 성장 고장률 승수 (π_G)의 계산은 다음과 같다.

$$\pi_G = e^{-\beta(y-1993)}$$

단, y - 제조년도

β - 성장 상수(growth constant). 캐패시터 유형별 표 값 참조.

- 캐패시턴스 고장률 승수 (π_C)의 계산은 다음과 같다.

$$\pi_C = \left(\frac{C}{C_1}\right)^{CE}$$

단, C - Capacitance, μF (micro-farads)

C_1 - 상수 (캐패시터 유형별 <표 B.1> 참조)

CE - 상수 (캐패시터 유형별 <표 B.1> 참조)

- 동작중의 duty cycle에 대한 고장률 승수 (π_{DCO})의 계산은 다음과 같다.

$$\pi_{DCO} = \frac{DC}{DC_{1op}}$$

- 동작중의 온도 고장률 승수(π_{TO})의 계산은 다음과 같다.

$$\pi_{TO} = e^{\left(-\frac{Ea_{op}}{0.00008617}\left(\frac{1}{T_{AO}+273}-\frac{1}{298}\right)\right)}$$

단, Ea_{op} - 활성화에너지(activation energy), 동작중, 유형별 <표 B.1>으로 제공

- 스트레스 고장률 승수(π_S)의 계산은 다음과 같다.

$$\pi_S = \left(\frac{S_A}{S_1}\right)^n$$

단, S_A - 스트레스 비(ratio), 인가전압스트레스/정격전압 (applied voltage stress/rated voltage)

S_1 - 상수, 유형별 <표 B.1> 값으로 제공

n - 상수, 유형별 <표 B.1> 값으로 제공

- 비동작중 duty cycle로 인한 고장률 승수 (π_{DCN})의 계산은 다음 식을 따른다.

$$\pi_{DCN} = \frac{1-DC}{DC_{1nonop}}$$

- 온도-환경에 대한 고장률 승수 (π_{TE})는 다음과 같이 계산된다.

$$\pi_{TE} = e^{\left(-\frac{Ea_{nonop}}{0.00008617}\left(\frac{1}{T_{AE}+273}-\frac{1}{298}\right)\right)}$$

단, Ea_{nonop} - 활성화에너지(activation energy), 비동작중, 유형별 <표 B.1>으로 제공

- 사이클 률(cycling rate)에 대한 고장률 승수(π_{CR})는 다음과 같다.

$$\pi_{CR} = \frac{CR}{CR_1}$$

- 온도변화(delta temperature)에 대한 고장률 승수(π_{DT})는 다음과 같다.

$$\pi_{DT} = \left(\frac{T_{AO}-T_{AE}}{DT_1}\right)^2$$

- 납땜 온도변화에 대한 고장률 승수(π_{SJDT})는 다음과 같다.

$$\pi_{SJDT} = \left(\frac{T_{AO}-T_{AE}}{44}\right)^{2.26}$$

상기 공식들에 필요한 capacitor 유형별 파라메터들은 다음 <표 B.1>에 준한다.

〈표 B.1〉 캐패시터 파라메터들

부품 유형	λ_{OB}	λ_{EB}	λ_{TCB}	λ_{IND}	λ_{SJB}	β	DC1OP	EaOP	TRdefault	DC1nonop	Eanonop	CR1	DT1	n	C1	S1	CE
Aluminum	0.000465	0.000220	0.000214	0.000768	0.00095	0.2290	0.17	0.5	0	0.83	0.4	1140.35	21	5	7.6	0.6	0.23
Ceramic	0.001292	0.000645	0.000096	0.000140	0.00095	0.0082	0.17	0.3	0	0.83	0.3	1140.35	21	3	0.1	0.6	0.09
General	0.000634	0.000351	0.000083	0.000259	0.00095	0.0330	0.17	0.3	0	0.83	0.3	1140.35	21	7	0.1	0.6	0.09
Mica/Glass	0.000826	0.000997	0.000888	0.000764	0.00095	0.0082	0.17	0.4	0	0.83	0.4	1140.35	21	10	0.1	0.6	0.09
Paper	0.000663	0.000075	0.000882	0.000042	0.00095	0.0082	0.17	0.2	0	0.83	0.2	1140.35	21	5	0.1	0.6	0.09
Plastic	0.000994	0.001462	0.001657	0.002531	0.00095	0.0082	0.17	0.2	0	0.83	0.2	1140.35	21	6	0.1	0.6	0.09
Tantalum	0.000175	0.000049	0.000032	0.000816	0.00095	0.2290	0.17	0.2	0	0.83	0.2	1140.35	21	17	7.6	0.6	0.23
Variable, Air	0.002683	0.005193	0.002066	0.000566	0.00095	0.0082	0.17	0.3	0	0.83	0.3	1140.35	21	6	0.35	0.5	0.09
Variable, Ceramic	0.002683	0.005193	0.002066	0.000566	0.00095	0.0082	0.17	0.3	0	0.83	0.1	1140.35	21	3	0.35	0.5	0.09
Variable, FEP	0.002683	0.005193	0.002066	0.000566	0.00095	0.0082	0.17	0.3	0	0.83	0.2	1140.35	21	6	0.35	0.5	0.09
Varible, General	0.002683	0.005193	0.002066	0.000566	0.00095	0.0082	0.17	0.3	0	0.83	0.2	1140.35	21	6	0.35	0.5	0.09
Variable, Glass	0.002683	0.005193	0.002066	0.000566	0.00095	0.0082	0.17	0.3	0	0.83	0.2	1140.35	21	3	0.35	0.5	0.09
Variable, Mica	0.002683	0.005193	0.002066	0.000566	0.00095	0.0082	0.17	0.3	0	0.83	0.2	1140.35	21	10	0.35	0.5	0.09
Variable, Plastic	0.002683	0.005193	0.002066	0.000566	0.00095	0.0082	0.17	0.3	0	0.83	0.2	1140.35	21	6	0.35	0.5	0.09

B-2 다이오드(Diodes)

다이오드에 대한 고장률 계산 공식은 다음과 같다.

$$\lambda_P = \pi_G(\lambda_{OB}\pi_{DCO}\pi_{TO}\pi_S + \lambda_{EB}\pi_{DCN}\pi_{TE} + \lambda_{TCB}\pi_{CR}\pi_{DT}) + \lambda_{SJB}\pi_{SJDT} + \lambda_{EOS}$$

- 신뢰도 성장 승수 (π_G)의 계산은 다음과 같다.

$$\pi_G = e^{-\beta(y-1993)}$$

단, y - 제조년도

β - 성장 상수(growth constant). 유형별 <표 B.2> 값 참조.

- 동작중의 duty cycle에 대한 고장률 승수 (π_{DCO})의 계산은 다음과 같다.

$$\pi_{DCO} = \frac{DC}{DC_{1op}}$$

- 동작중의 온도 고장률 승수(π_{TO})의 계산은 다음과 같다.

$$\pi_{TO} = e^{\left(-\frac{Ea_{op}}{0.00008617}\left(\frac{1}{T_{AO}+273} - \frac{1}{298}\right)\right)}$$

단, Ea_{op} - 활성화 에너지, 동작중, 유형별 <표 B.2>로 제공

T_R - 주위 동작온도(T_{AO})로부터의 접촉부(junction) 온도 상승치 (junction temperature rise above the ambient operating temperature(T_{AO}).)

따라서, 접촉부 온도는 $T_{AO} + T_R$

* T_R에 대한 계산방법은 다양하게 존재하며 다음 중 적절한 것을 사용한다.

T_R = 온도 상승 기본치 (default temperature rise) (<표 B.2> 값 참조)

T_R = 실제 온도 상승치 (알고 있을 경우)

$T_R = \Theta_{JA} * P$

단, Θ_{JA} - 접촉부-주위 열 임피던스 (junction-to-ambient thermal impedance)

P - 다이오드에 의해 인가된 전력 (power dissipated by the diode)

$T_R = \Theta_{JC} * P$

단, Θ_{JC} - 접촉부-케이스의 열 임피던스 (junction-to-case thermal impedance)

P - 인가전력 (power dissipated)

이 공식을 선택할 경우 π_{TO} 공식 부분에서 T_{AO}대신 T_C를 사용한다.

T_C - 부품 케이스 온도 (component case temperature)

$T_R = \Delta T * S$

단, ΔT - 전압 비인가 때와 최대 전압 인가시의 접촉부 온도차) (difference in junction temperature between no power dissipated and full rated power dissipated)

S - 스트레스 비, 실제전류/정격전류 (stress ratio, the actual forward current divided by the rated forward current)

스트레스 고장률 승수(π_S)는 다음으로 계산된다. 즉,

$$\pi_S = \frac{V_S^{2.43}}{0.185}$$

$$\text{단, } V_S = \begin{cases} default\text{값}, & (<\text{표 } B.2> \text{ 값 참조}) \\ \dfrac{Voltage_{Applied-reverse}}{Voltage_{Rated-reverse}} & \end{cases}$$

- 비동작중 duty cycle로 인한 고장률 승수 (π_{DCN})의 계산은 다음 식을 따른다.

$$\pi_{DCN} = \frac{1-DC}{DC_{1nonop}}$$

- 온도-환경에 대한 고장률 승수 (π_{TE})는 다음과 같이 계산된다.

$$\pi_{TE} = e^{\left(-\frac{Ea_{nonop}}{0.00008617}\left(\frac{1}{T_{AE}+273}-\frac{1}{298}\right)\right)}$$

단, Ea_{nonop} - 활성화에너지(activation energy), 비동작중, 유형별 <표 B.2>로 제공

- 사이클 률(cycling rate)에 대한 고장률 승수(π_{CR})는 다음과 같다.

$$\pi_{CR} = \frac{CR}{CR_1}$$

- 온도변화(delta temperature)에 대한 고장률 승수(π_{DT})는 다음과 같다.

$$\pi_{DT} = \left(\frac{T_{AO}+T_R-T_{AE}}{DT_1}\right)^2$$

- 납땜 온도변화에 대한 고장률 승수(π_{SJDT})는 다음과 같다.

$$\pi_{SJDT} = \left(\frac{T_{AO}+T_R-T_{AE}}{44}\right)^{2.26}$$

상기 공식들에 필요한 다이오드 유형별 파라메터들은 다음 <표 B.2>에 준한다.

〈표 B.2〉 다이오드 (Diode) 파라메터들

부품 유형	λ_{OB}	λ_{EB}	λ_{TCB}	λ_{IND}	λ_{SJB}	β	DC1OP	EaOP	TRdefault	Vsdefault	DC1nonop	Eanonop	CR1	DT1
Current Regulator	0.00007269	0.0000369	0.00026	0.00164	0.00021	0.223	0.23	0.3	60	0.29	0.77	0.4	736.84	80
High frequency, Microwave	0.000144	0.000629	0.002	0.00365	0.00021	0.223	0.23	0.3	60	0.29	0.77	0.4	736.84	80
High Frequency, Microwave/RE Mixer/Detector	0.0000151	0.0000254	0.000023	0.02741	0.00021	0.223	0.23	0.3	60	0.29	0.77	0.4	736.84	80
High Frequency, Microwave/RF,PIN	0.0002022	0.000888	0.0019	0.00423	0.00021	0.223	0.23	0.3	60	0.29	0.77	0.4	736.84	80
High Frequency, Microwave/RF, Schottky	0.0001127	0.000608	0.00074	0.00316	0.00021	0.223	0.23	0.3	60	0.29	0.77	0.4	736.84	80
High Frequency, Microwave/RF, Varactor	0.00009976	0.000399	0.00096	0.00202	0.00021	0.223	0.23	0.3	60	0.29	0.77	0.4	736.84	80
Low Frequency	0.000001816	0.00000124	0.0000037	0.000087	0.00021	0.223	0.23	0.3	60	0.29	0.77	0.4	736.84	80
Low Frequency, Array	0.00006547	0.001194	0.0006	0.00129	0.00021	0.223	0.23	0.3	60	0.29	0.77	0.4	736.84	80
Low Frequency, Bridge Rectifier	0.0001306	0.001589	0.00053	0.00295	0.00021	0.297	0.23	0.3	60	0.29	0.77	0.4	736.84	80
Low Frequency, General Purpose	0.0000616	0.0000308	0.000098	0.00036	0.00021	0.223	0.23	0.3	60	0.29	0.77	0.4	736.84	80
Low Frequency, Rectifier	0.0000457	0.000481	0.000049	0.00079	0.00021	0.297	0.23	0.3	60	0.29	0.77	0.4	736.84	80
Low Frequency, Schottky	0.00004876	0.0000385	0.00055	0.00092	0.00021	0.223	0.23	0.3	60	0.29	0.77	0.4	736.84	80
Low Frequency, Switching	0.001603	0.002748	0.02603	0.01158	0.00021	0.223	0.23	0.3	60	0.29	0.77	0.4	736.84	80
Low Frequency, Transient Suppressor	0.0002056	0.001288	0.000048	0.0023	0.00021	0.15	0.23	0.3	60	0.29	0.77	0.3	736.84	80
Low Frequency, Zener	0.0004102	0.000988	0.000032	0.00226	0.00021	0.15	0.23	0.2	60	0.29	0.77	0.3	736.84	80

B-3-1 집적회로(Integrated circuits), Plastic Encapsulated

집적회로, plastic encapsulated (또는 non-hermetic)의 고장률 공식은 다음과 같다.

$$\lambda_P = \pi_G(\lambda_{OB}\pi_{DCO}\pi_{TO} + \lambda_{EB}\pi_{DCN}\pi_{RHT} + \lambda_{TCB}\pi_{CR}\pi_{DT}) + \lambda_{SJB}\pi_{SJDT} + \lambda_{EOS}$$

단, π_{RHT} - 온도-습도에 대한 고장률 상수

(Failure rate multiplier, temperature-humidity)

- 신뢰도 성장 승수 (π_G)의 계산은 다음과 같다.

$$\pi_G = e^{-\beta(y-1993)}$$

단, y - 제조년도

β - 성장 상수(growth constant). 유형별 <표 B.3> 값 참조.

- 동작중의 duty cycle에 대한 고장률 승수 (π_{DCO})의 계산은 다음과 같다.

$$\pi_{DCO} = \frac{DC}{DC_{1op}}$$

- 동작중의 온도 고장률 승수(π_{TO})의 계산은 다음과 같다.

$$\pi_{TO} = e^{\left(-\frac{Ea_{op}}{0.00008617}\left(\frac{1}{T_{AO}+T_R+273}-\frac{1}{298}\right)\right)}$$

단, Ea_{op} - 활성화 에너지, 동작중, 유형별 <표 B.3>로 제공

T_R - 주위 동작온도(T_{AO})로부터의 접촉부 온도 상승치

(junction temperature rise above the ambient operating temperature(T_{AO}).)

따라서, 접촉부 온도는 $T_{AO}+T_R$

* T_R에 대한 계산방법은 다양하게 존재하며 다음 중 적절한 것을 사용한다.

T_R = 온도 상승 기본치 (default temperature rise) (<표 B.3> 값 참조)

T_R =실제 온도 상승치 (알 경우)

$T_R = \Theta_{JA} * P$

단, Θ_{JA} - 접촉부-주위 열 임피던스 (junction-to-ambient thermal impedance)

P - 집적회로에 의해 인가된 전력 (power dissipated by the integrated circuit)

$T_R = \Theta_{JC} * P$

단, Θ_{JC} - 접촉부-케이스의 열 임피던스 (junction-to-case thermal impedance)

P - 인가전력 (power dissipated)

이 공식을 선택할 경우 π_{TO} 공식 부분에서 T_{AO}대신 T_C를 사용한다.

T_C - 부품 케이스 온도 (component case temperature)

- 비동작중 duty cycle로 인한 고장률 승수 (π_{DCN})의 계산은 다음 식을 따른다.

$$\pi_{DCN} = \frac{1 - DC}{DC_{1nonop}}$$

- 온도-급도에 대한 고장률 승수(π_{RHT})는 다음과 같다.

$$\pi_{RHT} = e^{\left(-\frac{Ea_{nonop}}{0.00008617}\left(\frac{1}{T_{AE}+273} - \frac{1}{298}\right)\right)}\left(\frac{RH}{.5}\right)^3$$

단, Ea_{nonop}- 활성화에너지, 비동작중, IC 유형별 <표 B.3> 값으로 제공

- 사이클 률(cycling rate)에 대한 고장률 승수(π_{CR})는 다음과 같다.

$$\pi_{CR} = \frac{CR}{CR_1}$$

- 온도변화(delta temperature)에 대한 고장률 승수(π_{DT})는 다음과 같다.

$$\pi_{DT} = \left(\frac{T_{AO} + T_R - T_{AE}}{DT_1} \right)^4$$

- 납땜 온도변화에 대한 고장률 승수(π_{SJDT})는 다음과 같다.

$$\pi_{SJDT} = \left(\frac{T_{AO} + T_R - T_{AE}}{44} \right)^{2.26}$$

상기 공식들에 필요한 집적회로 유형별 파라메터들은 다음 <표 B.3>에 준한다.

〈표 B.3〉 Integrated Circuit, Nonhermetic 파라메터들

부품 유형	λ_{OB}	λ_{EB}	λ_{RCB}	λ_{IND}	λ_{SJB}	β	DC1OP	EaOP	TRcefsult	DC1nonop	Eanonop	CR1	DT1
Digital, Nonhermetic	0.000007	0.000385	0.000249	0.000263	0.00485	0.473	0.28	0.8	13	0.72	0.3	482.46	26.5
Linear, Nonhermetic	0.000013	0.001997	0.000089	0.001562	0.00485	0.293	0.28	0.8	25	0.72	0.3	482.46	26.5
Memory/Micro-Processor, Nonhermetic	0.000008	0.000634	0.000025	0.000552	0.00485	0.479	0.28	0.8	20	0.72	0.3	482.46	26.5

B-3-2 집적회로(Integrated Circuits), Hermetic

집적회로, hermetic의 고장률 공식은 다음과 같다.

$$\lambda_P = \pi_G(\lambda_{OB}\pi_{DCO}\pi_{TO} + \lambda_{EB}\pi_{DCN}\pi_{TE} + \lambda_{TCB}\pi_{CR}\pi_{DT}) + \lambda_{SJB}\pi_{SJDT} + \lambda_{EOS}$$

- 신뢰도 성장 승수 (π_G)의 계산은 다음과 같다.

$$\pi_G = e^{-\beta(y-1993)}$$

단, y - 제조년도

β - 성장 상수(growth constant). 유형별 <표 B.4> 값 참조.

- 동작중의 duty cycle에 대한 고장률 승수 (π_{DCO})의 계산은 다음과 같다.

$$\pi_{DCO} = \frac{DC}{DC_{1op}}$$

- 동작중의 온도 고장률 승수(π_{TO})의 계산은 다음과 같다.

$$\pi_{TO} = e^{\left(-\frac{Ea_{op}}{0.00008617}\left(\frac{1}{T_{AO}+T_R+273} - \frac{1}{298}\right)\right)}$$

단, Ea_{op} - 활성화에너지(activation energy), 동작중, 유형별 <표 B.4>로 제공

T_R - 주위 동작온도(T_{AO})로부터의 접촉부 온도 상승치 (junction temperature rise above the ambient operating temperature(T_{AO}).)

따라서, 접촉부 온도는 $T_{AO} + T_R$

* T_R에 대한 계산방법은 다양하게 존재하며 다음 중 적절한 것을 사용한다.

T_R = 온도 상승 기본값 (default temperature rise) (<표 B.4> 값 참조)

T_R = 실제 온도 상승치 (알고 있는 경우)

$T_R = \Theta_{JA} * P$

단, Θ_{JA} - 접촉부-주위 열 임피던스

(junction-to-ambient thermal impedance)

P - 집적회로에 의해 인가된 전력

(power dissipated by the integrated circuit)

$T_R = \Theta_{JC} * P$

단, Θ_{JC} - 접촉부-케이스의 열 임피던스

(junction-to-case thermal impedance)

P - 인가전력 (power dissipated)

이 공식을 선택할 경우 π_{TO} 공식 부분에서 T_{AO}대신 T_C를 사용한다.

T_C - 부품 케이스 온도 (component case temperature)

- 비동작중 duty cycle로 인한 고장률 승수 (π_{DCN})의 계산은 다음 식을 따른다.

$$\pi_{DCN} = \frac{1 - DC}{DC_{\text{1}nonop}}$$

- 온도-환경에 대한 고장률 승수 (π_{TE})는 다음과 같이 계산된다.

$$\pi_{TE} = e^{\left(-\frac{Ea_{nonop}}{0.00008617}\left(\frac{1}{T_{AE}+273} - \frac{1}{298}\right)\right)}$$

단, Ea_{nonop} - 활성화에너지(activation energy), 비동작중, 유형별 <표 B.4>로 제공

- 사이클 률(cycling rate)에 대한 고장률 승수(π_{CR})는 다음과 같다.

$$\pi_{CR} = \frac{CR}{CR_1}$$

- 온도변화(delta temperature)에 대한 고장률 승수(π_{DT})는 다음과 같다.

$$\pi_{DT} = \left(\frac{T_{AO} + T_R - T_{AE}}{DT_1} \right)^{4.8}$$

- 납땜 온도변화에 대한 고장률 승수(π_{SJDT})는 다음과 같다.

$$\pi_{SJDT} = \left(\frac{T_{AO} + T_R - T_{AE}}{44} \right)^{2.26}$$

상기 공식들에 필요한 집적회로 유형별 파라메터들은 다음 <표 B.4>에 준한다.

〈표 B.4〉 Integrated Circuit, Hermetic 파라메터들

부품 유형	λ_{OB}	λ_{EB}	λ_{TCB}	λ_{IND}	λ_{SJB}	β	DC1OP	EaOP	TRdefault	DC1nonop	Eanonop	CR1	DT1
Digital, Hermetic	0.00027	0.00026	0.00021	0.00072	0.00485	0.33	0.33	0.8	13	0.67	0.3	349.12	30
Linear, Hermetic	0.000084	0.00053	0.000048	0.00045	0.00485	0.33	0.33	0.8	25	0.67	0.3	349.12	30
Memory/ Microprocessor, Hermetic	0.0002	0.0012	0.00071	0.00078	0.00485	0.33	0.33	0.8	20	0.67	0.3	349.12	30

B-4 인덕터(Inductors)

인덕터의 고장률 공식은 다음과 같다.

$$\lambda_P = \pi_G(\lambda_{OB}\pi_{DCO}\pi_{TO} + \lambda_{EB}\pi_{DCN}\pi_{TE} + \lambda_{TCB}\pi_{CR}\pi_{DT}) + \lambda_{IND}$$

- 신뢰도 성장 승수 (π_G)의 계산은 다음과 같다.

$$\pi_G = e^{-\beta(y-1993)}$$

단, y - 제조년도

β - 성장 상수(growth constant). 유형별 <표 B.5> 값 참조.

- 동작중의 duty cycle에 대한 고장률 승수 (π_{DCO})의 계산은 다음과 같다.

$$\pi_{DCO} = \frac{DC}{DC_{1op}}$$

- 동작중의 온도 고장률 승수(π_{TO})의 계산은 다음과 같다.

$$\pi_{TO} = e^{\left(-\frac{Ea_{op}}{0.00008617}\left(\frac{1}{T_{AO}+T_R+273}-\frac{1}{298}\right)\right)}$$

단, T_R은 다음 방법으로 구한다.

$$T_R = \begin{cases} \text{기본온도 상승치}(default\ \ temperature\,rise), & \text{<표}B.5\text{> 참조} \\ \text{실제온도 상승치}(actual\ \ temperature\ \ rise), & \text{온도를 알경우} \end{cases}$$

- 비동작중 duty cycle로 인한 고장률 승수 (π_{DCN})의 계산은 다음 식을 따른다.

$$\pi_{DCN} = \frac{1-DC}{DC_{1nonop}}$$

- 온도-환경에 대한 고장률 승수 (π_{TE})는 다음과 같이 계산된다.

$$\pi_{TE} = e^{\left(-\frac{Ea_{nonop}}{0.00008617}\left(\frac{1}{T_{AE}+273}-\frac{1}{298}\right)\right)}$$

단, Ea_{nonop} - 활성화에너지(activation energy), 비동작중, 유형별 <표 B.5>로 제공

- 사이클 률(cycling rate)에 대한 고장률 승수(π_{CR})는 다음과 같다.

$$\pi_{CR} = \frac{CR}{CR_1}$$

- 온도변화(delta temperature)에 대한 고장률 승수(π_{DT})는 다음과 같다.

$$\pi_{DT} = \left(\frac{T_{AO}+T_R-T_{AE}}{DT_1}\right)^2$$

상기 공식들에 필요한 인덕터 유형별 파라메터들은 다음 <표 B.5>에 준한다.

〈표 B.5〉 인덕터(Inductor) 파라메터들

부품 유형	λ_{OB}	λ_{EB}	λ_{TCB}	λ_{IND}	β	DC1OP	EaOP	TRdefault	DC1nonop	Eanonop	CR1	DT1
Choke	0.0000766	0.0000819	0.0000328	0.0000148	0	0.40	0.47	0	0.60	0.08	413	13.23
General	0.0000008	0.0000018	0.0000003	0.0000002	0	0.40	0.47	0	0.60	0.08	413	13.23

B-5 트랜스포머(Transformers)

트랜스포머의 고장률 공식은 다음과 같다.

$$\lambda_P = \pi_G(\lambda_{OB}\pi_{DCO}\pi_{TO} + \lambda_{EB}\pi_{DCN}\pi_{TE} + \lambda_{TCB}\pi_{CR}\pi_{DT}) + \lambda_{IND}$$

- 신뢰도 성장 승수 (π_G)의 계산은 다음과 같다.

$$\pi_G = e^{-\beta(y-1993)}$$

단, y - 제조년도

β - 성장 상수(growth constant). 유형별 <표 B.6> 값 참조.

- 동작중의 Duty Cycle에 대한 고장률 승수 (π_{DCO})의 계산은 다음과 같다.

$$\pi_{DCO} = \frac{DC}{DC_{1op}}$$

- 동작중의 온도 고장률 승수(π_{TO})의 계산은 다음과 같다.

$$\pi_{TO} = e^{\left(-\frac{Ea_{op}}{0.00008617}\left(\frac{1}{T_{AO}+T_R+273} - \frac{1}{298}\right)\right)}$$

단, T_R은 다음 방법으로 구한다.

$$T_R = \begin{cases} \text{기본온도 상승치}(default \quad temperature\,rise), & <\text{표 }B.6>\text{ 참조} \\ \text{실제온도 상승치}(actual \quad temperature \ rise), & \text{온도를 알경우} \end{cases}$$

- 비동작중 duty cycle로 인한 고장률 승수 (π_{DCN})의 계산은 다음 식을 따른다.

$$\pi_{DCN} = \frac{1-DC}{DC_{1nonop}}$$

- 온도-환경에 대한 고장률 승수 (π_{TE})는 다음과 같이 계산된다.

$$\pi_{TE} = e^{\left(-\frac{Ea_{nonop}}{0.00008617}\left(\frac{1}{T_{AE}+273}-\frac{1}{298}\right)\right)}$$

단, Ea_{nonop} - 활성화에너지(activation energy), 비동작중,
유형별 <표 B.6>로 제공

- 사이클 률(cycling rate)에 대한 고장률 승수(π_{CR})는 다음과 같다.

$$\pi_{CR} = \frac{CR}{CR_1}$$

- 온도변화(delta temperature)에 대한 고장률 승수(π_{DT})는 다음과 같다.

$$\pi_{DT} = \left(\frac{T_{AO} + T_R - T_{AE}}{DT_1}\right)^2$$

상기 공식들에 필요한 집적회로 유형별 파라메터들은 다음 <표 B.6>에 준한다.

〈표 B.6〉 트랜스포머 (Transformer) 파라메터들

Part Type	λOB	λEB	λRCB	λ_{IND}	β	DC1OP	EaOP	TRdefault	DC1nonop	Eanonop	CR1	DT1
Audio	0.0002248	0.0001896	0.0000540	0.0000385	0	0.38	0.24	10	0.62	0.240	312	21.94
Flyback	0.0007482	0.0007388	0.0005737	0.0000775	0	0.38	0.24	10	0.62	0.240	312	21.94
Isolation	0.0150145	0.0085063	0.0087950	0.0008498	0	0.38	0.24	10	0.62	0.240	312	21.94
Power	0.0001214	0.0001499	0.0000518	0.0000386	0	0.38	0.24	10	0.62	0.240	312	21.94
Pulse	0.0002470	0.0009463	0.0001335	0.0000510	0	0.38	0.24	10	0.62	0.240	312	21.94
RF	0.0000913	0.0004160	0.0001022	0.0000182	0	0.38	0.24	10	0.62	0.240	312	21.94

B-6 Optoelectronic Devices

Optoelectronic Devices의 고장률 공식은 다음과 같다.

$$\lambda_P = \pi_G(\lambda_{OB}\pi_{DCO}\pi_{TO} + \lambda_{EB}\pi_{DCN}\pi_{TE} + \lambda_{TCB}\pi_{CR}\pi_{DT}) + \lambda_{IND}$$

- 신뢰도 성장 승수 (π_G)의 계산은 다음과 같다.

$$\pi_G = e^{-\beta(y-1993)}$$

단, y - 제조년도

β - 성장 상수(growth constant). 유형별 <표 B.7> 값 참조.

- 동작중의 duty cycle에 대한 고장률 승수 (π_{DCO})의 계산은 다음과 같다.

$$\pi_{DCO} = \frac{DC}{DC_{1op}}$$

- 동작중의 온도 고장률 승수(π_{TO})의 계산은 다음과 같다.

$$\pi_{TO} = e^{\left(-\frac{Ea_{op}}{0.00008617}\left(\frac{1}{T_{AO}+T_R+273} - \frac{1}{298}\right)\right)}$$

단, Ea_{op} - 활성화 에너지, 동작중, 유형별 <표 B.7>로 제공

T_R - 주위 동작온도(T_{AO})로부터의 접촉부 온도 상승치

(junction temperature rise above the ambient operating temperature(T_{AO}).)

따라서, 접촉부 온도는 $T_{AO} + T_R$

* T_R에 대한 계산방법은 다양하게 존재하며 다음 중 적절한 것을 사용한다.

T_R = 온도 상승 기본치 (default temperature rise) (<표 B.7> 값 참조)

T_R = 실제 온도 상승치 (알 경우)

$T_R = \Theta_{JA} * P$

단, Θ_{JA} - 접촉부-주위 열 임피던스
(junction-to-ambient thermal impedance)

P - thyristor에 의해 인가된 전력
(power dissipated by the thyristor)

$T_R = \Theta_{JC} * P$

단, Θ_{JC} - 접촉부-케이스의 열 임피던스
(junction-to-case thermal impedance)

P - 인가전력 (power dissipated)

이 공식을 선택할 경우 π_{TO} 공식 부분에서 T_{AO}대신 T_C를 사용한다.

T_C - 부품 케이스 온도 (component case temperature)

$T_R = \triangle T * S$

단, $\triangle T$ - 전압 비인가 때와 최대 전압 인가시의 접촉부 온도 차)
(difference in junction temperature between no power dissipated and full rated power dissipated)

S - 스트레스 비, 실제전류/정격전류
(stress ratio, the actual forward current divided by the rated forward current)

- 비동작중 duty cycle로 인한 고장률 승수 (π_{DCN})의 계산은 다음 식을 따른다.

$$\pi_{DCN} = \frac{1 - DC}{DC_{1nonop}}$$

- 온도-환경에 대한 고장률 승수 (π_{TE})는 다음과 같이 계산된다.

$$\pi_{TE} = e^{\left(-\frac{Ea_{nonop}}{0.00008617}\left(\frac{1}{T_{AE}+273}-\frac{1}{298}\right)\right)}$$

단, Ea_{nonop} - 활성화에너지(activation energy), 비동작중, 유형별 <표 B.7>로 제공

- 사이클 률(cycling rate)에 대한 고장률 승수(π_{CR})는 다음과 같다.

$$\pi_{CR} = \frac{CR}{CR_1}$$

- 온도변화(delta temperature)에 대한 고장률 승수(π_{DT})는 다음과 같다.

$$\pi_{DT} = \left(\frac{T_{AO}+T_R-T_{AE}}{DT_1}\right)^2$$

상기 공식들에 필요한 optoelectronic devices 유형별 파라메터들은 다음 <표 B.7>에 준한다.

〈표 B.7〉 Optoelectronic Device 파라메터들

부품 유형	λOB	λEB	λRCB	λ_{IND}	β	DC1OP	EaOP	TRdefault	DC1nonop	Eanonop	CR1	DT1
LED	0.0000312	0.0001082	0.0000092	0.0001306	0.340	0.32	0.6	7	0.68	0.4	388	14.27
Oploisolator	0.0032244	0.0095466	0.0009116	0.0024039	0.087	0.32	0.6	7	0.68	0.4	388	14.27
Photodiode	0.0000269	0.0000761	0.0000076	0.0000195	0.087	0.32	0.6	7	0.68	0.4	388	14.27
Phototransistor	0.0012884	0.0037624	0.0003599	0.0009582	0.087	0.32	0.6	7	0.68	0.4	388	14.27

B-7 스위치(Switches)

스위치(switch)에 대한 고장률 모형 식은 다음과 같다.

$$\lambda_P = \pi_G(\lambda_{OB}\pi_{DCO}\pi_{TO} + \lambda_{EB}\pi_{DCN}\pi_{TE} + \lambda_{TCB}\pi_{CR}\pi_{DT}) + \lambda_{IND}$$

- 신뢰도 성장 승수 (π_G)의 계산은 다음과 같다.

$$\pi_G = e^{-\beta(y-1993)}$$

단, y - 제조년도

β - 성장 상수(growth constant). 유형별 <표 B.8> 값 참조.

- 동작중의 duty cycle에 대한 고장률 승수 (π_{DCO})의 계산은 다음과 같다.

$$\pi_{DCO} = \frac{DC}{DC_{1op}}$$

- 동작중의 온도 고장률 승수(π_{TO})의 계산은 다음과 같다.

$$\pi_{TO} = e^{\left(-\frac{Ea_{op}}{0.00008617}\left(\frac{1}{T_{AO}+T_R+273}-\frac{1}{298}\right)\right)}$$

단, Ea_{op} - 활성화에너지, 동작중, 유형별 <표 B.8>로 제공

(Activation energy, operating.

Function of diode type (<표 B.8> 참조)

T_R - 주위 동작온도로부터의 접촉부 온도 상승

(The junction temperature rise above the ambient

operating temperature(T_{AO}).)

접촉부 온도는 $T_{AO} + T_R$

$$T_R = \begin{cases} \text{기본온도 상승치}(default \quad temperature\,rise), & \text{<표 B.8> 참조} \\ \text{실제온도 상승치}(actual \quad temperature \ rise), & \text{온도를 알경우} \end{cases}$$

- 비동작중 duty cycle로 인한 고장률 승수 (π_{DCN})의 계산은 다음 식을 따른다.

$$\pi_{DCN} = \frac{1-DC}{DC_{lnonop}}$$, 단, DC_{lnonop} = Constant (<표 B.8> 참조)

- 온도-환경에 대한 고장률 승수 (π_{TE})는 다음과 같이 계산된다.

$$\pi_{TE} = e^{\left(-\frac{Ea_{nonop}}{0.00008617}\left(\frac{1}{T_{AE}+273}-\frac{1}{298}\right)\right)}$$

단, Ea_{nonop} - 활성화에너지(activation energy), 비동작중, 유형별 <표 B.8>로 제공

- 사이클 률(cycling rate)에 대한 고장률 승수(π_{CR})는 다음과 같다.

$$\pi_{CR} = \frac{CR}{CR_1}$$

- 온도변화(delta temperature)에 대한 고장률 승수(π_{DT})는 다음과 같다.

$$\pi_{DT} = \left(\frac{T_{AO}+T_R-T_{AE}}{DT_1}\right)^2$$

상기 공식들에 필요한 스위치 유형별 파라메터들은 다음 <표 B.8>에 준한다.

〈표 B.8〉 스위치 (Switch) 파라메터들

부품 유형	λOB	λEB	λRCB	λIND	β	DC1OP	EaOP	TRdefault	DC1nonop	Eanonop	CR1	DT1
Centrifugal	0.1763992	24.3578773	1.1371796	1.3841595	0	0.54	1	0	0.46	1.0	520	47.73
Coaxial	0.0108773	0.3389856	0.0619184	0.0145726	0	0.54	1	0	0.46	1.0	520	47.73
DIP	0.0008827	0.0026479	0.0035170	0.0003568	0	0.54	1	0	0.46	1.0	520	47.73
Float	0.0186419	0.9506430	0.1694149	0.0056024	0	0.54	1	0	0.46	1.0	520	47.73
Flow	0.0766708	2.5128573	0.3233836	0.1653015	0	0.54	1	0	0.46	1.0	520	47.73
General	0.0633936	2.7259861	0.2610704	0.2151248	0	0.54	1	0	0.46	1.0	520	47.73
Humidity	0.1212009	6.1184867	0.6478834	0.2485436	0	0.54	1	0	0.46	1.0	520	47.73
Limit	0.0481070	3.7267871	0.4346893	0.1707682	0	0.54	1	0	0.46	1.0	520	47.73
Microwave	0.1298078	0.0872547	0.7027604	0.0365085	0	0.54	1	0	0.46	1.0	520	47.73
Pressure	0.1199343	9.5751997	0.3924477	0.3608724	0	0.54	1	0	0.46	1.0	520	47.73
Push Button	0.0061385	0.8036260	0.0325822	0.0116812	0	0.54	1	0	0.46	1.0	520	47.73
Reed	0.0051377	0.2857773	0.0155062	0.0035639	0	0.54	1	0	0.46	1.0	520	47.73
Rocker	0.0328250	0.0312763	0.1468059	0.0110910	0	0.54	1	0	0.46	1.0	520	47.73
Rotary	1.1377350	2.7045401	2.6269820	0.5794457	0	0.54	1	0	0.46	1.0	520	47.73
Sensitive	0.0051602	0.3813068	0.0337622	0.0034288	0	0.54	1	0	0.46	1.0	520	47.73
Slide	0.0021559	0.0042558	0.0067203	0.0006768	0	0.54	1	0	0.46	1.0	520	47.73
Thermostatic	0.0088297	0.3185724	0.0313801	0.0244460	0	0.54	1	0	0.46	1.0	520	47.73
Thumbwheel	0.0181690	0.1479348	0.0334797	0.0224719	0	0.54	1	0	0.46	1.0	520	47.73
Toggle	0.0020129	0.1911024	0.0051910	0.0045012	0	0.54	1	0	0.46	1.0	520	47.73
Wave Guide	0.1871445	4.5453838	1.1776141	0.1846414	0	0.54	1	0	0.46	1.0	520	47.73

B-8 릴레이(Relays)

릴레이(relay)에 대한 고장률 공식은 다음과 같다.

$$\lambda_P = \pi_G(\lambda_{OB}\pi_{DCO}\pi_{TO} + \lambda_{EB}\pi_{DCN}\pi_{TE} + \lambda_{TCB}\pi_{CR}\pi_{DT}) + \lambda_{IND}$$

- 신뢰도 성장 승수 (π_G)의 계산은 다음과 같다.

$$\pi_G = e^{-\beta(y-1993)}$$

단, y - 제조년도

β - 성장 상수(growth constant). 유형별 <표 B.9> 값 참조.

- 동작중의 duty cycle에 대한 고장률 승수 (π_{DCO})의 계산은 다음과 같다.

$$\pi_{DCO} = \frac{DC}{DC_{1op}}$$

- 동작중의 온도 고장률 승수(π_{TO})의 계산은 다음과 같다.

$$\pi_{TO} = e^{\left(-\frac{Ea_{op}}{0.00008617}\left(\frac{1}{T_{AO}+T_R+273}-\frac{1}{298}\right)\right)}$$

단, Ea_{op} - 활성화에너지, 동작중, 유형별 <표 B.9>로 제공

(Activation energy, operating).

T_R - 주위 동작온도로부터의 접촉부 온도 상승

(The junction temperature rise above the ambient operating temperature(T_{AO}).)

접촉부 온도는 $T_{AO}+T_R$

$$T_R = \begin{cases} 기본온도\ 상승치(default\quad temperature\, rise), & <표\, B.9>\ 참조 \\ 실제온도\ 상승치(actual\quad temperature\ rise), & 온도를\ 알경우 \end{cases}$$

- 비동작중 Duty Cycle로 인한 고장률 승수 (π_{DCN})의 계산은 다음 식을 따른다.

$$\pi_{DCN} = \frac{1 - DC}{DC_{1nonop}}$$

- 온도–환경에 대한 고장률 승수 (π_{TE})는 다음과 같이 계산된다.

$$\pi_{TE} = e^{\left(-\frac{Ea_{nonop}}{0.00008617}\left(\frac{1}{T_{AE}+273} - \frac{1}{298}\right)\right)}$$

단, Ea_{nonop} - 활성화에너지(activation energy), 비동작중,
유형별 <표 B.9>로 제공

- 사이클 률(cycling rate)에 대한 고장률 승수(π_{CR})는 다음과 같다.

$$\pi_{CR} = \frac{CR}{CR_1}$$

- 온도변화(delta temperature)에 대한 고장률 승수(π_{DT})는 다음과 같다.

$$\pi_{DT} = \left(\frac{T_{AO} + T_R - T_{AE}}{DT_1}\right)^2$$

상기 공식들에 필요한 릴레이(relay) 유형별 파라메터들은 다음 <표 B.9>에 준한다.

〈표 B.9〉 릴레이 (Relay) 파라메터들

부품 유형	λOB	λEB	λRCB	λIND	β	DC1OP	EaOP	TRdefault	DC1nonop	Eanonop	CR1	DT1
General Purpose	0.0063446	0.1432385	0.0109744	0.0247443	0	0.51	1.1	0	0.49	1.1	500	12.78
Reed	0.0067468	0.0198698	0.0095525	0.0076172	0	0.51	1.1	0	0.49	1.1	500	12.78
Solid State	0.0000514	0.0015014	0.0000596	0.0002885	0	0.51	1.1	0	0.49	1.1	500	12.78
Thermal	0.0325570	4.8930327	0.0814692	0.4014993	0	0.51	1.1	0	0.49	1.1	500	12.78
Time Delay	0.0130515	0.7657106	0.0185094	0.0788699	0	0.51	1.1	0	0.49	1.1	500	12.78

B-9 컨넥터(Connectors)

커넥터(connector)에 대한 고장률 공식은 다음과 같다.

$$\lambda_P = \pi_G(\lambda_{OB}\pi_{DCO}\pi_{TO} + \lambda_{EB}\pi_{DCN}\pi_{TE} + \lambda_{TCB}\pi_{CR}\pi_{DT}) + \lambda_{IND}$$

- 신뢰도 성장 승수 (π_G)의 계산은 다음과 같다.

$$\pi_G = e^{-\beta(y-1993)}$$

단, y - 제조년도

β - 성장 상수(growth constant). 유형별 <표 B.10>값 참조.

- 동작중의 duty cycle에 대한 고장률 승수 (π_{DCO})의 계산은 다음과 같다.

$$\pi_{DCO} = \frac{DC}{DC_{1op}}$$

- 동작중의 온도 고장률 승수(π_{TO})의 계산은 다음과 같다.

$$\pi_{TO} = e^{\left(-\frac{Ea_{op}}{0.00008617}\left(\frac{1}{T_{AO}+T_R+273} - \frac{1}{298}\right)\right)}$$

단, Ea_{op} - 활성화에너지, 동작중, 유형별 <표 B.10>으로 제공

(Activation energy, operating)

T_R - 주위 동작온도로부터의 접촉부 온도 상승

(The junction temperature rise above the ambient operating temperature(T_{AO}).)

접촉부 온도는 $T_{AO} + T_R$

$$T_R = \begin{cases} \text{기본온도 상승치}(default \quad temperature\, rise), & \text{< 표 B.10 > 참조} \\ \text{실제온도 상승치}(actual \quad temperature \ rise), & \text{온도를 알경우} \end{cases}$$

- 비동작중 duty cycle로 인한 고장률 승수 (π_{DCN})의 계산은 다음 식을 따른다.

$$\pi_{DCN} = \frac{1 - DC}{DC_{1nonop}}$$

- 온도–환경에 대한 고장률 승수 (π_{TE})는 다음과 같이 계산된다.

$$\pi_{TE} = e^{\left(-\frac{Ea_{nonop}}{0.00008617}\left(\frac{1}{T_{AE}+273} - \frac{1}{298}\right)\right)}$$

단, Ea_{nonop} - 활성화에너지(activation energy), 비동작중,
유형별 <표 B.10>으로 제공

- 사이클 률(cycling rate)에 대한 고장률 승수(π_{CR})는 다음과 같다.

$$\pi_{CR} = \frac{CR}{CR_1}$$

- 온도변화(delta temperature)에 대한 고장률 승수(π_{DT})는 다음과 같다.

$$\pi_{DT} = \left(\frac{T_{AO} + T_R - T_{AE}}{DT_1}\right)^2$$

상기 공식들에 필요한 connector 유형별 파라메터들은 다음 <표 B.10>에 준한다.

〈표 B.10〉 컨넥터 (Connector) 파라메터들

Part Type	λOB	λEB	λRCB	λIND	β	DC1OP	EaOP	TRdefault	DC1nonop	Eanonop	CR1	DT1
Coaxial	0.0001379	0.0000562	0.0000105	0.0004667	0.23	0.51	0.2	5	0.49	0.2	423	58.69
Cylindrical	0.0000012	0.0000022	0.0000004	0.0000079	0.23	0.51	0.2	5	0.49	0.2	423	58.69
Edge Card	0.0001502	0.0007005	0.0000068	0.0014937	0.23	0.51	0.2	5	0.49	0.2	423	58.69
Elastomeric	0.0050239	0.0027797	0.0010288	0.0030282	0.23	0.51	0.2	5	0.49	0.2	423	58.69
Hexagon	0.0227290	0.0125756	0.0046546	0.0137001	0.23	0.51	0.2	5	0.49	0.2	423	58.69
PCB	0.0000382	0.0001011	0.0000033	0.0001601	0.23	0.51	0.2	5	0.49	0.2	423	58.69
Rack and panel	0.0002224	0.0009774	0.0000155	0.0022209	0.23	0.51	0.2	5	0.49	0.2	423	58.69
Rectangular	0.0001581	0.0008821	0.0000139	0.0020042	0.23	0.51	0.2	5	0.49	0.2	423	58.69
RF	0.0001029	0.0000878	0.0000221	0.0000857	0.23	0.51	0.2	5	0.49	0.2	423	58.69
Telephone	0.0003417	0.0004320	0.0000773	0.0006840	0.23	0.51	0.2	5	0.49	0.2	423	58.69

B-10 저항(Resistors)

저항에 대한 고장률 공식은 다음과 같다.

$$\lambda_P = \pi_G(\lambda_{OB}\pi_{DCO}\pi_{TO}\pi_P + \lambda_{EB}\pi_{DCN}\pi_{TE} + \lambda_{TCB}\pi_{CR}\pi_{DT}) + \lambda_{SJB}\pi_{SJDT} + \lambda_{IND}$$

단, π_P - 저항 정격전력에 대한 고장률 승수
(Failure rate multiplier for resistor rated power)

- 신뢰도 성장 승수 (π_G)의 계산은 다음과 같다.

$$\pi_G = e^{-\beta(y-1993)}$$

단, y - 제조년도
β - 성장 상수(growth constant). 유형별 <표 B.11>값 참조.

- 동작중의 duty cycle에 대한 고장률 승수 (π_{DCO})의 계산은 다음과 같다.

$$\pi_{DCO} = \frac{DC}{DC_{1op}}$$

- 동작중의 온도 고장률 승수(π_{TO})의 계산은 다음과 같다.

$$\pi_{TO} = e^{\left(-\frac{Ea_{op}}{0.00008617}\left(\frac{1}{T_{AO}+T_R+273}-\frac{1}{298}\right)\right)}$$

단, Ea_{op} - 활성화에너지, 동작중, 유형별 <표 B.11>로 제공
(Activation energy, operating).
T_R - 주위 동작온도로부터의 접촉부 온도 상승
(The junction temperature rise above the ambient operating temperature(T_{AO}).)

$$\text{접촉부 온도는 } T_{AO} + T_R$$

$$T_R = \begin{cases} \text{기본온도 상승치}(default \quad temperature\, rise), & <\text{표 } B.11> \text{ 참조} \\ \text{실제온도 상승치}(actual \quad temperature \; rise), & \text{온도를 알경우} \end{cases}$$

- π_P와 λ_{SJDT}는 다음 식들로부터 구한다. 기타 세부적인 모수 값들은 표를 이용하여 구한다.

$$\pi_P = \left(\frac{P}{0.29}\right)^{0.39}$$

단, P - 레지스터의 정격전력(rated power), 기본 값은 <표 B.11> 참조

- 비동작중 duty cycle로 인한 고장률 승수 (π_{DCN})의 계산은 다음 식을 따른다.

$$\pi_{DCN} = \frac{1-DC}{DC_{1nonop}}$$

- 온도-환경에 대한 고장률 승수 (π_{TE})는 다음과 같이 계산된다.

$$\pi_{TE} = e^{\left(-\frac{Ea_{nonop}}{0.00008617}\left(\frac{1}{T_{AE}+273} - \frac{1}{298}\right)\right)}$$

단, Ea_{nonop} - 활성화에너지(activation energy), 비동작중, 유형별 <표 B.11>로 제공

- 사이클 률(cycling rate)에 대한 고장률 승수(π_{CR})는 다음과 같다.

$$\pi_{CR} = \frac{CR}{CR_1}$$

- 온도변화(delta temperature)에 대한 고장률 승수(π_{DT})는 다음과 같다.

$$\pi_{DT} = \left(\frac{T_{AO} + T_R - T_{AE}}{DT_1} \right)^2$$

- 납땜 온도변화에 대한 고장률 승수(π_{SJDT})는 다음과 같다.

$$\pi_{SJDT} = \left(\frac{T_{AO} + T_R - T_{AE}}{44} \right)^{2.26}$$

상기 공식들에 필요한 레지스터 유형별 파라메터들은 다음 <표 B.11>에 준한다.

〈표 B.11〉 저항 (Resistor) 파라메터들

부품 유형	λOB	λEB	λRCB	λIND	λSJB	β	DC1OP	EaOP	TRdefault	Pdefault	DC1nonop	Eanonop	CR1	DT1
Fixed Carbon Composition	0.0001912	0.001631	0.0000892	0.0001006	0.00089	0	0.23	0.3	20	0.29	0.77	0.3	1140.35	86
Fixed, Carbon Film	0.0000358	0.0000265	0.000001	0.000006	0.00089	0	0.23	0.2	30	0.29	0.77	0.2	1140.35	86
Fixed, General	0.0000499	0.000452	0.0001422	0.0005259	0.00089	0	0.23	0.2	30	0.29	0.77	0.2	1140.35	86
Fixed Metal Film	0.0000002	0.000000237	1.43E-08	1.07E-08	0.00089	0	0.23	0.2	30	0.29	0.77	0.2	1140.35	86
Fixed, Network	0.001062	0.001695	0.0002941	0.0003918	0.00089	0	0.23	0.2	30	0.29	0.77	0.2	1140.35	86
Fixed, Thermistor	0.008609	0.003215	0.0007814	0.002558	0.00089	0	0.23	0	0	0.29	0.77	0	1140.35	86
Variable	0.003603	0.03178	0.01628	0.009656	0.00089	0	0.23	0.2	20	0.29	0.77	0.2	1140.35	86
Variable, Film	0.001705	0.002964	0.003218	0.001821	0.00089	0	0.23	0.2	25	0.29	0.77	0.2	1140.35	86
Variable, Non-Wirewound	0.007353	0.0225	0.01991	0.006586	0.00089	0	0.23	0.2	25	0.29	0.77	0.2	1140.35	86
Variable, Trimmer Composition	0.003306	0.009332	0.0112	0.002929	0.00089	0	0.23	0.2	20	0.29	0.77	0.2	1140.35	86
Variabl, Wire-wound	0.005082	0.00877	0.004878	0.001277	0.00089	0	0.23	0.2	20	0.29	0.77	0.2	1140.35	86
Fixed, Varistor	0.001009	0.0002819	0.002414	0.0002851	0.00089	0	0.23	0	0	0.29	0.77	0	1140.35	86
Fixed, Wirewound	0.0004686	0.001224	0.0000584	0.0001048	0.00089	0	0.23	0.2	50	0.29	0.77	0.2	1140.35	86

B-11 Thyristors

Thyristor의 고장률 공식은 다음과 같다.

$$\lambda_P = \pi_G(\lambda_{OB}\pi_{DCO}\pi_{TO}\pi_S + \lambda_{EB}\pi_{DCN}\pi_{TE} + \lambda_{TCB}\pi_{CR}\pi_{DT}) + \lambda_{SJB}\pi_{SJDT} + \lambda_{IND}$$

- 신뢰도 성장 승수 (π_G)의 계산은 다음과 같다.

$$\pi_G = e^{-\beta(y-1993)}$$

단, y - 제조년도

β - 성장 상수(growth constant). 유형별 <표 B.12> 값 참조.

- 동작중의 duty cycle에 대한 고장률 승수 (π_{DCO})의 계산은 다음과 같다.

$$\pi_{DCO} = \frac{DC}{DC_{1op}}$$

- 동작중의 온도 고장률 승수(π_{TO})의 계산은 다음과 같다.

$$\pi_{TO} = e^{\left(-\frac{Ea_{op}}{0.00008617}\left(\frac{1}{T_{AO}+T_R+273}-\frac{1}{298}\right)\right)}$$

단, Ea_{op} - 활성화 에너지, 동작중, 유형별 <표 B.12>로 제공

T_R - 주위 동작온도(T_{AO})로부터의 접촉부 온도 상승치 (junction temperature rise above the ambient operating temperature(T_{AO}).)

따라서, 접촉부 온도는 $T_{AO}+T_R$

* T_R에 대한 계산 방법은 다양하게 존재하며 다음 중 적절한 것을 사용한다.

T_R - 온도 상승 기본치 (Default temperature rise) (<표 B.12> 값 참조)

$T_R = \Theta_{JA} * P$

단, Θ_{JA} - 접촉부-주위 열 임피던스

(junction-to-ambient thermal impedance)

P - thyristor에 의해 인가된 전력

(power dissipated by the thyristor)

$T_R = \Theta_{JC} * P$

단, Θ_{JC} - 접촉부-케이스의 열 임피던스

(junction-to-case thermal impedance)

P - 인가전력 (power dissipated)

이 공식을 선택할 경우 π_{TO} 공식 부분에서 T_{AO}대신 T_C를 사용한다.

T_C - 부품 케이스 온도 (component case temperature)

$T_R = \triangle T * S$

단, $\triangle T$ - 전압 비인가 때와 최대 전압 인가시의 접촉부 온도 차)

(difference in junction temperature between no power dissipated and full rated power dissipated)

S - 스트레스 비, 실제전류/정격전류

(stress ratio, the actual forward current divided by the rated forward current)

○ 스트레스 고장률 승수(π_S)는 다음으로 계산된다. 즉,

$$\pi_S = \frac{{V_S}^{1.9}}{0.26}$$

단, $V_S = \dfrac{Voltage_{Applied-blocking}}{Voltage_{Reted-blocking}}$, (기본값은 <표 B.12> 참조)

- 비동작중 duty cycle로 인한 고장률 승수 (π_{DCN})의 계산은 다음 식을 따른다.

$$\pi_{DCN} = \frac{1-DC}{DC_{1nonop}}$$

- 온도-환경에 대한 고장률 승수 (π_{TE})는 다음과 같이 계산된다.

$$\pi_{TE} = e^{\left(-\frac{Ea_{nonop}}{0.00008617}\left(\frac{1}{T_{AE}+273}-\frac{1}{298}\right)\right)}$$

단, Ea_{nonop} - 활성화에너지(activation energy), 비동작중,
유형별 <표 B.12>로 제공

- 사이클 률(cycling rate)에 대한 고장률 승수(π_{CR})는 다음과 같다.

$$\pi_{CR} = \frac{CR}{CR_1}$$

- 온도변화(delta temperature)에 대한 고장률 승수(π_{DT})는 다음과 같다.

$$\pi_{DT} = \left(\frac{T_{AO}+T_R-T_{AE}}{DT_1}\right)^2$$

- 납땜 온도변화에 대한 고장률 승수(π_{SJDT})는 다음과 같다.

$$\pi_{SJDT} = \left(\frac{T_{AO}+T_R-T_{AE}}{44}\right)^{2.26}$$

상기 공식들에 필요한 Thyristors 유형별 파라메터들은 다음 <표 B.12>에 준한다.

〈표 B.12〉 Thyristor 파라메터들

부품 유형	λOB	λEB	λRCB	λIND	λSJB	β	DC1OP	EaOP	TRcefsult	Vsdefault	DC1nonop	Eanonop	CR1	DT1
General	0.000393	0.004602	0.001756	0.01219	0.00087	0.2	0.26	0.4	60	37	0.74	0.4	508.77	73
SCR	0.000324	0.001011	0.00203	0.02001	0.00087	0.2	0.26	0.4	60	37	0.74	0.4	508.77	73
Triac	0.000576	0.007286	0.00199	0.01636	0.00087	0.2	0.26	0.4	60	37	0.74	0.4	508.77	73

B-12 트랜지스터(Transistors)

트랜지스터의 고장률 공식은 다음과 같다.

$$\lambda_P = \pi_G(\lambda_{OB}\pi_{DCO}\pi_{TO}\pi_S + \lambda_{EB}\pi_{DCN}\pi_{TE} + \lambda_{TCB}\pi_{CR}\pi_{DT}) + \lambda_{SJB}\pi_{SJDT} + \lambda_{IND}$$

- 신뢰도 성장 승수 (π_G)의 계산은 다음과 같다.

$$\pi_G = e^{-\beta(y-1993)}$$

단, y - 제조년도

β - 성장 상수(growth constant). 유형별 <표 B.13> 값 참조.

- 동작중의 duty cycle에 대한 고장률 승수 (π_{DCO})의 계산은 다음과 같다.

$$\pi_{DCO} = \frac{DC}{DC_{1op}}$$

- 동작중의 온도 고장률 승수(π_{TO})의 계산은 다음과 같다.

$$\pi_{TO} = e^{\left(-\frac{Ea_{op}}{0.00008617}\left(\frac{1}{T_{AO}+T_R+273} - \frac{1}{298}\right)\right)}$$

단, Ea_{op} - 활성화 에너지, 동작중, 유형별 <표 B.13>으로 제공

T_R - 주위 동작온도(T_{AO})로부터의 접촉부 온도 상승치 (junction temperature rise above the ambient operating temperature(T_{AO}).)

따라서, 접촉부 온도는 $T_{AO} + T_R$

* T_R에 대한 계산방법은 다양하게 존재하며 다음 중 적절한 것을 사용한다.

T_R = 온도 상승 기본치 (Default temperature rise) (<표 B.13> 값 참조)

$T_R = \Theta_{JA} * P$

단, Θ_{JA} - 접촉부-주위 열 임피던스

(junction-to-ambient thermal impedance)

P - 트랜지스터에 의해 인가된 전력

(power dissipated by the transistor)

$T_R = \Theta_{JC} * P$

단, Θ_{JC} - 접촉부-케이스의 열 임피던스

(junction-to-case thermal impedance)

P - 인가전력 (power dissipated)

이 공식을 선택할 경우 π_{TO} 공식 부분에서 T_{AO}대신 T_C를 사용한다.

T_C - 부품 케이스 온도 (component case temperature)

$T_R = \Delta T * S$

단, ΔT - 전압 비인가 때와 최대 전압 인가시의 접촉부 온도 차)

(difference in junction temperature between no power dissipated and full rated power dissipated)

S - 스트레스 비, 실제전류/정격전류

(stress ratio, the actual forward current divided by the rated forward current)

- 스트레스에 의한 고장률 승수(π_S)는 다음과 같다.

$$\pi_S = \begin{cases} 0.21e^{0.31 V_S}, & (Bipolar\ transistors\text{의 경우}) \\ \quad \text{단, } V_S = \dfrac{V_{CEapplied}}{V_{CErated}} & \\ 1, & (\text{기타 모든 유형의 경우}) \end{cases}$$

- 비동작중 Duty Cycle로 인한 고장률 승수 (π_{DCN})의 계산은 다음 식을 따른다.

$$\pi_{DCN} = \frac{1-DC}{DC_{1nonop}}$$

- 온도–환경에 대한 고장률 승수 (π_{TE})는 다음과 같이 계산된다.

$$\pi_{TE} = e^{\left(-\frac{Ea_{nonop}}{0.00008617}\left(\frac{1}{T_{AE}+273}-\frac{1}{298}\right)\right)}$$

단, Ea_{nonop} - 활성화에너지(activation energy), 비동작중, 유형별 <표 B.13>으로 제공

- 사이클 률(cycling rate)에 대한 고장률 승수(π_{CR})는 다음과 같다.

$$\pi_{CR} = \frac{CR}{CR_1}$$

- 온도변화(delta temperature)에 대한 고장률 승수(π_{DT})는 다음과 같다.

$$\pi_{DT} = \left(\frac{T_{AO}+T_R-T_{AE}}{DT_1}\right)^2$$

- 납땜 온도변화에 대한 고장률 승수(π_{SJDT})는 다음과 같다.

$$\pi_{SJDT} = \left(\frac{T_{AO}+T_R-T_{AE}}{44}\right)^{2.26}$$

상기 공식들에 필요한 트랜지스터 유형별 파라메터들은 다음 <표 B.13>에 준한다.

〈표 B.13〉 트랜지스터 (Transistor) 파라메터들

Part Type	λOB	λEB	λRCB	λND	λSJB	β	DC1OP	EaOP	TRcefsult	Vsdefault	DC1nonop	Eanonop	CR1	DT1
Bipolar Germanium	0.001586	0.0007359	0.000965	0.02954	0.0015	0.281	0.23	0.2	60	5	0.77	0.3	754.38	80
Bipolar, High Frequency Microwave	0.000106	0.0005206	0.0000536	0.003106	0.0015	0.269	0.23	0.2	60	5	0.77	0.3	754.38	80
Bipolar, Low Frequency	0.000235	0.0001657	0.00016	0.008699	0.0015	0.281	0.23	0.2	60	5	0.77	0.3	754.38	80
Bipolar Multiple	0.000621	0.0004759	0.000648	0.00754	0.0015	0.281	0.23	0.2	60	5	0.77	0.3	754.38	80
Field Effect, High Frequency Microwave	0.001049	0.0004674	0.000225	0.04541	0.0015	0.397	0.23	0.2	60	N/A	0.77	0.3	754.38	80
Field Effect, Low Frequency, Silicon	0.000195	0.000333	0.000255	0.01099	0.0015	0.397	0.23	0.2	60	N/A	0.77	0.3	754.38	80
Field Effect, Multiple	0.00022	0.0004209	0.00078	0.01618	0.0015	0.269	0.23	0.2	60	N/A	0.77	0.3	754.38	80
Field Effect Unijunction	0.000143	0.0002657	0.0000278	0.002462	0.0015	0.397	0.23	0.2	60	N/A	0.77	0.3	754.38	80
General	0.0000776	0.00002607	0.0000193	0.03433	0.0015	0.397	0.23	0.2	60	5	0.77	0.3	754.38	80

전기·전자시스템 신뢰도 예측
217Plus, MIL-HDBK-217, SR-332를 중심으로

part 04

APPENDIX C

시스템 프로세스 평가

여기서는 제 4장의 여러 고장요인(failure cause)과 관련한 시스템 수준의 프로세스 평가에 대한 항목들에 대하여 고찰한다. 고장요인들로는 설계(Design), 부품(Part), 제조(Manufacturing), 시스템 관리(System Management), 마모(Wear-out), 유도(Induced), 비반복(Cannot Duplicate), 그리고 신뢰도 성장(Reliability Growth) 등 총 8 범주에 대하여 고찰한다. 이들은 제 4장의 <표 4.3>에의 요약과 같이 총 460개의 질문으로 구성된다. 여기서는 모든 요인들의 프로세스 평가 질문들을 보이며 편의상 번역 없이 217-Plus 핸드북의 원문을 수록한다.

〈표 C.1.1〉 설계 (Design) 프로세스 평가 - Engineering Skill

	공학기술 (Engineering Skill)	평가	범위	가중치	점수
1.1	What is the % of lead design engineering people with cross training experience in manufacturing or field operations (thresholds at 10, 20%)?	?	0 - 100	5	0.0
1.2	What is the % of team members having relevant product experience (thresholds at 25, 50%)?	?	0 - 100	5	0.0
1.3	What is the % of team members having relevant process experience, i.e., they have previously developed a product under the current development process (thresholds at 20, 40%)?	?	0 - 100	5	0.0
1.4	What is the % of development team that have 4-year technical degrees (thresholds at 20, 40%)?	?	0 - 100	5	0.0
1.5	What is the % of engineering team having advanced technical degrees (thresholds at 10, 20%)?	?	0 - 100	5	0.0
1.6	What is the % of engineering team members involved in professional activities in the past year; hold patents; authored/presented papers; are registered professional engineers, or professional society offices at the National level (thresholds at 10, 20%)?	?	0 - 100	5	0.0
1.7	What is the % of engineering team members who have taken engineering courses in the past year (thresholds at 10, 20%)?	?	0 - 100	5	0.0
1.8	Are resource people identified for program technology support across key technology and specialty areas such as Ada design, opto-electronics, servo control, ASIC design, etc. to provide program guidance and support as needed?	?	Y,N	7	0.0
1.9	Are resource people identified, for program tools support, to provide guidance and assistance with CAD, simulation, etc.?	?	Y,N	6	0.0
1.10	How many (0, 1, 2, 3) of the program objectives of cost, schedule and reliability did the manager successfully meet for the last program that he/she was responsible?	?	0,1,2,3	10	0.0
1.11	Is this development program organized as i°cross functional development teamsi± (CFDT) involving: design, manufacturing, test, procurement, etc.?	?	Y,N	8	0.0
	Total Engineering Skill - Attainment			66	

〈표 C.1.2〉 설계 (Design) 프로세스 평가 - Technology Maturity

	기술 성숙도 (Technology Maturity)	평가	범위	가중치	점수
2.1	Does this FRU involve the application of a state of the art technology?	?	Y,N	3	0.0
2.2	Is design of experiments (DOE) used to ensure robustness of the FRU in the product under all operational and environmental variations?	?	Y,N	5	0.0
2.3	Are critical components identified along with plans to mitigate their risks?	?	Y,N	5	0.0
2.4	Have designs been reviewed and plans made for parts coming to end-of-life during the producti¯s life cycle?	?	Y,N	6	0.0
2.5	Are considerations made to accommodate part form factor evolution? This applies particularly to those parts deemed likely to change during the production life of the fielded system.	?	Y,N	5	0.0
2.6	Are special tools required for maintenance?	?	Y,N	5	0.0
	Total Technology Maturity-Attainment			26	

〈표 C.1.3〉 설계 (Design) 프로세스 평가 - Design Margin & Optimization

	Design Margin and Optimization	평가	범위	가중치	점수
3.1	Will the design application be modeled by variational analysis to ensure design centering?	?	Y,N	5	0.0
3.2	Will timing analysis be performed on digital circuits?	?	Y,N	5	0.0
3.3	Will a network modal analysis be performed on analog circuits?	?	Y,N	5	0.0
3.4	Will electrical stress analysis be performed on electronic circuits?	?	Y,N	6	0.0
3.5	Will mechanical stress analysis be performed on relevant components, materials and structures?	?	Y,N	3	0.0
3.6	Will a prototype be developed in time to have user feedback impact the design?	?	Y,N	10	0.0
3.7	Will customer feedback on the prototype be sought?	?	Y,N	10	0.0
3.8	Will design personnel participate in a FMEA, FMECA, or FTA that is performed concurrently with the design effort?	?	Y,N	6	0.0
3.9	Will the design engineer also design the diagnostic code for this FRU?	?	Y,N	4	0.0
3.10	Will a worst case analysis be performed?	?	Y,N	4	0.0
3.11	Will the product support tasks be ergonomically evaluated (human factors) from an Operations & Maintenance standpoint?	?	Y,N	4	0.0
3.12	Will the product be analyzed using a human factor task analysis to ensure the Operations and Maintenance Tasks are tailored to human capabilities.	?	Y,N	4	0.0
3.13	Will the chassis that this FRU is mounted in be thermally measured and analyzed and operating temperatures assured to be at a safe margin below device limits?	?	Y,N	6	0.0
3.14	Is electrical/mechanical power by electronic logic or physical action (switches)?	?	Y,N	4	0.0
3.15	Do control procedures ensure that the system and its software are put in a safe state during power shut down?	?	Y,N	4	0.0
3.16	What is the maximum silicon junction temperature on this FRU in degrees C (thresholds at 90 and 125 degrees C)?	?	Positive Number	8	0.0

〈표 C.1.3〉 설계 (Design) 프로세스 평가 - Design Margin & Optimization (계속)

	Design Margin and Optimization	평가	범위	가중치	점수
3.17	Will environmental analyses and profiling (thermal, dynamic) be performed on the product to ensure it is used within its design strength capabilities?	?	Y,N	5	0.0
3.18	Will the product be analyzed/tested for electromagnetic compatibility (EMC) and radiated/conducted susceptibility and emissions?	?	Y,N	6	0.0
3.19	Will the product be EMC-certified, per the European CE (Conformity European) regulatory compliance criteria for equipment used in Europe, or under a similarly rigorous standard such as DO-160 (commercial aircraft)?	?	Y,N	4	0.0
3.20	Are the size of equipment orifices (cover openings) less than 1/10 of the wavelength of the signal frequencies that the equipment will generate within its enclosure or be exposed to in its environment?	?	Y,N	4	0.0
3.21	Do traces on a PWB run over a ground plane or an impedance control layer (e.g., power planes) and never over reference plane or power plane voids?	?	Y,N	4	0.0
3.22	Do traces on alternate PWB layers run orthogonal to one another, when a reference plane or power plane is not interposed between them?	?	Y,N	4	0.0
3.23	Are adjacent traces separated by at least twice their width, except for minor adjacencies that run less than a half inch?	?	Y,N	4	0.0
3.24	Is the power source filtered over the range of 1KHz to 100 MHz for military or 150KHz to 30 MHz for commercial power, and utilize surge suppression devices where appropriate?	?	Y,N	4	0.0
3.25	Are all interconnect cables emerging from a shielded cabinet grounded to the chassis for operating frequencies greater than 1 MHz or capacitively decoupled to the chassis for frequencies less than 1 MHz?	?	Y,N	4	0.0
3.26	Are traces set back at least 2 widths from the edge of the reference or ground plane?	?	Y,N	4	0.0
	Total Design Margin/Optimization-Attainment			131	

〈표 C.1.4〉 설계 (Design) 프로세스 평가 - Design for Manufacturability

	Design for Manufacturability	평가	범위	가중치	점수
4.1	Is there a shared product development vision that includes Design for Manufacturability (DFM) goals	?	Y,N	8	0.0
4.2	Are part types standardized via a Preferred Parts List (PPL)?	?	Y,N	5	0.0
4.3	Is there continuing focus to keep the PPL up to date and to minimize the number of parts on the PPL, by increasing part standardization, encouraging designers to use the PPL and requiring analysis to justify adding a new part to the PPL?	?	Y,N	6	0.0
4.4	Is this product to be built on an existing manufacturing platform that makes use of existing process capabilities?	?	Y,N	6	0.0
4.5	Do plans for (follow-on products) and product retirement exist?	?	Y,N	2	0.0
4.6	Are new, critical parts qualified for by test and analysis prior to their inclusion in the system?	?	Y,N	6	0.0
4.7	How does the part count on this project compare with predecessor products or competitive products? (Thresholds at 75% and 100%).	?	0 - 100	4	0.0
4.8	Are there DFM guidelines provided that the program must adhere to? (e.g., a good DFM design is fabricated on a uni-axis assembly orientation, preferably built from the bottom)	?	Y,N	6	0.0
4.9	What % of inter-connections are there compared to the predecessor version of this FRU (thresholds at 60% and 100%)?	?	0 - 100	4	0.0
4.10	Are PWB traces at least 5 mils in width?	?	Y,N	5	0.0
	Design for Manufacturability-Attainment			52	

〈표 C.1.5〉 설계 (Design) 프로세스 평가 - Development Process

	Development Process	평가	범위	가중치	점수
5.1	Is the development process documented?	?	Y,N	5	0.0
5.2	Is the process documentation on-line with the recognition that the on-line version is the only standard? (All printed copies are for reference only).	?	Y,N	6	0.0
5.3	Does each process activity have clear entry and exit criteria?	?	Y,N	2	0.0
5.4	Is the system configuration documented on-line, with changes since the last baseline highlighted to keep the entire team current with the design?	?	Y,N	6	0.0
5.5	Are there functional block diagrams of the system, subsystems, etc. down to the FRU level?	?	Y,N	3	0.0
5.6	Are examples of good development products (e.g., specs, plans, documentation) provided to the engineering team, typifying the desired work products for each stage of development?	?	Y,N	6	0.0
5.7	Are examples of past problems provided to the engineering team that typify those found at each stage of development?	?	Y,N	4	0.0
5.8	Is there a closed-loop problem database to track development problems to closure?	?	Y,N	5	0.0
5.9	Does development activities planning include the identification of critical path tasks?	?	Y,N	5	0.0
5.10	Are critical path tasks planned to minimize cycle time impacts and improve schedule robustness?	?	Y,N	4	0.0
5.11	Are individual developers encouraged to make contact with their customer counterpart?	?	Y,N	6	0.0
5.12	Will Cross-Functional Development Team (CFDT) phase reviews/sign-offs follow each product development phase: requirements, preliminary design, final design, and test?	?	Y,N	9	0.0
5.13	Are formal reviews documented and defect data analyzed and tracked, along with any action items, to completion?	?	Y,N	5	0.0
5.14	Do design reviewers share responsibility for the performance of the design once they have reviewed it?	?	Y,N	3	0.0
5.15	Are developers rated on the success of the overall product in the field?	?	Y,N	3	0.0

〈표 C.1.5〉 설계 (Design) 프로세스 평가 - Development Process (계속)

	Development Process	평가	범위	가중치	점수
5.16	Is there a technical review board in place to minimize design changes, maintain cost, schedule and reliability goals?	?	Y,N	5	0.0
5.17	Are engineering change (EC) costs budgeted, measured and tracked against their associated design driver?	?	Y,N	6	0.0
5.18	Are reliability and/or significant a super goal or the number one goal placed on the entire development organization? This occurs on safety critical applications such as air traffic control, nuclear or critical medical applications.	?	Y,N	10	0.0
5.19	What is the % of FRU reuse across the system? (thresholds at 10 and 20%).	?	0 - 100	4	0.0
5.20	Are individual developers empowered by having input and control over resources to accomplish their job, such as having a travel budget (if travel is required)?	?	Y,N	2	0.0
5.21	Are engineering team members dedicated full time to the project?	?	Y,N	4	0.0
5.22	Are process owners identified across the development team for each configuration item (CI) and its components?	?	Y,N	3	0.0
5.23	Is there tracking of open problems, action items and cross system dependencies ?	?	Y,N	4	0.0
5.24	Is there a change review board/process?	?	Y,N	4	0.0
5.25	Is development creativity fostered through planned creativity exercises to spawn breakthrough thinking with respect to design simplicity, cost, schedule and reliability?	?	Y,N	4	0.0
5.26	Are failures traced to their root cause and managed to resolution?	?	Y,N	4	0.0
	Development Process-Attainment			122	

〈표 C.1.6〉 설계 (Design) 프로세스 평가 - Development Process Metrics

	Development Process Metrics	평가	범위	가중치	점수
6.1	Is this development process ISO rated?	?	Y,N	4	0.0
6.2	How many (0,1,2,3) of the cost, schedule and reliability goals did the last product developed by this organization meet?	?	0,1,2,3	10	0.0
6.3	Do you know the reliability performance of your current products in the field versus their predicted reliability?	?	Y,N	5	0.0
6.4	If so, are previous reliability estimates within 15% of the predicted reliability?	?	Y,N	7	0.0
6.5	Is there a 15% staffing buffer on the program, i.e., will the program be staffed to 115% of the needed baseline to allow for contingencies?	?	Y,N	9	0.0
6.6	Are in-process metrics maintained to track actual vs. planned defect rates, schedule and resource targets?	?	Y,N	4	0.0
6.7	Can continuous measurable improvement (CMI) be demonstrated for the development processes?	?	Y,N	4	0.0
	Development Process Metrics-Attainment			43	

〈표 C.1.7〉 설계 (Design) 프로세스 평가 - Development Documentation

	Development Documentation	평가	범위	가중치	점수
7.1	Are development processes maintained on-line with all printed paper copies designated “for reference use only”?	?	Y,N	6	0.0
7.2	Are there procedures to ensure that documentation stays current with the design?	?	Y,N	6	0.0
7.3	Is there a requirements document for this program?	?	Y,N	4	0.0
7.4	Is there a Functional Specifications document?	?	Y,N	4	0.0
7.5	Are there document owners or identified for these documents so the development team knows who it can go to for a specific need?	?	Y,N	3	0.0
7.6	Do the team members contribute to the creation and/or review and approval of these documents?	?	Y,N	4	0.0
7.7	Are documentation standards promoted with examples, to demonstrate what is considered adequate documentation?	?	Y,N	4	0.0
7.8	Is product documentation field tested prior to product delivery or general availability?	?	Y,N	5	0.0
7.9	Is there a procedure for field feedback on product operations and maintenance documentation?	?	Y,N	4	0.0
7.10	Does product documentation maximize pictures and minimize words (fallibility of natural language)?	?	Y,N	4	0.0
7.11	Is product documentation kept at reading grade level 10 or less?	?	Y,N	4	0.0
7.12	Is there an operational concept document developed prior to high level design that is maintained throughout development?	?	Y,N	8	0.0
7.13	Is there a set of hardware and process design guidelines that provide general and component-specific design guidance practices?	?	Y,N	6	0.0
7.14	Is there a assumptions/dependencies database that is maintained and reviewed prior to each development stage exit?	?	Y,N	8	0.0
	Development Documentation-Attainment			70	

〈표 C.1.8〉 설계 (Design) 프로세스 평가 - System Complexity

	System Complexity	평가	범위	가중치	점수
8.1	Is a distributed architecture used?	?	Y,N	5	0.0
8.2	Are electro-optical devices used in this design?	?	Y,N	5	0.0
8.3	Are electro-mechanical devices used in this design?	?	Y,N	5	0.0
8.4	Is chemical processing part of this design?	?	Y,N	5	0.0
8.5	Is hot fusing (toner) part of this design?	?	Y,N	5	0.0
8.6	Are voltages over 110vac used in this design?	?	Y,N	2	0.0
8.7	Are there operating frequencies over 50 MHz	?	Y,N	5	0.0
8.8	What is the number of developers on this project? (thresholds of 20 and 100)	?	0 - 100	5	0.0
8.9	What is the development schedule in months? (thresholds at 18, 36 and 48 months)	?	Positive Number	8	0.0
8.10	Is there a 24 hour/day availability requirement?	?	Y,N	6	0.0
8.11	Does the operational concept call for a remote operations and maintenance (O&M) operator to be able to diagnose system problems as part of the system concept?	?	Y,N	6	0.0
8.12	Is this PWB of unusual size or dimension?	?	Y,N	5	0.0
8.13	Does this FRU have a 25% reduction in parts count over its predecessor or competitor?	?	Y,N	4	0.0
8.14	Are stuck faults required to be isolated down to a single failing FRU 90% of the time?	?	Y,N	4	0.0
8.15	Does this FRU report its status via a “management information data bit” (MIB) capability for fault determination and isolation?	?	Y,N	2	0.0
8.16	Is there overvoltage/undervoltage detection and reporting?	?	Y,N	3	0.0
8.17	Will FRUs be hot pluggable?	?	Y,N	2	0.0
	System Complexity-Attainment			78	

〈표 C.1.9〉 설계 (Design) 프로세스 평가 - Product Testing

	Product Testing	평가	범위	가중치	점수
9.1	Is there an independent test team?	?	Y,N	5	0.0
9.2	Is the customer directly involved in defining the producti¯s operational profile and in reviewing the test plans?	?	Y,N	5	0.0
9.3	Does test planning take into account the i°lessons learnedi± database?	?	Y,N	4	0.0
9.4	Does a problem tracking database exist, and is it being used on this program?	?	Y,N	5	0.0
9.5	Will accelerated testing be performed during development that combines temperature and vibration?	?	Y,N	4	0.0
9.6	Will alpha tests be conducted, whereby the final product is robustly tested against probable extensions of its operational environment?	?	Y,N	6	0.0
9.7	Will beta tests be conducted, whereby customers can use and test pre-release versions of the product, feeding back their results to the developer?	?	Y,N	6	0.0
9.8	Are test procedures, set-up conditions, results, etc., documented so that measurements can be verified, failures reproduced, test conditions recreated, and corrective actions confirmed?	?	Y,N	5	0.0
9.9	Will a gold standard (tested product) be preserved for comparative regression analysis?	?	Y,N	6	0.0
9.10	Will product changes will be regression tested?	?	Y,N	5	0.0
9.11	Will the FRU be reliability or endurance tested (at any assembly level)?	?	Y,N	4	0.0
9.12	Can parts (ASIC, EPROM) be reprogrammed in the circuit?	?	Y,N	4	0.0
9.13	Can active elements be backwardly driven for more complete coverage?	?	Y,N	4	0.0
9.14	What % of nodes (interconnection of traces) can be backward driven?(Thresholds at 80 and 95%)	?	0 - 100	4	0.0
9.15	Has test fixture complexity been analyzed for fixtures with over 50 pins per square inch?	?	Y,N	4	0.0

〈표 C.1.9〉 설계 (Design) 프로세스 평가 - Product Testing (계속)

	Product Testing	평가	범위	가중치	점수
9.16	What is the test point contact size in mils? (Thresholds at 40, 32, and 25 mils).	?	Positive Number	4	0.0
9.17	Is a one-sided or two-sided test fixture used, if this FRU is a PWB?	?	1,2	2	0.0
9.18	Has mechanical loading of the test fixture on the device under test been analyzed?	?	Y,N	2	0.0
9.19	Are the buses or signal lines actively driven (vs. passively driven)?	?	Y,N	4	0.0
9.20	Are the test item configurations representative of both the design (development tests) or production (validation tests) products?	?	Y,N	4	0.0
9.21	Will the product be environmentally stress tested (0 to 3) for 1. Design, 2. Qualification, 3. Product Acceptance?	?	0,1,2,3	6	0.0
9.22	What % of nodes can be tested on this FRU? (Thresholds at 95, 80 and 50%)	?	0 - 100	4	0.0
	Product Testing-Attainment			97	

〈표 C.1.10〉 설계 (Design) 프로세스 평가 - Engineering Design Automation (EDA) Tools

	Engineering Design Automation (EDA) Tools	평가	범위	가중치	점수
10.1	Are EDA tools available that will be used to support the design task?	?	Y,N	7	0.0
10.2	Are these tools stable?	?	Y,N	3	0.0
10.3	Does the team have a core competency with tool experience?	?	Y,N	4	0.0
10.4	Are there dedicated tool support personnel available to the development team?	?	Y,N	3	0.0
10.5	Do the development team members have domain expertise with the operating platform, i.e., HP, Unix, networking, and OS?	?	Y,N	3	0.0
10.6	Are the tools self-documenting?	?	Y,N	3	0.0
	EDA Tools -Attainment			23	0.0

〈표 C.2.1〉 제조 (Manufacturing) 프로세스 평가 - Design for Manufacturability (DFM)

	Design for Manufacturability (DFM)	평가	범위	가중치	점수
1.1	How many product orientations (axes and directions) are required to assemble this FRU? (Thresholds at 1,2,3 axes out of 6 possible).	?	1 to 6	6	0.0
1.2	How many cuts and traces are allowed if this is a Printed Wiring Board (PWB)? (Preliminary thresholds at 20, 10)	?	Positive Numbe r	3	0.0
1.3	Is a CAD/CAM process used to support manufacturing?	?	Y,N	5	0.0
1.4	Does the CAD/CAM system allow manufacturing personnel to have access to design information and documentation?	?	Y,N	3	0.0
1.5	Are there adjustments associated with this FRU?	?	Y,N	4	0.0
1.6	Are parts/assemblies designed to simplify and facilitate automatic feeding and insertion?	?	Y,N	5	0.0
1.7	Do hand-inserted parts have visual guides to aid in building the assembly?	?	Y,N	3	0.0
1.8	Is there a focused effort to minimize the number of cables and connectors on this FRU?	?	Y,N	3	0.0
1.9	Does the system support the FRUs being "hot pluggablei±, i.e., allowing this FRU to be removed and replaced without having to shut power down ?	?	Y,N	4	0.0
1.10	Has the number of different manufacturing processes been minimized in building this FRU?	?	Y,N	3	0.0
1.11	Is a flexible manufacturing process used, such that this new product will be fabricated on an existing, proven line?	?	Y,N	3	0.0
1.12	Is a cellular manufacturing process used, where the autonomous manufacturing station has all materials and parts brought to it and it produces a finished product?	?	Y,N	3	0.0
1.13	If there are symmetrical, polarized components used on this FRU, is the mounting process made "fool-proof", so that they cannot be inserted backwards"?	?	Y,N	3	0.0

〈표 C.2.1〉 제조 (Manufacturing) 프로세스 평가 - Design for Manufacturability (DFM) (계속)

	Design for Manufacturability (DFM)	평가	범위	가중치	점수
1.14	Has the total number of threaded fasteners associated with this assembly been minimized?	?	Y,N	3	0.0
1.15	What is the number of different fastener types associated with this FRU?(Threshold at >2, 2, 1, 0)	?	Positive Number	3	0.0
1.16	Is it easy to visually distinguish between fasteners (e.g., no minor differences in length) prior to installation	?	Y,N	3	0.0
1.17	Is there more than one type fastener drive (torx, Phillips, etc) needed in the assembly, installation and maintenance of this FRU ?	?	Y,N	3	0.0
1.18	Are mounting guides or registration pins provided for aligning and securing electro-mechanical or electro-optical parts?	?	Y,N	3	0.0
	Total DFM - Attainment			63	

〈표 C.2.2〉 제조 (Manufacturing) 프로세스 평가 - Personnel Characteristics

	Personnel Characteristics	평가	범위	가중치	점수
2.1	Are development personnel, including manufacturing, all co-located?	?	Y,N	6	0.0
2.2	Does this project have a built-in 15% staffing buffer, i.e., staffing is at least 115% of base requirements?	?	Y,N	6	0.0
2.3	Is the project organized around self-directed work teams?	?	Y,N	3	0.0
2.4	Are workers rated on both total output and quality?	?	Y,N	4	0.0
2.5	Are there process improvement teams with continuous measurable improvement (CMI) goals?	?	Y,N	5	0.0
2.6	Are employees rated on field performance of the product?	?	Y,N	4	0.0
2.7	Is there is an advanced manufacturing engineering (AME) support department to help bridge between engineering and production?	?	Y,N	3	0.0
2.8	Has CFDT been implemented such that the manufacturing manager is able to explain the design concept?	?	Y,N	1	0.0
2.9	Are manufacturing people encouraged to ask questions of development people (identified points of contact) when questions arise?	?	Y,N	5	0.0
2.10	Are enterprise points of contact (POCs) identified (development, manufacturing, test, field, marketing) to help answer questions and address issues across the organization?	?	Y,N	5	0.0
2.11	Can any of the line or quality personnel ï°stop the lineï± if that person believes a serious problem?	?	Y,N	5	0.0
2.12	Has the majority of the manufacturing leadership had direct field or customer contact in the past year?	?	Y,N	3	0.0
2.13	Do manufacturing people have measurable goals to improve production metrics, including quality and cycle time?	?	Y,N	5	0.0
2.14	If answer to 3.2.13 is yes, do direct manufacturing people participate in developing the goals?	?	Y,N	4	0.0
2.15	Do manufacturing personnel have goals for continuous quality improvement?	?	Y,N	3	0.0
2.16	Are there quality circles that meet regularly?	?	Y,N	3	0.0
2.17	Are teams/or recognized for improving quality?	?	Y,N	3	0.0
	Total Personnel Skill - Attainment			68	

〈표 C.2.3〉 제조 (Manufacturing) 프로세스 평가 - Data and Analysis

	Data and Analysis	평가	범위	가중치	점수
3.1	Are key metrics for quality and cost monitored and tracked?	?	Y,N	5	0.0
3.2	Is the cost of defect prevention measures tracked (proactive quality)?	?	Y,N	3	0.0
3.3	Is the cost of problem corrections tracked (corrective quality)?	?	Y,N	3	0.0
3.4	Do the process operators collect and interpret their own statistical process control (SPC) operational data?	?	Y,N	5	0.0
3.5	Is machine-level configuration control practiced?	?	Y,N	5	0.0
3.6	Is the cost of engineering changes (ECi¯s) tracked and allocated back to the responsible development entity that caused the EC?	?	Y,N	4	0.0
3.7	Are root cause failure analyses performed on Pareto-significant manufacturing line problems?	?	Y,N	6	0.0
3.8	Are root cause failure analyses performed on Pareto-significant field problems ?	?	Y,N	7	0.0
3.9	Is there a continuing focus on eliminating test escapes so as to find problems when they are created rather than when the customer receives the system?	?	Y,N	6	0.0
3.10	Is a lessons learned database maintained based upon problem post mortem analysis?	?	Y,N	6	0.0
3.11	Are lessons learned fed back to development personnel at the corresponding development phase where particular, significant fault types have been found to occur?	?	Y,N	4	0.0
3.12	Will this FRU have an (expected) yield of over 90%?	?	Y,N	3	0.0
3.13	Are examples of field manufacturing defects displayed for production personnel?	?	Y,N	3	0.0
3.14	Do manufacturing people have current awareness of the field performance of their products, in terms of problem types and problem rates?	?	Y,N	4	0.0
3.15	Are the manufacturing processes centered, based upon sensitivity analyses, process FMEA or DOE?	?	Y,N	6	0.0
	Total Data Analysis- Attainment		0%	31	0.0

〈표 C.2.4〉 제조 (Manufacturing) 프로세스 평가 - Manufacturing Leadership

	Manufacturing Leadership	평가	범위	가중치	점수
4.1	Has a declared manufacturing vision that incorporates reliability and quality been established, documented and communicated to personnel?	?	Y,N	4	0.0
4.2	Is leadership rotated among manufacturing personnel participating in a quality circle?	?	Y,N	2	0.0
4.3	Does management promote quality circles with continuous measurable improvement (CMI) targets?	?	Y,N	3	0.0
4.4	Do employees' personal development/assessment plans emphasize product and process quality?	?	Y,N	5	0.0
4.5	Are team-building exercises promoted as lead-ins to the production phases?	?	Y,N	3	0.0
4.6	Do manufacturing personnel get 40 hours of training a year?	?	Y,N	2	0.0
4.7	Do you visit suppliers, review their processes, and make suggestions for process improvement?	?	Y,N	3	0.0
4.8	Do you invite suppliers, or customers to review your companyi˜s processes and allow them to suggest ways the company can do things better?	?	Y,N	3	0.0
4.9	Does manufacturing participate in design reviews?	?	Y,N	5	0.0
4.10	Is management aware and involved in day to day manufacturing operations on a regular basis?	?	Y,N	4	0.0
4.11	Is management located in proximity to line people and accessible to them?	?	Y,N	4	0.0
4.12	Do part suppliers manage their stock at your production facility?	?	Y,N	3	0.0
	Total Manufacturing Leadership - Attainment			41	

〈표 C.2.5〉 제조 (Manufacturing) 프로세스 평가 - Manufacturing Process

	Manufacturing Process	평가	범위	가중치	점수
5.1	Will this product be built on an existing manufacturing line vs. a new manufacturing process that will have to be developed to support the manufacture this product?	?	Y,N	6	0.0
5.2	Has the manufacturing process been mistake-proofed?	?	Y,N	6	0.0
5.3	Is there an EC budget for this FRU, and will results be measured against this budget?	?	Y,N	3	0.0
5.4	Do manufacturing personnel know the projected average cost of an EC once product is in the field?	?	Y,N	3	0.0
5.5	Has a demand-based, pull system been established for manufacturing processing stations?	?	Y,N	4	0.0
5.6	Are PWBs conformal coated?	?	Y,N	3	0.0
5.7	Are there tighter tolerances than 0.020” on unaided, hand assembly operations associated with manufacturing this FRU, or integrating it into the next higher level assembly?	?	Y,N	3	0.0
5.8	Are there tighter tolerance requirements than 0.005” for ï°fixtured assembly operations with measurement capabilityï±?	?	Y,N	3	0.0
5.9	Are there tighter tolerances than 0.0005” for automated assembly operations?	?	Y,N	3	0.0
5.10	Is the manufacturing process documented?	?	Y,N	3	0.0
5.11	Has manufacturing provided a product design checklist of their concerns to the development team at the start of development?	?	Y,N	3	0.0
5.12	Is the checklist, identified above reviewed for compliance at each development milrstone review?	?	Y,N	3	0.0
	Total Manufacturing Process - Attainment			49	

〈표 C.2.6〉 제조 (Manufacturing) 프로세스 평가 - Testability

	Testability	평가	범위	가중치	점수
6.1	Is 90 % test coverage achieved on the components in this FRU?	?	Y,N	5	0.0
6.2	Is a shipping test performed on samples of the packaged product?	?	Y,N	4	0.0
6.3	Are FRUs burned in for at least 24 hours?	?	Y,N	5	0.0
6.4	Is a ï°gold standardï± of the qualified item maintained for regression test purposes?	?	Y,N	4	0.0
6.5	Is Design of Experiments (DOE) used in setting up and controlling testing?	?	Y,N	7	0.0
6.6	Is there an Operational Reliability Test conducted to simulate the customer application?	?	Y,N	5	0.0
6.7	How many elements (0 to 4) of environmental stress screening (ESS) are run:1. temperature bake 2. temperature cycle 3. temperature shock 4. vibration ?	?	0,1,2,3,4	0	0.0
6.8	Are production test stress screens conducted?	?	Y,N	5	0.0
	Total Testability - Attainment			35	

〈표 C.2.7〉 제조 (Manufacturing) 프로세스 평가 - Technology

	Technology	평가	범위	가중치	점수
7.1	Does this PWB have greater than 6 layers?	?	Y,N	3	0.0
7.2	Is this PWB large enough that it can bow or "oil can" in handling and usage?	?	Y,N	3	0.0
7.3	Is it a one-sided or two sided board?	?	1,2	3	0.0
7.4	If this is a PWB, are the majority of components attached via surface mount technology (SMT) ?	?	Y,N	3	0.0
7.5	Does this FRU have 25% fewer solder joints than its predecessor or competitor?	?	Y,N	3	0.0
7.6	What is the solder joint spacing (in mils)? Thresholds at 30,50, 100.	?	Positive Number	5	0.0
7.6.	Is ball grid array (BGA) technology used?	?	Y,N	3	0.0
7.6.2	Is this the first time you have used BGA technology?	?	Y,N	6	0.0
7.7	Have card insertion guides been used in design	?	Y,N	3	0.0
7.8	Have board stiffeners been used in the design	?	Y,N	3	0.0
	Total Technology Skill - Attainment			35	

〈표 C.3.1〉 부품 (Parts) 프로세스 평가 - (OEM) Developer' Parts

	(OEM) Developer' Parts	평가	범위	가중치	점수
1.1	Is there a documented part selection and part management process?	?	Y,N	5	0.0
1.2	Is there a Preferred Parts List (PPL)?	?	Y,N	5	0.0
1.3	Are part evaluation and qualification processes established to add parts to the PPL?	?	Y,N	5	0.0
1.4	Does a cross functional development team (CFDT) review and approve new candidate parts for addition to the PPL?	?	Y,N	5	0.0
1.5	Is this a commercial off-the-shelf (COTS) purchased assembly with a good history of operational reliability?	?	Y,N	6	0.0
1.6	Will new parts will be added to the PPL to design this FRU?	?	Y,N	4	0.0
1.7	Are procedures in place to detect part problems in both manufacturing and the field?	?	Y,N	5	0.0
1.8	Are quality and reliability data tracked on parts and fed back to suppliers so they know their performance on this product?	?	Y,N	5	0.0
1.9	Is there a design compliance checklist to ensure that all parts are properly applied, operating at sufficient margin with respect to environmental and operational stresses, and take into account lessons learned?	?	Y,N	6	0.0
1.10	Are there processes in place that specifically address precautions and handling of parts/components susceptible to electrostatic discharge (ESD)?	?	Y,N	5	0.0
1.11	Do part specifications reflect environmental and regulatory compliance requirements for the specific intended application?	?	Y,N	5	0.0
1.12	Has mechanical interfacing of critical parts been facilitated by providing mating parts/assemblies to the part supplier?	?	Y,N	4	0.0
1.13	Is there an end of life plan to recycle or dispose of this part?	?	Y,N	4	0.0
	Total Developer Parts - Attainment			64	

〈표 C.3.2〉 부품 (Parts) 프로세스 평가 - Parts Suppliers

	Parts Suppliers	평가	범위	가중치	점수
2.1	Are teaming relationships established with all critical component suppliers?	?	Y,N	6	0.0
2.2	Are critical parts ISO 9000 certified?	?	Y,N	4	0.0
2.3	Are critical parts QS 9000 (automobile manufacturer certification) certified?	?	Y,N	6	0.0
2.4	In the case of commercial off-the-shelf (COTS) equipment, is the purchased assembly certified and marked to sell in Europe (CE marked)?	?	Y,N	6	0.0
2.5	Is the FRU under configuration management control by the time it enters system test?	?	Y,N	5	0.0
2.6	Are critical parts burned in for at least 24 hours?	?	Y,N	5	0.0
2.7	Will the supplier manage the developerí¯s inventory, in the case of high volume production?	?	Y,N	4	0.0
2.8	Will all suppliers provide timely failure reporting and corrective action support (FRACAS) for both critical and custom parts? (Timely reporting implies a 2 week turnaround with faster response on priority demand.)	?	Y,N	4	0.0
2.9	Has vendor dependencies been identified for critical and custom components?	?	Y,N	4	0.0
2.10	Have supplier identified the likely failure modes on critical and custom parts, and does the design take these failure modes into account?	?	Y,N	4	0.0
2.11	Are operational failure rate and failure mode data provided by thesuppliers of critical and custom parts being used?	?	Y,N	4	0.0
	Total Part Suppliers' - Attainment			52	

〈표 C.3.3〉 부품 (Parts) 프로세스 평가 - (OEM) Custom Parts Support

	(OEM) Custom Parts Support	평가	범위	가중치	점수
3.1	Is there a part control drawing for critical and custom parts?	?	Y,N	5	0.0
3.2	Is there a device specification for all critical and custom parts?	?	Y,N	5	0.0
3.3	Has the supplier reviewed the part application for all critical and custom parts?	?	Y,N	4	0.0
3.4	Has the developer met with suppliers to discuss the application of all critical and custom parts?	?	Y,N	4	0.0
3.5	Has a supplieri¯s technical point of contact (POC) been identified for addressing reliability concerns?	?	Y,N	3	0.0
3.6	Will critical suppliers provide timely notice of impending part changes to allow the developer to assess the impact?	?	Y,N	4	0.0
3.7	Is a change history log maintained to provide traceability of engineering change actions and their associated rationale for critical and custom parts?	?	Y,N	5	0.0
3.8	Will part identification (revision numbers) be shown on the part to identify the particular part configuration, including the level of the parti¯s firmware?	?	Y,N	4	0.0
3.9	Will suppliers routinely update firmware on parts returned for repair?	?	Y,N	4	0.0
3.10	If suppliers update firmware will the part identification reflect this change?	?	Y,N	4	0.0
3.11	Will suppliers' part support timing horizon meet program development, manufacture, and field support component requirements?	?	Y,N	4	0.0
3.12	Will vendor provide timely notice of production/support cessation and provide an i°end of lifei± buy opportunity?	?	Y,N	4	0.0
3.13	Will future releases of this part be backward compatible with respect to form, fit and function?	?	Y,N	4	0.0
3.14	Is there a first article inspection and acceptance test planned?	?	Y,N	4	0.0
3.15	Do critical and custom parts on this FRU all have at least a 12 month warranty?	?	Y,N	4	0.0
3.16	Have likely part developments, evolution, and extensions of critical/custom parts been identified by the supplier?	?	Y,N	6	0.0
3.17	Are there 32 KBytes or more of firmware embedded in this FRU?	?	Y,N	4	0.0
	Total Custom Parts - Attainment			72	

〈표 C.3.4〉 부품 (Parts) 프로세스 평가 - (OEM) Critical/Custom Parts Support

	(OEM) Critical/Custom Parts Support	평가	범위	가중치	점수
4.1	Have development personnel meet with supplier's technical personnel?	?	Y,N	4	0.0
4.2	Has a functional block diagram been developed for COTS or purchased complex part assemblies?	?	Y,N	4	0.0
4.3	Has a failure history been collected for critical parts, complex assemblies, or COTS items?	?	Y,N	4	0.0
4.4	Have key suppliers identified their part failure mechanisms?	?	Y,N	4	0.0
4.5	Have suppliers, in the case of complex part assemblies, supported the developer in performing a Failure Modes and Effects Analysis (FMEA) on those assemblies?	?	Y,N	6	0.0
4.6	Have the sources and the extent of part variation been identified?	?	Y,N	5	0.0
4.7	Have mitigations been identified to handle the effects of part's variations?	?	Y,N	5	0.0
4.8	Do you know the supplier's dependencies and needs?	?	Y,N	4	0.0
4.9	Will a design of experiments part evaluation, considering variations, as well as manufacturing variations, be conducted?	?	Y,N	6	0.0
4.10	Have mechanical interfacing components been provided to the key vendors to assure proper mechanical mating?	?	Y,N	5	0.0
4.11	Will developers' quality organization audit the supplier's processes and facility capabilities?	?	Y,N	5	0.0
4.12	Will the developer receive notice of pending part changes?	?	Y,N	5	0.0
4.13	Will the developer have approval rights of part changes?	?	Y,N	4	0.0
4.14	Are procedures and processes in place for the identification and handling of critical reliability components (derating, screening, failure response, etc.)?	?	Y,N	8	0.0
	Total Critical/Custom Parts - Attainment			69	

〈표 C.4.1〉 시스템 관리 프로세스 평가 - Requirements Management

	Requirements Management	평가	범위	가중치	점수
1.1	Does the customer participate with the developer in developing/validating a requirements statement?	?	Y,N	5	0.0
1.2	Is Quality Function Deployment (QFD) used to help develop requirements and requirements traceability?	?	Y,N	7	0.0
1.3	If QFD is not used, is there another systematic way used, such as a Pugh chart, to identify and document customer needs and preferences?	?	Y,N	0	0.0
1.4	Is there a system specification?	?	Y,N	5	0.0
1.5	Does an ï°operations conceptï± document exist?	?	Y,N	6	0.0
1.6	Has a comprehensive literature study been done of relevant design and reliability technology advancements?	?	Y,N	5	0.0
1.7	Has previous or similar products been reviewed for their advantages and pitfalls?	?	Y,N	4	0.0
1.8	Have a ï°lessons learnedï± database been studied to ensure the product will not repeat past problems?	?	Y,N	5	0.0
1.9	Have aggressive requirements (particularly reliability, availability, and/or safety) been explicitly specified?	?	Y,N	10	0.0
1.10	Have regulatory agency compliance requirements been included?	?	Y,N	5	0.0
1.11	Does the requirements definition also account for what the product is supposed to ï°not doï±? (For example, air bags should not deploy except on impact.)	?	Y,N	5	0.0
1.12	Is there a plan as to how to retire or recycle this new system at the end of its life?	?	Y,N	2	0.0
1.13	Does a requirements database exist to capture opportunistic requirements for future consideration?	?	Y,N	4	0.0
1.14	Have future expansion requirements been identified (such as loading growth) and can the system handle the projected growth in demand?	?	Y,N	4	0.0
1.15	Are requirements deemed achievable within program budget and schedule restraints, with a 90% confidence level?	?	Y,N	5	0.0
1.16	Are product requirements allocated to a useful level of indenture (considering complexity, level of design flexibility, and safety concerns)?	?	Y,N	5	0.0
	Requirements Management - Attainment			77	

〈표 C.4.2〉 시스템 관리 프로세스 평가 - Requirements Extensibility

	Requirements Extensibility	평가	범위	가중치	점수
2.1	Has a project level FMEA been done in conjunction with designers and system engineers at the planning stage?	?	Y,N	5	0.0
2.2	Will the FMEA be refined down to the FRU level during design?	?	Y,N	5	0.0
2.3	Does this product have to meet CE (European) standards?	?	Y,N	6	0.0
2.4	Have likely product extensions been identified in the planning stage?	?	Y,N	3	0.0
2.5	Are creativity and team building exercises being conducted during the planning stage?	?	Y,N	2	0.0
2.6	Are future product releases planned in order to systematically integrate new requirements and features?	?	Y,N	4	0.0
2.7	Are trade studies shared with the customer to broaden the base of inputs and support for design decisions?	?	Y,N	5	0.0
	Requirements Extensibility - Attainment			30	

〈표 C.4.3〉 시스템 관리 프로세스 평가 - Product Vision

	Product Vision	평가	범위	가중치	점수
3.1	Does a vision statement that speaks to reliability exist for the product?	?	Y,N	5	0.0
3.2	Does a functional block diagram exist for this system?	?	Y,N	4	0.0
3.3	Do sketches, drawings, or models exist for the delivered product?	?	Y,N	4	0.0
3.4	Is the development team provided guidelines for acceptable deliverables at kick-off meetings for each development stage?	?	Y,N	6	0.0
3.5	Are prototypes planned for early design?	?	Y,N	5	0.0
3.6	Is this design an incremental improvement over an existing design?	?	Y,N	6	0.0
3.7	Will state diagrams be developed before detail design to depict control flows?	?	Y,N	4	0.0
3.8	Will data flow diagrams be developed before detail design begins?	?	Y,N	4	0.0
3.9	Are entity-relationship diagrams developed prior to detail design?	?	Y,N	4	0.0
3.10	Will a list identifying the capabilities and advantages that this product provides the customer be developed and maintained?	?	Y,N	2	0.0
3.11	If applicable, is there a system transition plan to replace the current system with the new system, in a smooth, non-disruptive manner?	?	Y,N	8	0.0
	Product Vision - Attainment			52	

〈표 C.4.4〉 시스템 관리 프로세스 평가 - Requirements Traceability and Verification

	Requirements Traceability and Verification	평가	범위	가중치	점수
4.1	Are requirements allocated to a useful level of indenture(considering complexity, level of design flexibility, and design autonomy)?	?	Y,N	5	0.0
4.2	Are requirements verification activities planned for the appropriate stages of product development?	?	Y,N	5	0.0
4.3	Are entrance and exit criteria established for each development stage?	?	Y,N	5	0.0
4.4	Is requirements traceability verified and maintained throughout development?	?	Y,N	5	0.0
4.5	Is requirements compliance verified prior to the exit of each phase and prior to shipment?	?	Y,N	5	0.0
4.6	Are test cases developed concurrently with the design and reviewed by the designers?	?	Y,N	5	0.0
4.7	Is there a log of key product decisions and accompanying rationale for traceability?	?	Y,N	6	0.0
4.8	Does the specified reliability represent an improvement of 10% or greater over its predecessor or competitive products?	?	Y,N	5	0.0
4.9	Is there definition and agreement as to what constitutes successful product reliability performance by the customer?	?	Y,N	5	0.0
	Total Requirements Traceability- Attainment			46	

〈표 C.4.5〉 시스템 관리 프로세스 평가 - Interface Management

	Interface Management	평가	범위	가중치	점수
5.1	Can this product be built using existing manufacturing processes (line)?	?	Y,N	8	0.0
5.2	Are development and reliability requirements developed by a cross functional development team (CFDT)?	?	Y,N	8	0.0
5.3	Are system issues routinely documented as action items?	?	Y,N	5	0.0
5.4	Do design reviews have technical representation from all interfacing areas?	?	Y,N	5	0.0
5.5	Is prototype interconnection hardware routinely provided to interfacing subsystems and suppliers to guide their packaging?	?	Y,N	3	0.0
5.6	Is there a requirement to detect and isolate faults to a single FRU 90% of the time?	?	Y,N	6	0.0
5.7	Is there a system failure modes and effects analysis (FMEA) done during planning stage, and is it updated throughout the program?	?	Y,N	6	0.0
5.8	Customer and process Q1: Have I identified who are my internal customers, c, and my external customers, C?	?	Y,N	3	0.0
5.9	Customer and process Q2: Have I identified what deliverables my customers need (plans, prototypes, documentation, ¡¦)?	?	Y,N	3	0.0
5.10	Customer and process Q3: Do I know when my customers require my deliverables?	?	Y,N	2	0.0
5.11	Customer and process Q4: Is there a customer centered quality initiative that will be incorporate to differentiate your deliverables?	?	Y,N	3	0.0
5.12	Customer and process Q5: Is there an identified tool or process improvement that the reliability group or the development organization will gain from this effort?	?	Y,N	3	0.0
5.13	Have the customers been notified and concur on items Q1-Q3 above?	?	Y,N	4	0.0
5.14	Is there a database that documents cross-functional dependencies that is managed to closure?	?	Y,N	6	0.0
5.15	Is a data-base on cross-functional dependencies maintained?	?	Y,N	5	0.0
5.16	Do the developers, reviewers, testers, QA, manufacturing, and customer program office, all share in the accountability for getting a successful program to the field?	?	Y,N	5	0.0

〈표 C.4.5〉 시스템 관리 프로세스 평가 - Interface Management (계속)

	Interface Management	평가	범위	가중치	점수
5.17	Are developers and the entire product team rated or rewarded base upon the field performance of the product?	?	Y,N	6	0.0
5.18	Are there designated points of contact in each product development area?	?	Y,N	3	0.0
5.19	Are there designated facilitators to manage cross-system issues?	?	Y,N	5	0.0
5.20	Are there checklists covering reliability concerns for each program phase?	?	Y,N	4	0.0
5.21	Is the technical staff encouraged to talk directly to its customer counterparts?	?	Y,N	6	0.0
5.22	Are periodic informal activities, such as brown bag lunches, promoted to encourage team member technical exchange in an informal atmosphere?	?	Y,N	2	0.0
5.23	Can a technical employee call for a technical review board of peers when it is felt appropriate to address a broad-impact technical concern?	?	Y,N	5	0.0
5.24	Does this equipment interface with other vendors' equipment or government furnished equipment (GFE)?	?	Y,N	5	0.0
	Total Interface Management - Attainment			111	

〈표 C.4.6〉 시스템 관리 프로세스 평가 - Operations Management

	Operations Management	평가	범위	가중치	점수
6.1	Is the % of product reuse from previous products:		-	-	-
1.1	(a) 25% or more of the lines of code for software?	?	Y,N	6	0.0
1.2	(b) 50% or more of the FRU count or cost for hardware?	?	Y,N	6	0.0
6.2	Do program planning sessions have cross-functional representation?	?	Y,N	5	0.0
6.3	Do technical reviews have cross-unctional representation?	?	Y,N	5	0.0
6.4	Are there program development plans that show timing of activities and deliverables (this should be done during the requirements phase and maintained throughout the program)?	?	Y,N	4	0.0
6.5	Is there a non-management person designated to work full- time as the program technical lead, who works as a cross- team facilitator?	?	Y,N	8	0.0
6.6	Is there a team-building effort and project brain storming at each program phase?	?	Y,N	3	0.0
6.7	Are documentation products maintained on-line and accessible to all program personnel?	?	Y,N	5	0.0
6.8	Is there a program database of ¡°action items¡± the is maintained and managed to closure?	?	Y,N	6	0.0
	Total Operations Management - Attainment			48	

〈표 C.4.7〉 시스템 관리 프로세스 평가 - Change Management

	Change Management	평가	범위	가중치	점수
7.1	Is there a formal documented change process?	?	Y,N	5	0.0
7.2	Are self audits periodically performed on the change process?	?	Y,N	4	0.0
7.3	Are business cases always run to evaluate the benefit's and impacts of making a change (e.g., Reinertseni¯s model)?	?	Y,N	5	0.0
7.4	Are total cost estimates made for ECi¯s including: scrap, rework, tooling, and the potential slippage of schedule?	?	Y,N	5	0.0
7.5	Are there two or less ECi¯s planned during the first year of shipping?	?	Y,N	5	0.0
7.6	Are ECi¯s blocked into groups and scheduled ahead on periodic intervals to promote timely integration of changes?	?	Y,N	6	0.0
7.7	Are ECs at or below the plan to date?	?	Y,N	3	0.0
7.8	Do change review meetings have cross-functional representation?	?	Y,N	5	0.0
7.9	Are there any ECi¯s that are modifying previous ECs on the FRU?	?	Y,N	5	0.0
7.10	Is there a EC meeting log maintained that includes the change rationale, the analysis provided, and meeting participants?	?	Y,N	5	0.0
7.11	Are EC management metrics collected with a focus on continual, measurable process improvement?	?	Y,N	5	0.0
	Total Change Management - Attainment			53	

〈표 C.4.8〉 시스템 관리 프로세스 평가 - Risk Management

	Risk Management	평가	범위	가중치	점수
8.1	Are the program development, integration, and test activities charted, showing tasks, their timing, operational dependencies and identification of critical path activities?	?	Y,N	5	0.0
8.2	Are critical path elements identified (e.g., long-lead items)?	?	Y,N	5	0.0
8.3	Is there a focus to get items off the critical path?	?	Y,N	5	0.0
8.4	Are there risk assessment and contingency plans to minimize critical path risk?	?	Y,N	4	0.0
8.5	Has the program met its targeted dates so far?	?	Y,N	5	0.0
8.6	Is this product architecture based upon a distributed architecture?	?	Y,N	8	0.0
8.7	Are there product inventions yet required on this program?	?	Y,N	8	0.0
	Total Risk Management - Attainment			40	

〈표 C.4.9〉 시스템 관리 프로세스 평가 - R&M Program Management

	R&M Program Management	평가	범위	가중치	점수
9.1	Are the R&M design goals sufficiently defined and allocated to ensure that customer needs are met?	?	Y,N	5	0.0
9.2	Has development committed to support the required tasks for meeting the customer's R&M needs?	?	Y,N	5	0.0
9.3	Does the design approach emphasize R&M as a major goal?	?	Y,N	5	0.0
9.4	Has an agreed-to process been defined to assess progress towards meeting R&M goals and requirements?	?	Y,N	5	0.0
9.5	Have adequate means been agreed upon to ensure that the R&M objectives of the product will have been achieved?	?	Y,N	5	0.0
9.6	Have processes been defined and implemented to ensure that the designed-in (inherent) reliability does not degrade during manufacturing and operational use?	?	Y,N	5	0.0
	R&M Program Management - Attainment			30	

〈표 C.5.1〉 비반복 프로세스 평가 - Design Considerations

	Design Considerations	평가	범위	가중치	점수
1.1	Is the system required to isolate to a single FRU on 90% % of failures?	?	Y,N	6	0.0
1.2	Is there a specified time limit to isolate a fault, effect a repair and restore the system?	?	Y,N	5	0.0
1.3	Is there a requirement for 90% or greater test coverage within the FRU being analyzed?	?	Y,N	6	0.0
1.4	Does the system promote remote serviceability with failure status communicated via Ethernet, serial port, parallel port, serial bus, etc. to a central maintenance station??	?	Y,N	4	0.0
1.5	Is there any remote failure protection for this FRU residing on a separate FRU (e.g., an arc suppression circuit that is located on a different FRU than the relay FRU)?	?	Y,N	5	0.0
1.6	Is this FRU designed to be hot pluggable?	?	Y,N	4	0.0
1.7	Does the FRU designer also design the fault isolation software that supports fault diagnosis?	?	Y,N	6	0.0
	Total Design Considerations - Attainment			36	

〈표 C.5.2〉 비반복 프로세스 평가 - Analysis and Process Considerations

	Analysis and Process Considerations	평가	범위	가중치	점수
2.1	Are multiple occurrences of "Can Not Duplicate" (CND) incidents analyzed for root cause of the problem?	?	Y,N	6	0.0
2.2	Are test, warranty, early-life, and high fallout FRUs subjected to double fault verification? This procedure re-inserts the faulted FRU to ensure the problems track the replaced FRU.	?	Y,N	10	0.0
2.3	Do your current products experience 40% or less Can Not Duplicate (CNDs) Note CNDs are synonymous with No Defects Found (NDF) and No Trouble Found (NTF).	?	Y,N	8	0.0
2.4	Is a failure mode and effect analysis (FMEA) performed down to the FRU level or the Circuit Card Assembly (CCA) level, whichever is lower?	?	Y,N	5	0.0
2.5	Do design personnel participate directly in performing the FMEA?	?	Y,N	5	0.0
2.6	Are maintenance analysis procedures (MAPs) developed to map failure symptoms to the failing FRU?	?	Y,N	5	0.0
2.7	Are the MAPs verified by inserting faults in a maintainability test?	?	Y,N	4	0.0
2.8	Are the MAPs updated with actual test and field data?	?	Y,N	5	0.0
2.9	Has your company established the cost impact of a field failure?	?	Y,N	3	0.0
	Total Analysis and Process - Attainment			51	

〈표 C.5.3〉 비반복 프로세스 평가 - Field Considerations

	Field Considerations	평가	범위	가중치	점수
3.1	Does the system contain error logging and reporting capability?	?	Y,N	5	0.0
3.2	Does the system promote on going analysis of soft error conditions that might predict when a likely failure will occur?	?	Y,N	4	0.0
3.3	Will the contractor developing this equipment also be responsible to maintain it?	?	Y,N	5	0.0
3.4	Does the repair facility have the ability to recreate the conditions under which a true false alarm occurred (sequence of events, operator error, sneak circuit, etc.) and are these techniques used to try to recreate the failure?	?	Y,N	5	0.0
3.5	Does the repair facility have the ability to recreate the conditions under which a real failure occurred (high/low temperature, thermal cycling/shock, vibration/mechanical shock, etc.) and are these techniques used to try to recreate the failure?	?	Y,N	5	0.0
3.6	Will the maintainer be motivated to provide timely and complete documentation of the diagnosis and repair action?	?	Y,N	5	0.0
3.7	Do the system maintenance personnel receive feedback on their repair reports and the actions taken to mitigate the failure's reoccurrence?	?	Y,N	5	0.0
3.8	Are the performance specification limits of the test equipment used to troubleshoot/repair the system, FRU, etc., wider than the performance specification limits of the system, FRU, etc., in its actual application?	?	Y,N	5	0.0
3.9	Are CND failures included in the FRACAS system and closed out through corrective action verification?	?	Y,N	5	0.0
	Total Field Considerations - Attainment			44	

〈표 C.6.1〉 유도 (Induced) 프로세스 평가 - ESD/EOS Considerations

	ESD/EOS Considerations	평가	범위	가중치	점수
1.1	Are parts/materials selected, as appropriate to meet design performance requirements, that minimize the risk of induced failure through electrostatic discharge?	?	Y,N	6	0.0
1.2	If parts/materials are susceptible, are procedures used to protect them during handling, test, assembly, packaging, storage, transportation and use (i.e., wrist straps, non-conductive work areas, ionized air, warning labels, maintenance manuals, etc.)?	?	Y,N	4	0.0
1.3	Are electronic circuits designed and analyzed to minimize secondary failures attributable to electrical overstress resulting from another primary failure?	?	Y,N	4	0.0
1.4	Are electronic circuits designed and analyzed to minimize secondary failures attributable to electrical transients generated within the system/FRU, or received from outside the system/FRU (via cable/wiring harnesses)?	?	Y,N	6	0.0
1.5	Are maintenance manuals/procedures written such that risk of ESD/EOS during troubleshooting and repair activity is identified (warning labels, etc.)?	?	Y,N	4	0.0
	Total ESD/EOS Considerations - Attainment			24	

〈표 C.6.2〉 유도 (Induced) 프로세스 평가 - Mechanical Considerations

	Mechanical Considerations	평가	범위	가중치	점수
2.1	Has the operating environment that the part/FRU/ system is to be used in been evaluated to determine the potential for mishandling of the equipment that could result in induced mechanical failure (weather; personnel capabilities; training needs)?	?	Y,N	6	0.0
2.2	Are parts/materials selected, as appropriate to meet design performance requirements, that minimize the risk of induced (mechanical) secondary failure resulting from the primary failure of another part/assembly?	?	Y,N	4	0.0
2.3	If parts/materials are susceptible to induced mechanical damage, are procedures in-place to protect them during handling, test, assembly, packaging, storage, transportation and use?	?	Y,N	4	0.0
2.4	Is the part, FRU, and/or system designed such that it can be handled and transported in a manner that minimizes the risk of induced mechanical failure (proper location/use of handles; orientation labels - "This Side Up"; etc.)?	?	Y,N	4	0.0
2.5	Are shipping tests run to ensure adequacy of packaging and shipping procedures to protect the product during transportation?	?	Y,N	4	0.0
2.6	Are maintenance manuals/procedures written such that the risk of induced mechanical damage during troubleshooting and repair activity is identified (warning labels, etc.)?	?	Y,N	4	0.0
2.7	Do maintenance manuals include detailed instructions for removing and replacing parts/components/assemblies from sockets and/or soldered PCB and multilayer boards, etc.?	?	Y,N	4	0.0
2.8	Do maintenance manuals include detailed instructions for disconnecting and reconnecting wires, harnesses, cables, hoses, etc.?	?	Y,N	4	0.0
2.9	Is the FRU/system ergonomically designed such that it can be used by the customer in normal operation without unnecessary risk of induced mechanical damage?	?	Y,N	4	0.0
2.10	Is the FRU designed to withstand normal handling and expected mishaps (e.g., a drop off a 36 inch high table top) without induced mechanical damage?	?	Y,N	4	0.0
2.11	Are wires color coded, and connectors keyed or of differing configuration such that FRUS cannot be misplugged?	?	Y,N	4	0.0
	Total Mechanical Considerations - Attainment			46	

〈표 C.7.1〉 마모 (Wear-out) 프로세스 평가 - Design Considerations

	Design Considerations	평가	범위	가중치	점수
1.1	Have all parts and materials been selected for use in the design that extend the wherout life of the part/FRU/system to meet/exceed its required useful life?	?	Y,N	6	0.0
1.2	Has the expected reliability of parts subjected to significant mechanical loading been modeled to ensure the capability to endure the mission, e.g., using Miner's life expectation rule for components subjected to cyclical loads.	?	Y,N	4	0.0
1.3	Have wearout failure modes and mechanisms at the part, FRU and system level been identified and mitigated during the FMEA process?	?	Y,N	6	0.0
1.4	Do the relevant failure modes/mechanisms include fatigue (solder joints for electronic components/assemblies; welds for bonded materials; fractures in mechanical parts/assemblies/materials; etc.) ?	?	Y,N	4	0.0
1.5	Do the relevant failure modes/mechanisms include leaks (electrolyte loss in electrolytic capacitors; worn seals in hydraulic systems; etc.)?	?	Y,N	4	0.0
1.6	Do the relevant failure modes/mechanisms include chafing (wires in electrical harnesses; wear in hydraulic lines and hoses; etc.)?	?	Y,N	4	0.0
1.7	Do the relevant failure modes/mechanisms include cold flow of insulation (wires wrapped around sharp edges or subjected to pressure points; etc.)?	?	Y,N	4	0.0
1.8	Do the relevant failure modes/mechanisms include wearout resulting from cyclic operations (activation in electronic switch/relay contacts; mating/unmating of electronic or mechanical connectors; etc.)?	?	Y,N	4	0.0
1.9	Do the relevant failure modes/mechanisms include wearout resulting from breakdown of insulation in wires, or dielectric materials in semiconductors?	?	Y,N	4	0.0
1.10	Do the relevant failure modes/mechanisms include wearout resulting from moving parts (bearings, gears, belts, springs, seals; etc.)?	?	Y,N	4	0.0
1.11	Has the system/FRU/part design been modified based on the wearout modes/mechanisms identified in the FMEA to reduce or minimize their occurrence to the maximum extent feasible?	?	Y,N	4	0.0
	Total Design Considerations - Attainment			48	

〈표 C.7.2〉 마모 (Wear-out) 프로세스 평가 - Analysis and Process Considerations

	Analysis and Process Considerations	평가	범위	가중치	점수
2.1	Are process FMEAs performed to determine the failure modes/mechanisms of critical processes during manufacturing?	?	Y,N	4	0.0
2.2	Is data collected and analyses performed to determine the process capability of manufacturing processes?	?	Y,N	4	0.0
2.3	Is statistical process control (SPC) applied to manufacturing processes to control the process mean and variability?	?	Y,N	4	0.0
2.4	Is the measured mean of each manufacturing process parameter equal to, or better than, the parameter value used to calculate the wearout failure rates of the system/FRU parts/components?	?	Y,N	4	0.0
2.5	If required, has this product been hardened to withstand adverse environmental stresses such as corrosion, radiation, humidity, etc.?	?	Y,N	4	0.0
2.6	Are procedures defined/implemented to ensure that assembly/test steps during manufacturing do not contribute to early wearout of susceptible items (i.e., minimize connector matings/unmatings; stress relief/tie downs to minimize chafing during test; etc.)	?	Y,N	6	0.0
	Total Analysis and Process - Attainment			26	

〈표 C.7.3〉 마모 (Wear-out) 프로세스 평가 - Field Considerations

	Field Considerations	평가	범위	가중치	점수
3.1	Do maintenance manuals/procedures instruct repair personnel to check that wire harnesses are properly secured, seals are properly reinstalled, connectors are properly mated, etc., following troubleshooting/repair?	?	Y,N	0	0.0
3.2	Is preventative maintenance planned to replace wear out-susceptible parts/materials at or before their L10 life (where no more than 10% of the units should experience wearout)?	?	Y,N	6	0.0
3.3	Are wearout-susceptible parts/materials inspected during each corrective maintenance action to find and replace items exhibiting premature wearout?	?	Y,N	4	0.0
3.4	Are wearout-susceptible parts/materials inspected during each preventive maintenance action to find and replace items exhibiting premature wear out?	?	Y,N	4	0.0
3.5	Are wear out failures (both valid and premature) included in the FRACAS system and closed out through corrective action, which could include life-extension opportunities?	?	Y,N	4	0.0
3.6	Is field data tracked and analyzed to detect FRUs displaying increasing failure rate tendencies, i.e., wearout?	?	Y,N	4	0.0
	Total Field Considerations - Attainment			22	

〈표 C.8.1〉 신뢰도 성장 (Reliability Growth) 프로세스 평가

	Reliability Growth Contribution Factor	평가	범위	가중치	점수
1.1	Is there an effective FRACAS system in place for the fielded system?	?	Y,N	8	0.0
1.2	What is the percentage of field failures for which the root cause is determined?	?	0-100%	8	0.0
1.3	Is analysis performed to determine if the failure is recurring?	?	Y,N	6	0.0
1.4	Are design, manufacturing, or system management related potential corrective actions identified?	?	Y,N	6	0.0
1.5	Are the original designers or manufacturing personnel consulted regarding the potential corrective action?	?	Y,N	4	0.0
1.6	Is there a field support infrastructure in place that can affect the necessary changes?	?	Y,N	10	0.0
1.7	Are systems adequately tested to insure that the changes were made properly without inducing other defects or damage?	?	Y,N	5	0.0
	Total Growth Factor Contribution to Reliability			47	

참고문헌

Denson, W. (1998), The History of Reliability Prediction, *IEEE Transactions on Reliability, Vol. 47, No. 3,* pp. 321-328.

Denson, W., Keene. S. (1998), *A New Reliability Prediction Tool*, 1998 Proceedings Annual Reliability and Maintainability Symposium, pp. 15-22.

Denson, W., Keene. S., and Caroli, J. (1998), *A New System - Reliability Assessment Methodology*, 1998 Proceedings Annual Reliability and Maintainability Symposium, pp. 413-420.

Denson, W. (2006): *Handbook of 217Plus^{TM} Reliability Prediction Models*, 2006, 6, RIAC.

Dylis, D. D. (2001), "PRISM: A new Approach to Reliability Prediction", *American Society for Quality Control (ASQC) Reliability Review, Vol. 21, No. 1.*

Dylis, D.D. and Priore, M. G. (2002), *A New Reliability Assessment Technique for Aging Electronic Systems*, 6th Joint FAA/DoD/NASA Aging Aircraft Conference - Sept. 16-19, 2002.

EPRD-97 (1997), *Electronic Parts Reliability Data*, RIAC, 1997.

MIL-HDBK-217F (1991), Military Handbook, *Reliability Prediction of Electronic Equipment*, Department of Defense.

MIL-HDBK-217F Notice 1(1992), Military Handbook, *Reliability Prediction of Electronic Equipment*, Department of Defense.

MIL-HDBK-217F Notice 2(1995), Military Handbook, *Reliability Prediction of Electronic Equipment*, Department of Defense.

Nicholls, D. (2006), An Overview of the 217Plus^{TM} System Reliability Assessment Methodology, *RIAC Journal, 4th Qtr.,* pp. 20-22.

Nicholls, D. (2007), What is 217Plus™ and Where Did It Come From?, *IEEE*, pp. 22-27.

Nicholls, D. (2007), An Introduction to the RIAC 217Plus™ Component Failure Rate Models, *RIAC Journal, 1st Qtr.,* pp. 16-21.

Nicholls, D. (2007), The RIAC 217Plus™ Capacity and Diode Failure Rate Models, *RIAC Journal, 2nd Qtr.,* pp. 16-21.

Nicholls, D. (2007), The RIAC 217Plus™ Integrated Circuit and Inductor Failure Rate Models, *RIAC Journal, 3rd Qtr.,* pp. 22-26.

Perry, W. (1994): *A New Way of Doing Business*, A Memorandum.

Preston MacDiarmid (2007), RIAC Grand Re-opening and 40th Anniversary of the DoD Reliability Information Analysis Center, *RIAC Journal, 4th Qtr.,* pp. 2-5.

PRISM User Manual, RAC.

RAC is 35!, *RAC Journal, 2003, 1st Qtr.,* pp.7.

SIDAC, 1998 *RAC Journal, 1998, 3rd Qtr.,* pp. 11-14.

Supportability and the RAC, *RAC Journal, 2000, 2nd Qtr.,* pp. 11.

Technical Reference, TR-332, Issue 6, Reliability Prediction Procedure for Electronic Equipment, Bellcore, 1997.

Telcordia Special Report, Reliability Prediction Procedure for Electronic Equipment (document number SR-332, Issue 1), Telcordia Technologies, 2001.

217Plus Users Manual, Version 2.0, 2006, RIAC.

김만수, 김원경, 송준엽, 신주환, 장주수, 최충현 (2004), 『시스템 신뢰도 예측 가이드』, 교우사.

신뢰성 예측 가이드 (2002), (주) 모아소프트 신뢰성 기술연구소, 교우사.

전태보, MIL-HDBK-217을 이용한 형광등용 전자식 안정기의 신뢰성 모형, 한국품질경영학회 추계학술대회, 2006년 11월 17일, 부산 벡스코, pp. 327-332.

전태보, 장목순, 박종연, 형광등용 전자식 안정기의 신뢰성 평가를 위한 접근, 2006 한국품질경영학회. 추계학술대회, 2006년 11월 17일, 부산 벡스코, pp. 333-338.

전태보 (2006), Telcordia를 이용한 형광등용 전자식 안정기의 신뢰성 모형 수립, 한국품질경영학회 춘계학술대회, 인하대학교, pp. 69-75.

전태보 (2007), 형광등용 전자식 안정기의 신뢰성 모형, 한국품질경영학회지. vol. 35, no. 2, pp. 27-36.

전태보 (2009a), 신뢰성 예측 방법론 217Plus™의 출현 과정에 대한 고찰, 강원대학교 산업기술연구, vol. 29, no. A, pp. 27-36.

전태보 (2009b), 초년도 승수(first-year multiplier)의 영향, working paper.

찾아보기

(A)

AFRL(Air Force Research Laboratory) ---- 11
AFRL/ID ---- 11
AST(Alion Science and Technology) ---- 13

(B)

basic failure rate ---- 141
bath-tub curve ---- 143, 159, 173
Bayesian ---- 9, 15, 20, 49, 75
Bellcore(Bell Communications Research, Inc.) ---- 157
best estimator ---- 26
BOM(bill of materials) ---- 22, 94

(C)

calendar hour ---- 34
CMM(Capability Maturity Model) ---- 71
component model ---- 29
cycling rate ---- 33, 67

(D)

data source ---- 131
defect stabilization level ---- 72
detection efficiency ---- 65
device ---- 159
DTIC(Defense Technical Information Center) ---- 13
Duane ---- 63
duty cycle ---- 33, 67

(E)

environmental factor ---- 65
EPRD(Electronic Parts Reliability Data) ---- 15, 21, 121
exponential distribution ---- 22, 158, 173

(F)

failure category(mechanism) ---- 30, 33
  operating
  non-operating
  cycling
  induced
  solder joint
failure cause ---- 7, 53, 56, 227
  design
  part
  manufacturing
  system management

induced
cannot duplicate
wear-out
Failure Rate 화면 ---- 99, 101
fault expansion ratio ---- 74
first-year multiplier ---- 174

(I)

IAC(Information Analysis Center) ---- 12
IITRI(IIT Research Institute) ---- 13
infant mortality ---- 51, 69
Information Directorate ---- 11
inherent model ---- 52
initial assessment ---- 51
Item Information 화면 ---- 99

(L)

logistics model ---- 51, 52
logistics model ---- 90

(M)

MIL-HDBK-217 ---- 4, 19, 29, 87, 139
MIL-HDBK-217FN2 ---- 139, 140
Model Parameters 화면 ---- 99, 100
MSSR(Military Specifications and Standard Reform) ---- 4
MTBF ---- 158

(N)

NPRD(Non-electronic Parts Reliability Data) ---- 21, 121

(O)

operating hour ---- 34, 143
operating profile ---- 68, 95
optional data ---- 23, 51

(P)

parts count method ---- 140
part stress method ---- 140
physics of failure ---- 4, 5
precipitation efficiency ---- 65
prior distribution ---- 22, 24
PRISM ---- 8
process grade ---- 56

(Q)

Quanterion Solution ---- 14

(R)

RAC ---- 8, 12
RADC(Rome Air Development Center) ---- 11, 140
reliability block diagram ---- 22, 50
RIAC DB ---- 21, 121
RIAC(Reliability Information Analysis Center) ---- 8, 13
RIACRates ---- 18, 21, 83

RMQ(reliability, maintainability, and quality) ---- 12
RMQS(reliability, maintainability, quality, and supportability) ---- 13
RMQSI(reliability, maintainability, quality, supportability, and interoperability) ---- 14
Roll-up ---- 131
Rome Laboratory ---- 4, 11, 140

(S)

SEI(Software Engineering Institute) ---- 71
SIDAC(Supportability Investment Decision Analysis Center) ---- 13
software reliability ---- 71
SR-332 ---- 35, 158, 173
steady state failure rate ---- 159, 174
Summarized ---- 131
Summary ---- 132
SUNYIT ---- 14
system reliability ---- 49

(T)

Telcordia ---- 35, 157, 173
temperature screening ---- 70
TR-332 ---- 158

(U)

unit ---- 159

(V)

vibration screening ---- 70

(W)

Weibull ---- 55
Wyle Laboratory ---- 13

(ㄱ)

감지/검출효율(DE: detection efficiency) ---- 65, 70
결점 안정화 수준(DSL: Defect Stabilization Level) ---- 72
고장범주(고장 메카니즘) ---- 30, 33
  동작중
  비동작중
  사이클링(cycling)
  유도(induced)
  납땜접촉부(solder joint)
고장률(failure rate) ---- 173
고장물리(physics of failure) ---- 4, 5
고장요인(failure cause) ---- 7, 53, 56, 227
  설계
  부품
  제조
  시스템 관리
  유도/파생
  비반복(무결점)
  마모
관측(observed) 고장률 ---- 23

국가 보유번호(National Stock Number) ---------- 135
기본고장률(basic failure rate) -------- 141
기존 시스템(predecessor system) ----- 21

(ㄴ)

납땜 접촉부(solder joint) --------- 31, 33

(ㄷ)

다중회귀 모형(multiple regression model) ---------- 37
데이터 출처(data source) - 126, 127, 135
동작시간(operating time) ---------- 19, 34, 122, 143
동작프로파일 ---------- 23, 68, 95
등급 ---------- 56

(ㄹ)

로지스틱 모형 ---------- 52, 90

(ㅁ)

무결점 발견(no defect found) ----- 7, 53

(ㅂ)

병합고장률 ---------- 130
부품 모형 ---------- 29, 177, 178
부품 카테고리 ---------- 99
부품명세(part description) ---------- 126
부품상세(Part Details) ---------- 134
부품요약(Part Summary) ---------- 133
부품유형 ---------- 99
비반복(Cannot Duplicate) ------- 53, 227

(ㅅ)

사이클 률(cycling rate) ---------- 33, 67
사이클링(cycling) 고장률 ---------- 33
사이클링(cycling) ---------- 31
사전분포(prior distribution) ------ 22, 24
새 시스템(new system) ---------- 21
선별강도(SS: Screening Strength) ---- 65
선택적 데이터(optional data) ---------- 22, 23, 51
성장률(growth rate) ---------- 35
소프트웨어 고장률 ---------- 52, 74
소프트웨어 신뢰도(Software Reliability) ---------- 71
시스템 관리(System Management) ---------- 7, 53, 227
시스템 모형 ---------- 50
시스템 신뢰도 ---------- 49
신뢰도(reliability) ---------- 14
신뢰도 성장(reliability growth) ---------- 35, 63, 227
신뢰도 성장률(β) ---------- 35
신뢰도 예측(reliability prediction) ---- 14
신뢰성 블록 다이어그램 (reliability block diagram) ----- 22, 50
신뢰성분석센터 ---------- 8, 12

(ㅇ)

안정상태 고장률(steady-state failure rate) ---- 159, 174
연방보유클래스(Federal Stock Class) ---- 135
오류밀도(fault density) ---- 71, 72
오류확산비율 (fault exapansion ratio) ---- 74
오류활성화율(Fault Activation) ---- 75
온도선별(temperature screening) ---- 70
와이블 분석 ---- 55
욕조곡선(bath-tub curve) - 143, 159, 173
운용/적용 환경 ---- 95, 129
유니트(unit) ---- 159
유도 프로세스 승수 ---- 50
유도(induced) ---- 31, 33, 227
유도/파생(induced) ---- 7, 52
응결효율(PE: precipitation efficiency) ---- 65
217-Plus 소프트웨어 ---- 93
임의고장률(random failure rate) ---- 159

(ㅈ)

전기적 과부하 ---- 31, 33
정규화(normalize) ---- 52, 56
제조 프로세스 승수 ---- 50
중심극한정리(central limit theorem) ---- 53
지수분포(exponential distribution) ---- 22, 158, 173
진동선별(vibration screening) ---- 70

(ㅊ)

초기 평가치(IA: initial assessment) ---- 22, 51, 88
초기고장(infant mortality) ---- 51, 69
초년도승수(first-year multiplier) ---- 174
최상추정치(best estimate) ---- 26

(ㅋ)

캘린더 시간(CH: calendar hours) ---- 19, 34, 122

(ㅌ)

특성비율(characteristic percentage) -- 55

(ㅍ)

평균심각도(Average Severity) ---- 75
품질수준 등급(quality level) ---- 37, 107, 126
프로세스 등급 팩터 ---- 52
프로세스 등급(process grade) ---- 23, 56, 88
프로세스 평가 ---- 56, 59

(ㅎ)

환경스트레스(environmental stresses) ---- 23
환경팩터 ---- 65

전 태 보

고려대학교 산업공학과, 공학사
미국 어번대학교 산업공학과, 공학석사
미국 어번대학교 산업공학과, 공학박사
현재 강원대학교 산업공학과 교수
미국 캘리포니아 주립대 교환교수
미국 어번대학교 교환교수
코리아써키트, 이사
백암기술상 수상 (대한산업공학회)

전기 · 전자시스템 신뢰도 예측
- 217Plus, MIL-HDBK-217, SR-332를 중심으로 -

2010년 5월 20일 초판 인쇄
2010년 5월 25일 초판 발행

편저자 / 전태보
발행자 / 오판근
발행처 / 교우사

주 소 / 서울 동대문구 제기2동 148-19
전 화 / 925-2861(代), 편집부 / 925-2825
팩 스 / 925-2860

E-mail / kyowoo@kyowoo.co.kr
http://www.kyowoo.co.kr

등록 / 1994. 3. 24 제6-0256호

ISBN 978-89-8172-841-0 (93560)

값 17,000 원